# MS Office 2016
# 高级应用

主　编　韩万兵

副主编　苏继斌　孙露露

北京希望电子出版社
Beijing Hope Electronic Press
www.bhp.com.cn

# 内 容 简 介

　　本书全面介绍了 MS Office 2016 办公软件的相关知识和使用方法, 旨在帮助学生掌握必要的办公软件应用技能。全书共分 6 个模块, 内容包括文档处理的基本操作、文档处理的综合操作、数据表格处理的基本操作、数据表格处理的综合操作、演示文稿的制作与美化、办公软件的联合应用。

　　本书适合作为各类院校 Office 办公软件课程的教材, 也可作为参加全国计算机等级考试二级 MS Office 高级应用与设计的参考书。

**图书在版编目（ＣＩＰ）数据**

MS Office 2016 高级应用 / 韩万兵主编. -- 北京 :

北京希望电子出版社, 2024.9

　ISBN 978-7-83002-882-4

　Ⅰ. TP317.1

中国国家版本馆 CIP 数据核字第 2024NA6886 号

| | |
|---|---|
| 出版：北京希望电子出版社 | 封面：黄燕美 |
| 地址：北京市海淀区中关村大街 22 号 | 编辑：全　卫 |
| 　　　中科大厦 A 座 10 层 | 校对：张学伟 |
| 邮编：100190 | 开本：787mm×1092mm　　1/16 |
| 网址：www.bhp.com.cn | 印张：20.75 |
| 电话：010-82620818（总机）转发行部 | 字数：384 千字 |
| 　　　010-82626237（邮购） | 印刷：北京虎彩文化传播有限公司 |
| 经销：各地新华书店 | 版次：2024 年 9 月 1 版 1 次印刷 |

定价：65.00 元

# 前　言
## PREFACE

在当今的信息化社会，掌握高效的文档处理、数据表格处理和演示文稿制作技能，已成为职场人士不可或缺的基本能力。这些技能不仅能够帮助人们更有效地组织和展示信息，还能显著提高工作效率，增强工作成果的专业性和吸引力。

本书旨在为读者提供一套全面且系统的文档处理、数据表格处理和演示文稿制作的实用指南。从文档处理的基本操作到高效操作，从数据表格的格式设置与编排到高级数据分析与数据模型的管理，从演示文稿的基本操作到动画及放映效果的设置，本书都进行了详尽的讲解。

模块1和模块2介绍如何快速创建文档、设置页面格式、编排文档内容、插入各种元素，以及进行文档表格的高级操作。此外，还介绍了样式、模板、控件、宏和邮件合并功能的应用。

模块3和模块4深入探讨工作表的格式设置与布局、数据分析与管理、图表的应用、函数和公式的应用、数组的使用以及高级数据分析等方面。通过该部分内容的学习，读者能够在熟练掌握电子表格的基本操作基础上学会运用高级功能进行复杂的数据处理和分析。

模块5从演示文稿的基本操作入手，介绍如何设置幻灯片版式，进行文本操作和页面设置。同时，还详细讲解如何插入与设置图片、动作按钮、视频等元素，设置动画效果及放映选项，从而制作出既专业又吸引人的演示文稿。

模块6介绍了Word、Excel和PowerPoint三者的协同操作，如何在Word、Excel和PowerPoint中插入声音和视频文件，以及如何转换文件格式。

本书内容实用、结构清晰、图文并茂，适合作为各类院校Office办公软件课程的教材，也可作为参加全国计算机等级考试二级MS Office高级应用与设计的参考书。通过对本书的学习，相信读者能够熟练掌握MS Office办公软件的常见操作，并能在实际生活和工作中进行综合应用，提高计算机应用水平和解决实际问题的能力。

本书由韩万兵担任主编，苏继斌和孙露露担任副主编。本书在编写过程中力求严谨细致，帮助读者更好地理解和掌握相关知识，但疏漏之处在所难免，恳请读者在使用过程中提出宝贵的意见和建议，以便我们改进。

编　者

2024.7

# 目 录
## CONTENTS

## 模块 5　演示文稿的制作与美化

## 模块 6　办公软件的联合应用

# 模块 1 文档处理的基本操作

**知识要点**

- 页面格式的设置。
- 文档格式的编排。
- 插入元素的设置。
- 文档表格的高级操作。
- 文档的保护。

## 1.1 快速创建文档

可以通过多种方式快速创建新文档。

### 1.1.1 在桌面上创建文档

在电脑桌面空白位置右键点击，然后从快捷菜单中选择"新建"→"Microsoft Word文档"，如图1-1所示。这个操作也可以在任何文件夹内进行。执行后，桌面上会出现一个新的Word文档图标，如图1-2所示。通过双击这个文档图标，可以启动Word 2016程序打开这个文档，并进行编辑。

图1-1

图1-2

### 1.1.2 启动Word 2016程序创建新文档

使用操作系统快捷键Win+R打开系统"运行"对话框，输入"Winword"后按Enter键，即可启动Word 2016程序，在"开始"界面中单击"空白文档"图标即可新建Word文档，如图1-3所示。

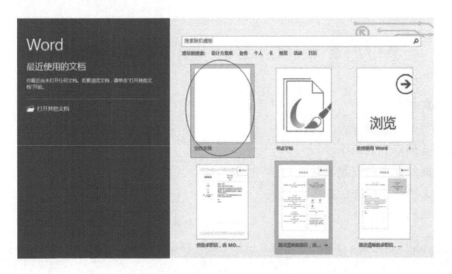

图1-3

## ■1.1.3 使用模板创建新文档

启动Word 2016程序后，执行"文件"菜单下的"新建"命令，选择需要的模板（如图1-4所示），单击"创建"按钮（如图1-5所示），Word将创建一份"简单传单"格式的新文档，如图1-6所示。如果用户所需创建的新文档模板在Word 2016中未找到，可以通过联机搜索在互联网上寻找并下载模板。

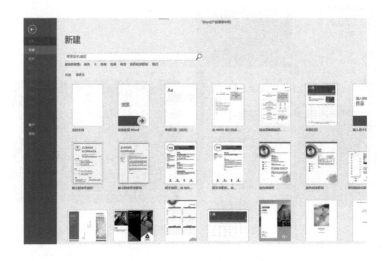

图1-4

图1-5

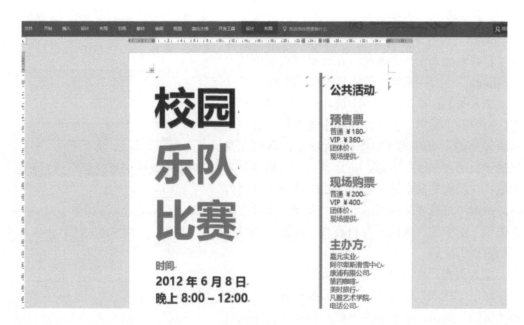

图1-6

## ■1.1.4 使用快捷键创建新文档

按Ctrl+N组合键，可新建一个空白文档。

按Ctrl+Shift+N组合键，可新建一个带有默认样式的文档。

## ■1.1.5 使用"文件"选项卡创建新文档

在已打开的Word文档中单击"文件"选项卡，即可进入"开始"界面，直接单击"空白文档"图标，或单击"新建"按钮打开"新建"界面后再单击"空白文档"图标，都可以创建新的空白文档。也可通过单击文档模板来创建新的模板文档。

# 1.2 页面格式的设置

在日常工作中，通常需要对文档进行页面设置，包括设置页眉与页脚、页码、页边距、页面背景等，使其达到所需要求。

## ■1.2.1 设置页眉与页脚

在页眉和页脚中可以输入创建文档的基本信息。例如，在页眉中可以输入文档名称、章节标题或者作者名称等信息，在页脚中可以输入文档的创建时间、页码等信息，这样不仅能使文档更美观，还能快速地向读者传递文档所要表达的信息。

### 1. 插入页眉与页脚

Word文档的页眉或页脚不仅支持文本内容，还可以在其中插入图片。例如，在页眉或页脚中插入公司Logo、个人标识等。具体的操作方法如下。

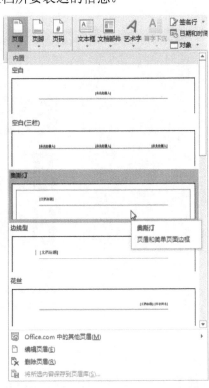

**插入页眉**：单击"插入"选项卡下"页眉和页脚"组中的"页眉"按钮，在弹出的下拉列表中选择所需要的页眉样式（如图1-7所示），即可在文档每一页的顶部插入页眉，并显示"文档标题"文本域，在页眉的文本域中输入文档的标题或页眉内容，单击"页眉和页脚工具"的"设计"选项卡下"关闭"组中的"关闭页眉和页脚"按钮，即可在文档中插入页眉。

**插入页脚**：插入页脚与插入页眉的方法基本相同，即在"插入"选项卡下"页眉和页脚"组中单击"页脚"按钮，进行插入页脚操作；如已插入页眉，可在"页眉和页脚工具"的"设计"选项卡下"导航"组中单击"转至页脚"按钮，跳转至页脚输入区域，输入页脚内容。

图1-7

### 2. 设置页眉和页脚格式

在插入页眉和页脚后，为了使其呈现更加美观的效果，还可以为其设置格式。设置页眉和页脚格式的方法与设置文档中普通文本的格式相同。具体的操作方法为：选中页眉或页脚中的文本内容，切换至"开始"选项卡，为其设置所需要的字体格式或线型格式等，如图1-8所示。

### 3. 为页眉或页脚添加图片

在编写资料时，如果在页眉或页脚加上Logo或图标，会使文件看起来更加美观，也会起到很好的宣传效果。具体的操作方法为：将光标放置在页眉位置，右击，在弹出的快捷菜单中执行"编辑页眉"命令；或单击"插入"选项卡下"页眉和页脚"组中的"页眉"按钮，在弹出的下拉列表中执行"编辑页眉"命令，进入页眉编辑状态。在"页眉和页脚工具"的"设计"选项卡下单击"插入"组的"图片"按钮，如图1-9所示。弹出"插入图片"对话框，在左侧找到图标的目标位置，在右侧选择需要插入的图标文件，单击"插入"按钮，即可插入图片至页眉，调整图片的大小和位置，单击"页眉和页脚工具"的"设计"选项卡下"关闭"组中的"关闭页眉和页脚"按钮。

图1-8

图1-9

**4. 删除页眉与页脚**

在"插入"选项卡下"页眉和页脚"组中单击"页眉"或"页脚"按钮，在下拉列表中执行"删除页眉"或"删除页脚"命令，页眉或页脚即被从整个文档中删除。

## ■1.2.2 设置页码

Word文档中的页码与页眉、页脚是相关联的，可以将页码添加到文档的顶部、底部或页边距中。保存在页眉、页脚或页边距中的页码信息显示为灰色，不能与文档正文同时进行更改。

**1. 插入页码**

可以从样式库中选择一种页码编号来插入页码。在"插入"选项卡下"页眉和页脚"组中单击"页码"按钮，在打开的下拉列表中根据需要的页码显示位置，选择"页面顶端""页面底端"或"页边距"，然后单击需要的页码样式。此时将切换到"页眉和页脚"视图，文档部分显示为灰色，插入点在页码与页眉区域闪烁，此时可以输入或修改页码。单击选项卡下的"关闭页眉和页脚"按钮，即可返回到文档编辑视图。

如果已插入页眉或页脚，可在"页眉和页脚工具"的"设计"选项卡下单击"页眉和页脚"组中的"页码"按钮，进行插入页码操作。

**2. 设置页码格式**

添加页码后，可以更改页码的格式、字体和字号。

（1）修改页码格式。双击文档中某页的页眉或页脚区域，即可切换到"页眉和页脚"视图。在"页眉和页脚工具"的"设计"选项卡下的"页眉和页脚"组中单击"页码"按钮，然后执行"设置页码格式"命令，即可弹出"页码格式"对话框，如图1-10所示。在"编号格式"下拉列表框中选择一种编号样式，然后单击"确定"按钮，即可修改页码格式。

（2）修改页码的字体和字号。双击文档中某页的页眉、页脚或页边距区域，即可切换到"页眉和页脚"视图。选中页码，在所选页码上方将显示浮动工具栏，可使用该工具栏更改页码的字体和字号；也可以在"开始"选项卡下"字体"组中设置页码的字体、字号。

图1-10

**3. 设置首页不显示页码**

有些文档中的首页是封面，一般不显示页码。具体的操作方法为：单击"插入"选项卡下"页眉和页脚"组中的"页码"按钮，在弹出的下拉列表中执行"设置页码格式"命令，弹出"页码格式"对话框，在"页码编号"选项区选中"起始页码"单选按钮，在其后面的微调框中输入"0"，单击"确定"按钮，即可设置首页不显示页码。

也可以勾选"页眉和页脚工具"的"设计"选项卡下"选项"组中的"首页不同"复选框，如图1-11所示。设置完成后单击"关闭"组的"关闭页眉和页脚"按钮即可。

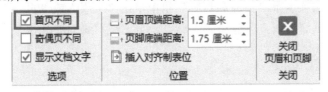

图1-11

**4. 在指定页面中插入页码**

对于某些文档，由于说明性文字或者与正文无关的文字篇幅较多，需要从指定页面开始添加页码，具体的操作方法如下：

（1）将光标放置在引导语段落文本末尾，单击"布局"选项卡下"页面设置"组中的"分隔符"按钮，在弹出的下拉列表中执行"分节符"→"下一页"命令。

（2）插入"下一页"分节符，光标将在下一页显示，双击此页页脚位置，进入页脚编辑状态，单击"页眉和页脚工具"的"设计"选项卡下"导航"组中的"链接到前一节"按钮，如图1-12所示。在弹出的对话框中单击"是"按钮，继续接下来的操作。

图1-12

（3）单击"插入"选项卡下"页眉和页脚"组中的"页码"按钮，在弹出的下拉列表中选择"页面底端"选项中的一种页码样式；然后单击"页眉和页脚"选项组中的"页码"按钮，在弹出的下拉列表中执行"设置页码格式"命令，弹出"页码格式"对话框，将起始页码设置为"2"，单击"确定"按钮，再单击"关闭页眉和页脚"按钮即可。

5. 删除页码

单击"删除页码"按钮或手动删除文档中单个页面的页码时，将自动删除本文档中的所有页码。在"插入"选项卡下"页眉和页脚"组中单击"页码"按钮，执行"删除页码"命令即可。如果"删除页码"为灰色，则需要在"页眉和页脚"视图中手动删除页码。

## ■1.2.3　设置页边距

页边距通常是指文本内容与页面边缘之间的距离。通过设置页边距，可以使Word文档的正文部分与页面边缘保持比较合适的距离。设置页边距包括设置上、下、左、右边距以及页眉和页脚距页边界的距离，使用该功能来设置页边距将十分精确。

设置页边距的操作方法为：在"布局"选项卡下"页面设置"组中单击"页边距"按钮，在打开的下拉列表中可选择所需要的预定义页边距，如"常规""窄""中等""宽""对称"等，如图1-13所示。

用户还可以自定义页边距，在"布局"选项卡下"页面设置"组中单击右下角的"对话框启动器"按钮，打开"页面设置"对话框，在"页边距"选项卡下的"页边距"区域中，可以在"上""下""左""右"文本框中自定义输入或微调出页边距的数值。如果打印后需要装订，可以在"装订线"文本框中自定义输入或微调出装订线的宽度，在"装订线位置"下拉列表中选择"靠左"或"靠上"设置装订位置，如图1-14所示。

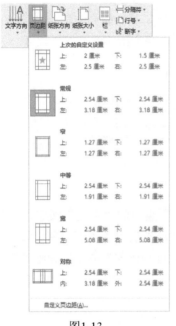

图1-13　　　　　　　　　　　　　　图1-14

提示：页边距太窄会影响文档的装订，而太宽不仅影响美观还浪费纸张。一般情况下，如果使用A4纸，可以采用Word提供的默认值；如果使用B5或16K纸，上、下边距在2.4 cm左右为宜，左、右边距在2 cm左右为宜。具体设置可根据需求自行设定。

## ■1.2.4　设置页面背景

为了让文档看起来更为美观，可以对文档布局进行美化，为页面添加水印、颜色和边框等。

### 1. 添加水印

Word文档中的水印是指作为文档背景图案的文字或图像。Word提供了多种水印模板和自定义水印功能。在页面内容后面添加虚影文字，如"机密""紧急"等，是表明文档需要特殊对待的好方法，不会分散他人对内容的注意力。

添加水印的具体操作方法为：在"设计"选项卡下"页面背景"组中单击"水印"按钮，在打开的列表中选择需要的水印。若无合适的水印文本，则可以执行"自定义水印"命令，弹出"水印"对话框，如图1-15所示。

如果要添加图片水印，则选中"图片水印"单选按钮，单击"选择图片"按钮，选择需要的图片，设置图片缩放比例和冲蚀效果，最后单击"确定"按钮即可。

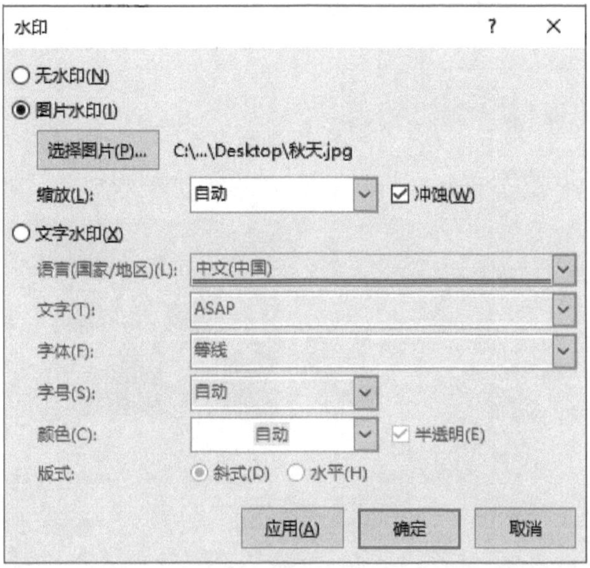

图1-15

如果要添加文字水印，则选中"文字水印"单选按钮，在"文字"文本框中输入文本，然后设置字体、字号、颜色、版式、半透明等，单击"确定"按钮即可。

### 2.设置页面颜色

页面颜色是指显示在Word文档底层的颜色或图案，用于丰富Word文档的页面显示效果。页面颜色在打印时不会显示。设置页面颜色的具体操作方法如下。

在"设计"选项卡下"页面背景"组中单击"页面颜色"按钮，在打开的列表中选择需要的颜色，如图1-16所示。若无合适的颜色，可以执行"填充效果"命令，弹出"填充效果"对话框。

在"填充效果"对话框的"渐变"选项卡下可设置渐变填充效果的颜色、透明度、底纹样式和变形效果等，如图1-17所示；在"纹理"选项卡下可选择一种内置的纹理填充效果，如图1-18所示；在"图案"选项卡下可选择一种图案填充效果，设置图案的前景、背景颜色，如图1-19所示；在"图片"选项卡下可设置图片背景，单击"选择图片"按钮，选择需要的图片即可，如图1-20所示。设置完成后单击"确定"按钮。

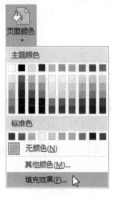

图1-16

图1-17

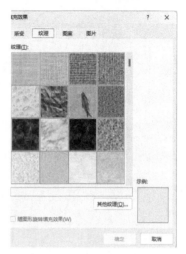

图1-18

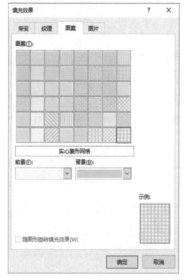

图1-19

图1-20

### 3. 设置页面边框

用户可以在Word文档中设置普通的线型页面边框和各种图标样式的艺术型页面边框，使Word文档更富有表现力。具体的操作方法为：在"设计"选项卡下"页面背景"组中单击"页面边框"按钮，弹出"边框和底纹"对话框，在"页面边框"选项卡下即可设置边框的样式、颜色、宽度、艺术型等，如图1-21所示。

提示：如果要设置Word文档页面边框与页边距的位置，可单击"选项"按钮，打开"边框和底纹选项"对话框，先在"测量基准"下拉列表中选择"页边"选项，然后在"边距"区域分别设置上、下、左、右边距数值，单击"确定"按钮即可，如图1-22所示。

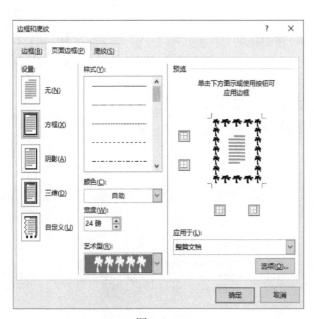

图1-21

图1-22

## ■1.2.5 应用主题和样式集

### 1. 应用、自定义或保存文档主题

使用主题可以快速改变Word文档的整体外观。文档主题是一套格式设置选项，涵盖了主题颜色、主题字体（包括标题和正文文本字体）和主题效果（包括线条和填充效果）等选项。Word 2016提供了32种主题样式供用户选择。

（1）应用文档主题。在"设计"选项卡下"文档格式"组中单击"主题"按钮，在打开的列表中可选择一种内置的主题，如图1-23所示。

（2）自定义文档主题。文档主题是主题颜色、主题字体、主题效果三方面内容的集合。在"设计"选项卡下"文档格式"组中可对其进行设置。

**自定义主题颜色：** 主题颜色包含4个文本和背景色、6种强调文字颜色和2个超链接的颜色。主题颜色按钮中的颜色表示当前文本背景色和主题颜色名称，单击主题颜色按钮旁边的颜色集代表强调文字颜色和超链接颜色。单击"颜色"按钮，可在弹出的下拉列表中选择一种主体颜色，如图1-24所示。

也可以执行"自定义颜色"命令，弹出"新建主题颜色"对话框，在"主题颜色"下单击想要更改的主题颜色元素按钮，在弹出的列表中选择要使用的颜色；在"示例"区域中可以看到所做更改的效果；在"名称"框中为新主题颜色键入相应的名称，然后单击"保存"按钮，即完成自定义主题颜色的创建，如图1-25所示。

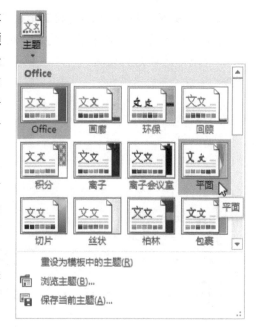

图1-23

图1-24

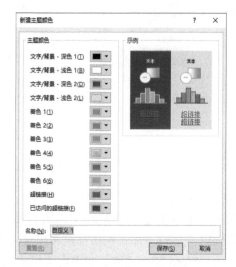

图1-25

提示：如果要将所有主题颜色元素恢复为原始主题颜色，应在单击"保存"按钮之前单击"重置"按钮。

**自定义主题字体：** 主题字体包含标题字体和正文文本字体。单击主题字体按钮时，可以看到标题和正文文本字体的名称位于每种"主题字体名称"的下方，用户可以更改这两种字体，创建自己的主题字体集。单击"字体"按钮，在弹出的下拉列表中可选择主体字体的样式，如图1-26所示。

也可以执行"自定义字体"命令,弹出"新建主题字体"对话框,如图1-27所示。在"标题字体"和"正文字体"框中可以选择要使用的字体,"示例"框中会显示出所选择字体的示例,在"名称"框中为新主题字体键入适当的名称,然后单击"保存"按钮,即可完成自定义主题字体的创建。

图1-26

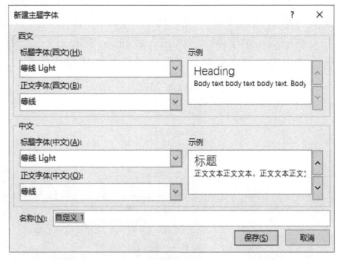

图1-27

**选择一组主题效果:**主题效果包括阴影、反射、线条、填充和详细信息。虽然用户无法创建自定义主题效果,但可以选择一组Word内置的主题效果。单击"效果"按钮,在弹出的下拉列表中选择一种主题效果即可,如图1-28所示。

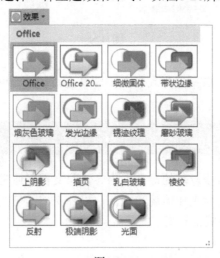

图1-28

(3)保存文档主题。对主题进行更改之后,可以保存当前主题以便再次使用,也可以使其成为新文档的默认设置。在"设计"选项卡下"文档格式"组中单击"主题"

按钮，在打开的列表中执行"保存当前主题"命令，弹出"保存当前主题"对话框，在左侧选择保存位置，在"文件名"框中键入主题名称，然后单击"保存"按钮即可。

### 2. 为文档选择快速样式集

在Word中可以选择一组设计用于协同工作的样式。每个快速样式集将包含多个标题级别、正文文本和用于在单个文档中协同工作的标题样式。在"设计"选项卡下"文档格式"组中单击"其他"按钮，然后在打开的列表中选择一种样式集，如"极简""阴影"等，即可为文档选择快速样式集，如图1-29所示。

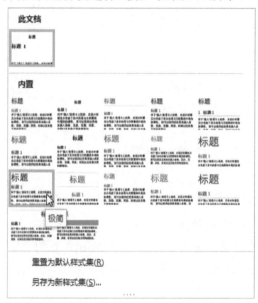

图1-29

提示：将鼠标指针悬停在一种样式集上，可以直接在文档中实时预览该样式。

## 1.3 文档格式的编排

在文档中，文字是组成段落的最基本内容，而文档又通常是由多个段落结构组合而成的。为了使文档中的内容更加美观和规范，提高文档的可阅读性，可以对文档中的文字进行字体格式和段落格式的设置。

### ■1.3.1 字体格式的设置

设置文本的字体格式包括设置中文字体、西文字体、字形、字号以及字体颜色等。一般情况下，可以使用"字体"组、"字体"对话框、浮动工具栏等方法设置字体格式。字体是表示文字书写风格的一种简称，Word 2016提供了多种可用的字体，输入的文本在默认情况下是宋体、五号、黑色。

### 1. 使用"字体"组设置字体格式

选定要更改的文本后，即可单击"开始"选项卡下"字体"组中的相应按钮进行设置，如图1-30所示。

图1-30

- **字体** 下拉列表：设置所需的字体（如"黑体"等）。
- **字号** 下拉列表：设置所需的字号（如"三号"等）。
- **颜色** 下拉列表：选择所需的颜色。
- **字形区域**：单击"加粗"按钮、"倾斜"按钮、"下划线"按钮等，可以为选定的文字设置粗体、斜体、下划线等。

### 2. 使用"字体"对话框设置字体格式

选中要更改的文本，在"开始"选项卡下"字体"组中单击右下角的"对话框启动器"按钮，在弹出的"字体"对话框中可对字符进行更详细的设置，包括字体、字形、字号、效果等。

提示：设置默认字体后，打开每个新文档都会使用选定的字体设置，并将其作为默认设置。在"字体"对话框中选择要应用于默认字体的选项，例如，字体、字形、字号、效果等，然后单击"设为默认值"按钮，最后单击"确定"按钮即可。

### 3. 使用浮动工具栏设置字体格式

选定要更改的文本后，浮动工具栏会自动出现，将指针移到浮动工具栏上，即可对字符进行相关设置，如图1-31所示。

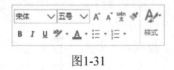

图1-31

## ■1.3.2  段落格式的设置

段落是构成整个文档的骨架，在编辑文档的同时还需要合理设置文档段落的格式，才能使文档达到层次分明、段落清晰的效果。段落格式包括段落的对齐方式、缩进方式、段落间距与行距、段落边框与底纹、项目符号与编号等。大多数的段落格式都可以在"开始"选项卡下的"段落"组中完成设置，也可以在"开始"选项卡下"段落"组中单击右下角的"对话框启动器"按钮，打开"段落"对话框（如图1-32所示），从中可对段落进行更详细的设置，包括段落的对齐方式、缩进方式、段落间距与行距等。

### 1. 设置段落对齐方式

段落对齐是指文档边缘的对齐方式，包括左对齐、居中对齐、右对齐、两端对齐和分散对齐5种方式。选中要设置对齐方式的文本段落，在"开始"选项卡下的"段落"组中，有一组快速选择段落对齐方式的按钮，单击相应的对齐方式按钮，即可快速为段落选择对齐方式。

### 2. 设置段落缩进

段落缩进是指段落中的文本与页边距之间的距离，包括左缩进、右缩进、悬挂缩进和首行缩进4种方式。选择要进行设置的段落，在"开始"选项卡下"段落"组中单击右下方的"对话框启动器"按钮 ⬛，弹出"段落"对话框，在"缩进和间距"选项卡中可进行相关设置。

图1-32

在"缩进"区域的"左侧"微调框中输入左缩进的值，则所选行从左边缩进；在"右侧"微调框中输入右缩进的值，则所选行从右边缩进；在"特殊"下拉列表中可以选择段落缩进的方式：首行缩进和悬挂缩进，在其后面的"缩进值"微调框中可以输入需要缩进的值（首行缩进和悬挂缩进的默认值为"2字符"）。

### 3. 设置段间距与行间距

行间距是指段落中行与行之间的距离，段间距是指前后相邻的段落之间的距离。

（1）更改行距。选中要进行设置的文本段落，在"开始"选项卡下"段落"组中单击"行和段落间距"按钮 ⬛，在弹出的下拉列表中可以选择需要的行距值，如图1-33所示。

要设置更精确的行距，在下拉列表中执行"行距选项"命令，在打开的"段落"对话框的"缩进和间距"选项卡下，在"行距"下拉列表中设置所需的选项和值即可。

（2）更改段前、段后的间距。段前间距是一个段落的首行与上一段落的末行之间的距离。段后间距是一个段落的末行与下一段落的首行之间的距离。默认情况下，段前、段后的间距均为0行。

选中要更改段前间距或段后间距的段落，在"布局"选项卡下"段落"组中单击"段前间距"或"段后间距"后面的箭头，或者输入所需的间距值即可，如图1-34所示。

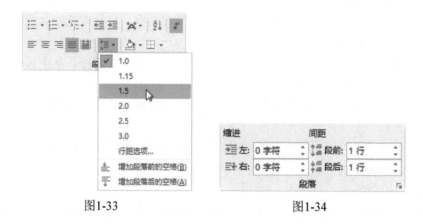

图1-33　　　　　　　　　　　　　　图1-34

### 4. 添加项目符号和编号

为了使段落层次分明，结构更加清晰，可以为段落添加项目符号或编号。所以，项目符号和编号都是以段落为单位的。

（1）使用"段落"组添加项目符号和编号。选中要添加项目符号或编号的段落，在"开始"选项卡下"段落"组中单击"项目符号"或"编号"按钮右侧的下三角按钮，在弹出的库中选择所需要的项目符号或编号样式即可，如图1-35和图1-36所示。

图1-35　　　　　　　　　　　　　　图1-36

（2）使用浮动工具栏添加项目符号和编号。选中要添加项目符号或编号的段落，打开"格式"浮动工具栏，在该浮动栏中单击"项目符号"按钮或"编号"按钮右侧的下三角按钮，同样可以从弹出的库中选择需要的项目符号或编号样式。

（3）自定义项目符号。要自定义项目符号，可在"项目符号"下拉列表中执行"定义新项目符号"命令，打开"定义新项目符号"对话框，如图1-37所示。

- **符号**：单击"符号"按钮，打开"符号"对话框，可从中选择合适的符号样式作为项目符号。
- **图片**：单击"图片"按钮，打开"图片项目符号"对话框，从中可选择合适的图片符号作为项目符号。
- **字体**：单击"字体"按钮，打开"字体"对话框，从中可设置项目符号的字体格式。
- **对齐方式**：在"对齐方式"下拉列表中列出了3种项目符号的对齐方式，分别为左对齐、居中和右对齐。

（4）自定义编号。

要自定义编号，可在"编号"下拉列表中执行"定义新编号格式"命令，打开"定义新编号格式"对话框，如图1-38所示。

图1-37

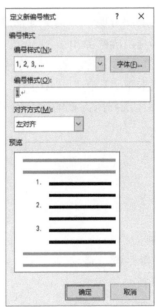

图1-38

- **编号样式**：在"编号样式"下拉列表中可以选择其他的编号样式。
- **字体**：单击"字体"按钮，打开"字体"对话框，可以设置编号的字体格式。
- **编号格式**："编号格式"文本框中显示的是编号的最终样式，在该文本框中可以添加一些特殊的符号，如冒号、逗号、半角句号等。
- **对齐方式**：在"对齐方式"下拉列表中列出了编号的3种对齐方式，分别为左对齐、居中和右对齐。

（5）删除项目符号和编号。对于不再需要的项目符号或编号，可以随时将其删除，操作方法也很简单。只需选中需要删除项目符号或编号的文本，然后在"段落"组中单击"项目符号"按钮或"编号"按钮。如果要删除单个项目符号或编号，选中该项目符号或编号，然后按Backspace键即可。

### ■1.3.3 中文版式的设置

Word提供了独特的、具有中文特色的中文版式功能，包括纵横混排、合并字符、双行合一等。

#### 1. 纵横混排

在默认情况下，文档中的文本内容都是横向排列的，有时出于某种需要必须使文字纵横混排，这时就可以使用纵横混排功能，使横向排版的文本在原基础上向左旋转90°，形成纵横混排。

选中要设置的文本内容，在"开始"选项卡下"段落"组中单击"中文版式"按钮 ✖，在弹出的下拉列表中执行"纵横混排"命令，如图1-39所示。

图1-39

在打开的"纵横混排"对话框中，选中"适应行宽"复选框（如图1-40所示），Word将自动调整文本行的宽度。单击"删除"按钮，即可恢复所选文本的横向排列效果。

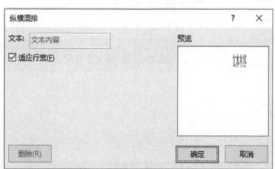

图1-40

#### 2. 合并字符

合并字符效果能使所选的字符排列成上下两行，并可设置合并字符的字体、字号。

选中要设置的文本内容，在"开始"选项卡下"段落"组中单击"中文版式"按钮 ✖，在弹出的下拉列表中执行"合并字符"命令，打开"合并字符"对话框。在"文字"文本框中可对文字内容进行修改，在"字体"和"字号"文本框中可设置文本的字体、字号，如图1-41所示。单击"删除"按钮，即可取消所选字符的合并效果。

提示：合并的字符不能超过6个汉字（12个半角英文字符）的宽度，超过此长度的字符将被自动截断。

### 3. 双行合一

双行合一效果能使所选的位于同一行的文本内容平均地变为两行，并使其在一行中显示出来。在必要的情况下，还可以为双行合一的文本添加不同类型的括号。

选中要设置的文本内容，在"开始"选项卡下"段落"组中单击"中文版式"按钮 ，在弹出的下拉列表中执行"双行合一"命令，打开"双行合一"对话框，如图1-42所示。在"文字"文本框中可对文字内容进行修改；选中"带括号"复选框后，可在"括号样式"列表框中选择为双行合一的文本添加不同类型的括号。单击"删除"按钮，即可取消所选内容的双行合一效果。

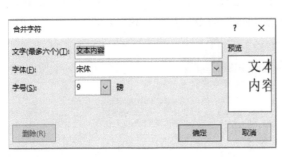

图1-41

图1-42

提示：设置双行合一的文本只能是位于同一自然段、连续的内容。如果选择多行不连续的文本，那么只能将首行文本设置为双行合一效果。

## 1.4 插入元素的设置

### ■1.4.1 插入符号

新建一个Word文档并打开，如图1-43所示。

图1-43

切换到"插入"选项卡，即可看到各种可以插入到文档中的选项，这些选项包括图片、图表、链接、页码等，如图1-44所示。

图1-44

单击右侧的"符号"按钮，弹出近期使用过的符号，从列表中选择你需要的符号，单击即可将其插入文档中的相应位置，如图1-45所示。

如果近期使用过的符号列表中没有所需要的符号，可执行"其他符号"命令，如图1-46所示。

在Word文档中，当需要插入特定符号时，可以点击右侧的"符号"按钮来打开"符号"对话框。如图1-47所示，首先在"字体"下拉列表中选择"（普通文本）"，接着在"子集"下拉列表中选择"数学运算符"。在下方的符号列表中浏览并找到所需的符号，例如求和符号∑。单击该符号以选中它，然后单击"插入"按钮即可将其添加到文档中的指定位置。

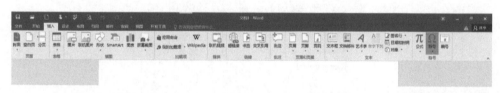

图1-45

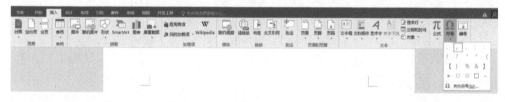

图1-46

图1-47

单击"符号"对话框中的"插入"按钮，即可在页面中插入该符号，如图1-48
所示。

"符号"对话框使用完毕后，单击右上角或者底部的"关闭"按钮即可关闭该对话
框，如图1-49所示。这样做可以返回到文档编辑状态，继续进行其他编辑操作。

图1-48

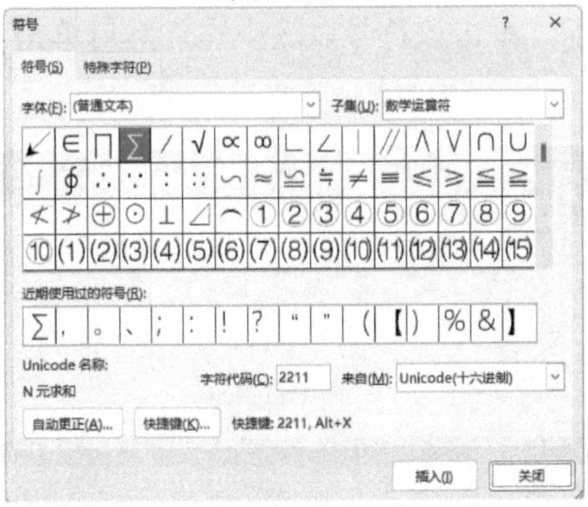

图1-49

## ■1.4.2 插入公式

在早期版本的 Word 中，只能借助公式编辑器来输入公式。然而，从 Word 2010 开
始，功能区增加了公式功能，预置了众多常用公式样本供用户选择插入文档。同时，
Word 也支持用户手动逐部分输入公式内容。

这里使用一个案例演示如何插入数学公式，本案例要插入的数学公式如图1-50
所示。

$$\sqrt{\frac{n\sum x^2 - (\sum x)^2}{n(n-1)}}$$

图1-50

实现步骤如下：

（1）将插入点定位到要输入公式的位置，在功能区的"插入"选项卡中单击"公式"按钮开始插入公式。

（2）在文档中插入一个用于输入公式的公式编辑框（如图1-51所示），同时激活功能区中的"公式工具"的"公式"选项卡，该选项卡包含了用于编辑公式的工具。

图1-51

（3）在功能区的"公式工具"的"公式"选项卡中单击"根式"按钮，在弹出的列表中选择"平方根"并插入，如图1-52所示。

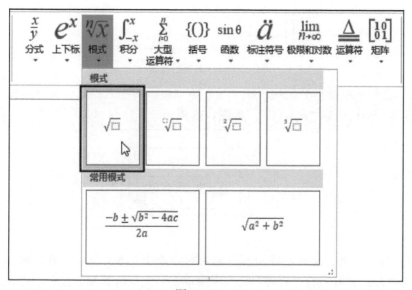

图1-52

（4）在公式编辑框中自动插入一个根式符号，此时插入点位于根号外，按一次左方向键，将插入点移动到根式中，如图1-53所示。

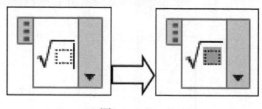

图1-53

（5）在功能区的"公式工具"的"公式"选项卡中单击"分式"按钮，然后在弹出的列表中选择"分式（竖式）"，会弹出一个包含不同分式布局的列表，如图1-54所示。

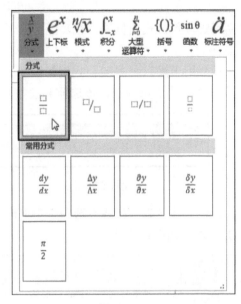

图1-54

（6）在根式中插入分数线，按一次左方向键，将插入点定位到分数线下方的分母位置，输入分母的内容"$n(n-1)$"，如图1-55所示。

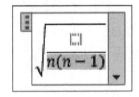

图1-55

（7）按一次上方向键，将插入点移动到分数线上方的分子位置，输入字母 $n$。在功能区的"公式工具"的"公式"选项卡中单击"大型运算符"按钮，在弹出的列表中选择"求和"，如图1-56所示。

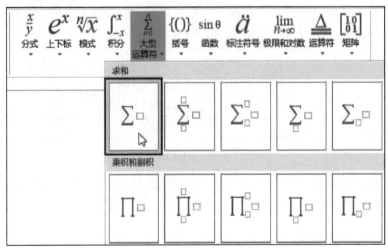

图1-56

（8）按一次左方向键，将插入点移动到求和符号的右侧，在功能区的"公式工具|公式"选项卡中单击"上下标"按钮，在弹出的列表中选择"上标"，如图1-57所示。

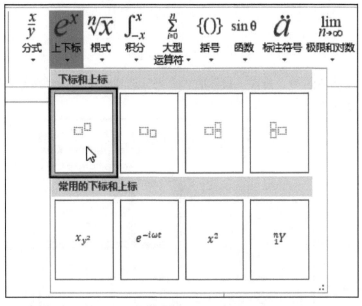

图1-57

（9）将上标插入公式中，按两次左方向键，如图1-58所示。

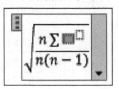

图1-58

（10）在新的上标结构中输入字母 $x$，按一次右方向键，输入数字 2，得到的公式如图1-59所示。

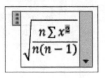

图1-59

（11）按一次右方向键，输入一个减号，以继续构建公式的剩余部分，如图1-60所示。

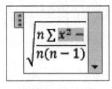

图1-60

（12）重复上述步骤，插入一个上标，按两次左方向键，如图1-61所示。

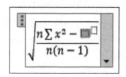

图1-61

（13）在功能区的"公式工具"的"公式"选项卡中单击"括号"按钮，然后在弹出的列表中选择"括号"，如图1-62所示。

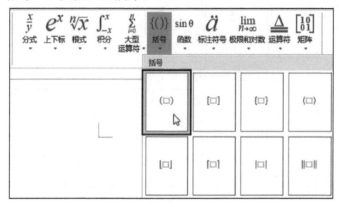

图1-62

（14）按一次左方向键，再次执行前述步骤，插入一个求和运算符，如图1-63所示。

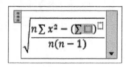

图1-63

（15）按左方向键后输入字母 $x$，如图1-64所示。

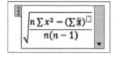

图1-64

（16）按 3 次右方向键，输入数字 2，如图1-65所示。

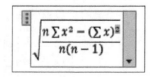

图1-65

（17）单击公式以外的区域，完成公式的输入。

### ■1.4.3 插入并设置艺术字样式

艺术字是Word自带的具有特殊效果的文字。可以在文档中插入并设置艺术字格式，从而使文档更加生动活泼，具有感染力。

**1. 插入艺术字**

想要制作突出、醒目的文字，可以选择使用艺术字，按预定义的形状来创建文字。将光标定位于需要插入艺术字的位置，在"插入"选项卡下"文本"组中单击"艺术字"按钮，在弹出的下拉列表中选择所需要的艺术字样式即可，如图1-66所示。

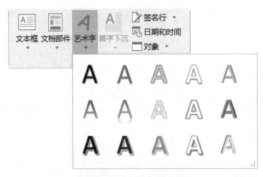

图1-66

从中选择一种艺术字样式后，文档中会自动插入一个文本框，在文本框中输入所需要的艺术字内容即可。如已选中艺术字内容，则在艺术字库中选择一种样式后，文档中便自动插入一个已编辑好内容的艺术字了。还可在"开始"选项卡下"字体"组中设置艺术字的字体、字号等。

**2. 设置艺术字样式**

插入艺术字后，如果对其样式不满意，可以通过编辑艺术字文字、调整字符间距、更改格式、填充颜色、设置阴影效果、设置三维效果、调整大小和位置等方式设置其样式。选中艺术字后，即会出现"绘图工具"的"格式"选项卡，从中可对艺术字进行各种设置。

**艺术字样式：**在"绘图工具"的"格式"选项卡下单击"艺术字样式"组中的"其他"下拉按钮，在打开的下拉列表中可选择所需的艺术字样式。

**文本效果：**在"绘图工具"的"格式"选项卡下单击"艺术字样式"组的"文本效果"按钮，在打开的下拉列表中可设置艺术字的文本显示效果，如阴影、映像、发光、棱台等效果，如图1-67所示。

● **阴影：**为艺术字添加一种阴影效果，如"偏移：右下""偏移：中"等，如图1-68所示。

● **映像：**为艺术字添加一种映像效果，如"紧密映像：接触""全映像：8磅偏移量"等，如图1-69所示。

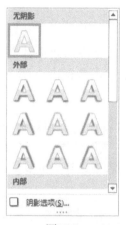

图1-67 图1-68 图1-69

- **发光**：为艺术字添加一种发光效果，如"发光：5磅；橙色，主题色2""发光：18磅；金色，主题色4"等，如图1-70所示。
- **棱台**：为艺术字添加一种棱台效果，如"十字形""柔圆"等，如图1-71所示。

图1-70 图1-71

- **三维旋转**：为艺术字添加一种三维旋转效果，如"等角轴线：左下""透视：左向对比"等，如图1-72所示。
- **转换**：为艺术字添加转换效果，如"三角：正""朝鲜鼓"等，如图1-73所示。

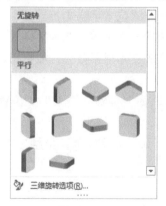

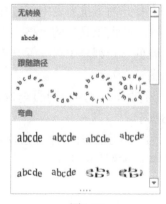

图1-72 图1-73

　　**形状样式**：Word提供了多种艺术字形状样式，可以快速应用到艺术字上。选中要应用形状样式的艺术字后，在"绘图工具"的"格式"选项卡下单击"形状样式"组的"其他"按钮，在打开的下拉列表中提供了多种形状样式可供选择，如图1-74所示。如果在样式库中没有找到所需要的形状样式，还可以自定义艺术字形状样式，在"形状样式"组中的右侧可对"形状填充""形状轮廓"和"形状效果"进行更详细的设置。

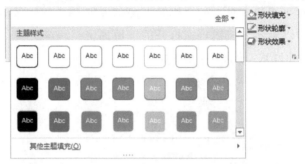

图1-74

　　**文字环绕**：默认情况下插入的艺术字是嵌入文档中的，可以设置艺术字的文字环绕方式，使其与文档显示更加协调。可在"绘图工具"的"格式"选项卡下"排列"组中单击"环绕文字"按钮，在弹出的下拉列表中选择一种艺术字的环绕方式即可。

　　**对齐方式**：选中插入的艺术字，在"绘图工具"的"格式"选项卡下单击"排列"组中的"对齐"按钮，在其下拉列表中可以设置艺术字的对齐方式，如左对齐、水平居中、右对齐等。

## ■1.4.4　插入并设置图片格式

　　在编辑好的Word文档中插入相应的图片不仅能更直观地表达出想要表达的意思，还能为该篇文档增添艺术色彩。

### 1.插入图片

　　如果需要使用的图片已经保存在计算机中，那么可以执行插入图片功能，将图片插入文档中。具体的操作方法为：选择要插入图片的起始位置，然后在"插入"选项卡下"插图"组中单击"图片"按钮，打开"插入图片"对话框，从中选择要插入的图片文件，然后单击"插入"按钮，即可将图片插入文档中。默认情况下，被插入的图片会直接嵌入文档中，成为文档的一部分。

### 2.设置图片格式

　　**缩放**：选中图片后，在"图片工具"的"格式"选项卡下"大小"组中单击右下角的"对话框启动器"按钮，打开"布局"对话框，在"大小"选项卡下的"缩放"区域中，只需在"高度"和"宽度"微调框中输入或微调到需要的缩放值，单击"确定"按钮，如图1-75所示。

**大小**：选中图片后，在"图片工具"的"格式"选项卡下"大小"组中，可在"高度"或"宽度"文本框中输入数值调节至需要的尺寸，如图1-76所示。默认情况下，图片的纵横比是被锁定的。

**旋转**：选中图片后，用鼠标拖动图片上方的旋转手柄 ⚙，可按任意角度旋转图片。如果想按指定角度旋转图片，可在"图片工具"的"格式"选项卡下"排列"组中单击"旋转"按钮，在打开的下拉列表中选择旋转的方向和方式，如图1-77所示。

图1-75

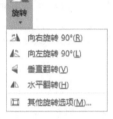

图1-76 图1-77

**裁剪**：若想对图片进行重新裁剪，只保留图片中需要的部分，可先选中图片，然后在"图片工具"的"格式"选项卡下"大小"组中单击"裁剪"按钮，此时图片的四周会出现黑色的控点，当鼠标指针指向图片上方的控点时，指针会变成黑色倒立的"T"形状，向下拖动鼠标指针，即可将图片上方鼠标指针经过的部分裁剪掉。使用相同方法，可对图片的其他边进行裁剪。裁剪完毕后，单击文档任意位置即可。

**图片样式**：Word提供了多种图片样式以快速应用到图片上。选中图片后，在"图片工具"的"格式"选项卡下"图片样式"组中单击"图片样式"右下角的"其他"按钮，打开的下拉列表中提供了多种样式以供选择，如图1-78所示。如果在样式库中没有所需要的图片样式，还可以自定义图片样式。

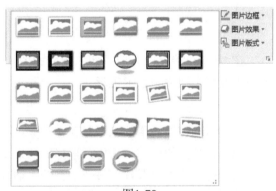

图1-78

在"图片样式"组中的右侧可对"图片边框""图片效果"和"图片版式"进行更详细的设置。

**环绕方式**：默认情况下， Word插入的图片是嵌入文档中的，用户可以设置图片的文字环绕方式，使其与文档显示得更加协调。要设置图片的环绕方式，可在"图片工具"的"格式"选项卡下"排列"组中单击"环绕文字"按钮，在弹出的下拉列表中选择一种文字和图片的排列方式。

**艺术效果**：在"图片工具"的"格式"选项卡下"调整"组中单击"艺术效果"按钮，在其下拉列表中可设置图片的艺术效果，如图1-79所示。如果设置的图片效果没有达到预期，可执行"艺术效果选项"命令，打开"设置图片格式"任务窗格，在其中进行精确设置。

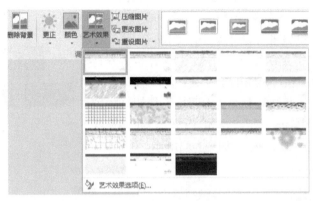

图1-79

**删除背景：** 在"图片工具"的"格式"选项卡下"调整"组中单击"删除背景"按钮，即可删除图片背景；如要将图片还原到初始效果，可单击"调整"组中"重置图片"按钮右侧的下三角按钮，在弹出的下拉列表中执行"重置图片"命令。

## ■1.4.5 插入并设置SmartArt图形样式

SmartArt图形是信息和观点的视觉表示形式，可以通过在多种不同布局中进行选择来创建SmartArt图形，从而快速、轻松、有效地传达信息。

### 1. 插入SmartArt图形

在"插入"选项卡下"插图"组中单击"SmartArt"按钮，在弹出的"选择SmartArt图形"对话框中，可以看到SmartArt图形的类型，用户可以根据需要在左侧列表中选择合适的类型，再在右侧列表中选择图形样式（如"组织结构图"），单击"确定"按钮，如图1-80所示。

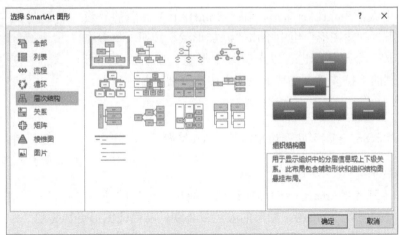

图1-80

### 2. 在SmartArt图形中输入文本

SmartArt图形是形状与文本框的结合，所以该图形中一定会有文本。选中插入的SmartArt图形后，单击其中一个图形的图框，可在文本框中输入文字，如图1-81所示。

用户也可以在"文本窗格"中输入所需的文本，具体的操作方法为：在"SmartArt工具"的"设计"选项卡下"创建图形"组中单击"文本窗格"按钮（如图1-82所示），即可显示或隐藏"文本窗格"，在该窗格中可以给所有的图框加入文本，如图1-83所示。

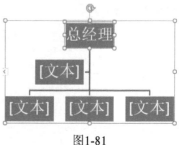

图1-81

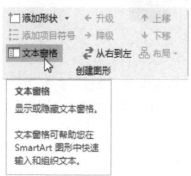

图1-82

图1-83

用户还可以在"开始"选项卡下"字体"组中对输入的文本设置字体、字号、颜色等，或在"SmartArt工具"的"格式"选项卡下"艺术字样式"组中设置文本的艺术字效果。

### 3. 添加或删除SmartArt形状

如果内置的SmartArt图形中的形状不够或者有剩余，可根据实际情况添加或删除形状。

选中要更改的SmartArt图形，在"SmartArt工具"的"设计"选项卡下"创建图形"组中单击"添加形状"按钮，每单击一次就会增加一个形状。也可以选中某个形状，单击"添加形状"按钮右侧的下拉按钮，在其下拉列表中选择要添加的位置，如图1-84所示。

提示：要删除SmartArt形状，选中后按Delete键即可。

图1-84

### 4. 设置SmartArt图形的样式

在Word中插入的SmartArt图形默认以"简单填充"的外观方式显示，在实际应用中，可以根据需要更改SmartArt图形的颜色或外观，从而让图形更加美观。

**更改版式：** 选中SmartArt图形后，在"SmartArt工具"的"设计"选项卡下"版式"组中单击"其他"按钮，在打开的下拉列表中选择要更改的布局版式即可，如图1-85所示。

设置颜色：选中SmartArt图形后，在"SmartArt工具"的"设计"选项卡下"SmartArt样式"组中单击"更改颜色"下拉按钮，在打开的下拉列表中选择一个色系即可，如图1-86所示。

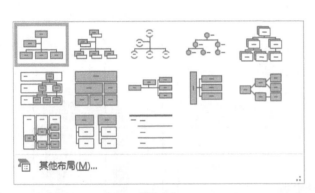

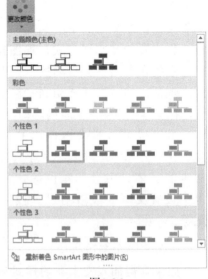

图1-85　　　　　　　　　　　　　　　　　　图1-86

设置样式：选中SmartArt图形后，在"SmartArt工具"的"设计"选项卡下"SmartArt样式"组中单击外观样式下拉按钮，在打开的下拉列表中可以按需选择样式，如图1-87所示。

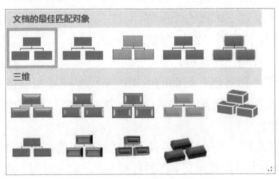

图1-87

## ■1.4.6　应用文本框

如果要在文档中添加部分内容，但又不希望影响文档中的其他文本，可以使用文本框。文本框是一种图形对象，它作为存放文本或图形的容器，可置于页面中的任何位置，并可随意地调整大小。在Word中，可以直接插入文本框，而当在绘制的形状中添加文字后，也将自动视其为文本框。用户还可以根据不同的需要对文本框进行一些特殊的处理，如设置其形状、样式、填充、轮廓、对齐、组合、大小、文字环绕方式等。

### 1. 插入文本框

Word提供了35种内置文本框，如简单文本框、奥斯汀提要栏和边线型引述等。在"插入"选项卡下"文本"组中单击"文本框"按钮，在弹出的下拉列表中可以选择任意一种内置的文本框样式，如图1-88所示。此时系统在文档中会自动插入一个相应样式的文本框，然后将其移动到文档中的合适位置，在文本框中输入文本内容即可。

用户也可以对文本框内的文本进行设置，在"开始"选项卡下"字体"组中设置文本的字体、字号、颜色等，在"段落"组中设置文本的段落缩进、段间距与行间距等。

### 2. 设置文本框格式

如果觉得插入文本框的样式显得单调，可以根据需要对其大小、边框、填充色和版式等进行设置。

**大小**：选中文本框，在"绘图工具"的"格式"选项卡下，在"大小"组的"高度"和"宽度"微调框中可设置文本框的大小值。如果单击"大小"组右下角的"对话框启动

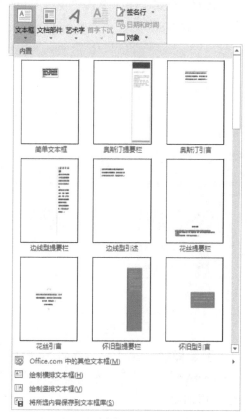

图1-88

器"按钮，可打开"布局"对话框。在"大小"选项卡下的"高度"和"宽度"区域中，可在"绝对值"或"相对值"后面的微调框中设置需要的数值；在"缩放"区域的"高度"和"宽度"微调框中可输入缩放比例；选中"锁定纵横比"复选框，可实现文本框的等比例缩放操作。

**对齐方式**：选中文本框，在"绘图工具"的"格式"选项卡下"排列"组中单击"对齐"按钮，在其下拉列表中可以设置文本框的对齐方式，如左对齐、水平居中、右对齐等。

**形状样式**：Word提供了多种文本框形状样式以快速应用到文本框上。选中文本框后，在"绘图工具"的"格式"选项卡下"形状样式"组中单击"其他"按钮，打开的下拉列表中提供了多种形状样式以供选择。如果在样式库中没有所需要的形状样式，用户还可以自定义文本框形状样式。在"形状样式"组中的右侧可对"形状填充""形状轮廓"和"形状效果"进行更详细的设置。

**艺术字样式**：可为文本框中的文本内容应用艺术字样式。选中文本框，在"绘图工具"的"格式"选项卡下"艺术字样式"组中单击"其他"按钮，在打开的下拉列表中选择一种艺术字样式，即可应用到文本框中的文字上。还可以在"艺术字样式"组右侧的"文本填充""文本轮廓"和"文本效果"下拉列表中自行设置文本的显示效果。

**文字方向：**可在文本框中更改文字的方向。如果要竖排文字，插入竖排文本框即可。但如果要在横排和竖排文本框中改变文字的方向，则应先选中文本框，在"绘图工具"的"格式"选项卡下"文本"组中单击"文字方向"按钮，然后在打开的下拉列表中选择需要的文字方向，如水平、垂直等，如图1-89所示。

**文字环绕：**可以设置文本框的文字环绕方式，使其与文档显示更加协调。选中文本框，在"绘图工具"的"格式"选项卡下"排列"组中单击"环绕文字"按钮，在弹出的下拉列表中选择一种文字的排列方式即可。

**内置边距：**右击文本框，在弹出的快捷菜单中执行"设置形状格式"命令，文档右侧会出现"设置形状格式"任务窗格，在"形状选项"选项卡下单击"布局属性"图标，可对文本框的内置边距进行精确调整，也可设置文本框的对齐方式和文字方向，如图1-90所示。

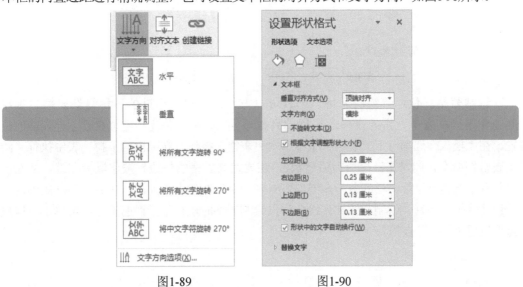

图1-89　　　　　　　　　　图1-90

## ■1.5.1　创建与编辑文档表格

### 1. 创建表格

**使用"表格"下拉列表：**先将光标定位在要插入表格的位置，然后在"插入"选项卡下"表格"组中单击"表格"按钮，在弹出的下拉列表中拖动鼠标以选择需要的行数和列数，如图1-91所示。松开鼠标按键后，表格即插入插入点处。

**使用"插入表格"对话框：**使用"插入表格"对话框插入表格可以在将表格插入文档之前选择表格尺寸和格式。将光标定位在要插入表格的位置，在"插入"选项卡下"表格"组中单击"表格"按钮，在弹出的下拉列表中执行"插入表格"命令，弹出

"插入表格"对话框，如图1-92所示。在"表格尺寸"下输入列数和行数，在"'自动调整'操作"下选择选项以调整表格尺寸，单击"确定"按钮即可。

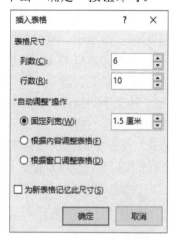

图1-91                  图1-92

**绘制表格**：使用"绘制表格"工具可以方便地画出非标准的各种复杂表格，如绘制包含不同高度单元格的表格或每行的列数不同的表格。将光标定位在要创建表格的位置，在"插入"选项卡下"表格"组中单击"表格"按钮，在弹出的下拉列表中执行"绘制表格"命令，此时指针会变为铅笔状，在要定义表格的外边界按住鼠标左键，从左上方到右下方拖动鼠标，松开鼠标左键即可得到一个绘制的表格外框。接着，在该矩形内拖动铅笔状鼠标指针，绘制行线和列线。如果绘制表格时进行了错误的操作，可单击"橡皮擦"按钮进行擦除操作。

2. 编辑文档表格

表格创建完成后，还需要对其进行编辑操作，例如，在表格中插入与删除行或列、合并与拆分单元格、调整行高与列宽等，以满足不同需求。

（1）插入与删除行或列。

**插入行或列**：如果要添加列，将光标定位到要添加位置的左边一列或右边一列中的任意一个单元格中；如果要添加行，将光标定位到要添加位置的上边一行或下边一行中的任意一个单元格中。然后在"表格工具"的"布局"选项卡下"行和列"组中，根据需要单击对应的按钮即可，如图1-93所示。

**删除行、列或单元格**：如果要删除列，将光标定位到要删除列中的任意一个单元格中；如果要删除行，将光标定位到要删除行的任意一个单元格中；如果要删除单元格，将光标定位到删除的单元格中。然后在"表格工具"的"布局"选项卡下"行和列"组中单击"删除"按钮，在弹出的下拉列表中根据需要执行"删除单元格""删除列""删除行"或"删除表格"命令即可。如果执行"删除单元格"命令，将显示"删除单元格"对话框（如图1-94所示），从中可选择删除该单元格后对其他单元格的处理方式。

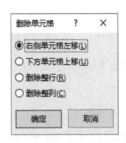

图1-93 图1-94

（2）合并与拆分单元格。合并单元格是指将两个或者两个以上的单元格合并成为一个单元格；拆分单元格是指将一个或多个相邻的单元格重新拆分为指定的列数或行数；拆分表格是指从指定的两行之间把原来的表格拆分为上下两个表格。在"表格工具"的"布局"选项卡下"合并"组中可完成上述各项操作，如图1-95所示。如果单击"拆分单元格"按钮，将弹出"拆分单元格"对话框，在"列数"和"行数"框中分别输入要拆分成的列数和行数，单击"确定"按钮即可，如图1-96所示。

图1-95 图1-96

（3）调整行高与列宽。当自动创建表格时，Word默认将表宽设置为页宽，列宽设置为等宽，行高设定为等高，可根据需要对其进行调整。

**自动调整**：选中需要调整的表格，在"表格工具"的"布局"选项卡下"单元格大小"组中单击"自动调整"按钮，在弹出的下拉列表中选择根据内容或根据窗口自动调整表格，也可直接指定固定的列宽，如图1-97所示。

**精确调整**：在"表格工具"的"布局"选项卡"单元格大小"组中"高度"和"宽度"后的微调框中输入或微调至精确的数值，可对所选单元格区域或整个表格的行高与列宽进行精确设置。

**平均分布**：选择多行或多列单元格，在"表格工具"中"布局"选项卡下"单元格大小"组中单击"分布行"按钮或"分布列"按钮，可以快速将所选的多行或者多列进行平均分布。

图1-97

## ■1.5.2　设置文档表格格式

表格的基本操作完成后，可以对表格的文本格式、边框和底纹、表格样式等属性进行设置。

### 1. 套用表格样式

Word 2016自带了105种内置的表格样式，用户可以根据需要自动套用表格样式。将鼠标指针停留在每个预先设置好格式的表格样式上，可以预览表格的外观。

先选中整个表格，在"表格工具"的"设计"选项卡下"表格样式"组中单击"其他"按钮，在弹出的库中单击所需要的表格样式，即可为表格应用该样式，如图1-98所示。

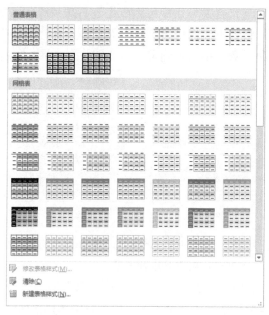

图1-98

如果在下拉列表中执行"新建表格样式"命令，可打开"根据格式化创建新样式"对话框，从中可以自定义表格的样式。例如，在"属性"区域可设置样式的名称、类型和样式基准；在"格式"区域可设置表格文本的字体、字号、颜色等格式；在"边框和底纹"区域可设置表格的边框线型、粗细和颜色，设置底纹颜色，设置文本对齐方式等，如图1-99所示。

如果是执行"修改表格样式"命令，可打开"修改样式"对话框，从中可对表格样式进行修改。例如，在"属性"区域修改样式的名称和样式基准；在"格式"区域修改表格文本的字体、字号、颜色等格式；在"边框和底纹"区域修改表格的边框线型、粗细和颜色，修改底纹颜色，修改文本对齐方式等，如图1-100所示。

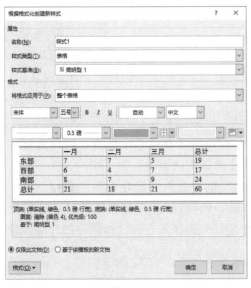

图1-99

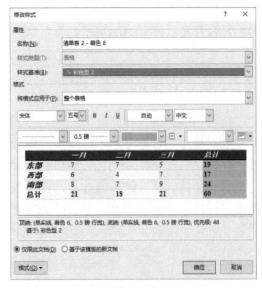

图1-100

### 2. 设置边框与底纹

**设置表格边框**：默认情况下，Word会自动将表格的边框线设置为0.5磅的单实线。为了使表格更加美观，可以为表格设置边框样式。选中单元格，在"表格工具"的"设计"选项卡下"边框"组中单击右下角的"对话框启动器"按钮，打开"边框和底纹"对话框，在"边框"选项卡下可设置边框线条的颜色、样式、粗细等，如图1-101所示。

**设置表格底纹**：在"边框和底纹"对话框的"底纹"选项卡下可设置填充底纹的颜色、填充图案的样式及颜色、应用范围等，如图1-102所示。

图1-101

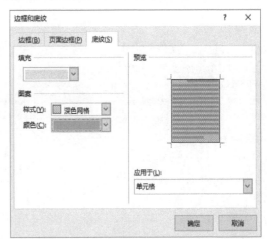

图1-102

### 3. 设置对齐方式

默认情况下，单元格中输入的文本内容为底端左对齐，用户可根据需要调整文本的对齐方式。选中需要设置文本对齐方式的单元格区域或整个表格，在"表格工具"的

"布局"选项卡下"对齐方式"组中单击相应的按钮，即可设置文本的对齐方式，如图1-103所示。

图1-103

### 1.5.3 表格的数据处理

#### 1. 数据的排序

数据排序是数据分析不可缺少的组成部分，有助于直观地显示数据、深化数据理解、有效组织与检索信息，并帮助用户最终做出更有效的决策。

选中文档表格（除标题行），在"表格工具"的"布局"选项卡下"数据"组中单击"排序"按钮，弹出"排序"对话框（如图1-104所示），在左侧的"主要关键字""次要关键字""第三关键字"下拉列表中选择列，在其右侧选择排序的升降和依据，单击"确定"按钮即可。

#### 2. 运用公式计算

当Word中有一些简单的表格数据要进行计算时，到Excel中去计算的话要进行转换，会有点麻烦。但其实Word提供了一些简单的计算方式，如求和、求平均值等。

将插入点置于存放运算结果的单元格中，在"表格工具"的"布局"选项卡下"数据"组中单击"公式"按钮，弹出"公式"对话框，在"公式"框中输入或修改公式；在"粘贴函数"下拉列表中选择所需函数，被选择的函数将自动粘贴到"公式"框中；在"编号格式"框中选择或自定义数字格式（例如，定义为"0.0"，表示保留小数点后一位小数），设置完成后单击"确定"按钮，如图1-105所示。在对话框关闭的同时，单元格内将出现计算结果。

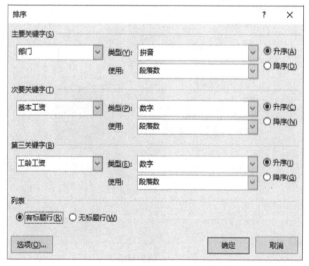

图1-104          图1-105

● Word表格中单元格的名称是由单元格所在的列行序号组合而成的，列号在前，行号在后。例如，第3列第2行的单元格的名称为C2，其中，字母大小写通用，使用方法与Excel相同。

● 在求和公式中默认会出现"LEFT"或"ABOVE"，分别表示对公式域所在单元格的左侧连续单元格或上面连续单元格内的数据进行计算。

● 公式域并不局限在表格中使用，还可应用于正文、页眉、页脚，甚至文本框等处。

● 在修改了某些单元格的数值后，某些域的结果不能同时更新，此时先选中整个表格，然后按F9键，即可更新表格中所有公式域的结果。

## 1.6 打印和保护文档

打印功能是文字处理软件所必备的功能，在编辑文档以后可以将文档打印出来，方便查阅和使用。

### ■ 1.6.1　打印预览

打印预览功能提供了一个在打印之前查看文档最终效果的重要途径。这一步骤允许用户检查页边距、图形布局和分栏格式等细节，确保它们都按照要求设置。在打印前进行预览，可以有效避免因格式错误而导致的重复打印，从而节省资源并提高效率，是确保打印质量和准确性的关键环节。

在Word 2016中，打印预览功能是一个强大的工具，它不仅使用户能够在打印之前看到文档的最终效果，还允许用户在预览模式下直接对文档进行修改和编辑。这意味着用户不需要离开预览模式就可以调整页边距、重新定位图形或修改分栏等。

1. 添加打印预览命令

在Word 2016中，若要进行打印预览，必须先单击"打印预览编辑模式"按钮。该命令按钮在Word默认窗口界面中是不可见的，需要自定义添加"打印预览编辑模式"按钮到功能区或快速访问工具栏，具体操作如下：

（1）切换到"文件"选项卡，单击"文件"选项卡下拉列表中的"选项"命令。

（2）弹出"Word选项"对话框，在该对话框左侧单击"快速访问工具栏"命令，在"下列位置选择命令"下拉列表中选择"所有命令"。

（3）在命令列表中找到"打印预览编辑模式"命令，单击"添加"按钮，将"打印预览编辑模式"命令添加到快速访问工具栏中，如图1-106所示。

（4）单击"确定"按钮完成添加，效果如图1-107所示。

2. 启动打印预览模式

在完成所有编辑和排版操作后，即可启动打印预览模式，对文档效果进行打印前最后的查看和调整。

要启动打印预览模式，可直接单击快速访问工具栏上的"打印预览编辑模式"命令按钮。进入打印预览模式后的程序窗口如图1-108所示。

图1-106

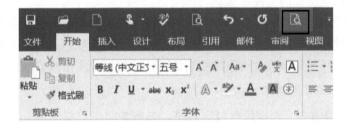

图1-107

图1-108

### 3. 单页和多页显示

在进入打印预览编辑模式时，默认情况下预览窗口中显示的是当前编辑页，若想同时显示多页文档，更全面地观看文档版面效果，可使用多页显示方式。以下方式皆可实现多页显示。

（1）直接单击"显示比例"组中的"多页"按钮，文档将按比例自动调整为多页显示。

（2）单击"显示比例"组中的"显示比例"按钮，弹出"显示比例"对话框，选择多页的显示方式，如图1-109所示。

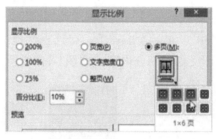

图1-109

### 4. 在打印预览模式下编辑文本

如果在预览中发现某些问题，就需要进行进一步的编辑修改，此时无须返回页面视图即可在打印预览模式下编辑文本。

在"打印预览编辑模式"下，鼠标指针若是以"放大镜"方式显示，则必须先关闭"放大镜"模式，如图1-110所示。

图1-110

"打印预览编辑模式"下的文本编辑，非常适合于简单的文字更改，而对于复杂的格式问题修改，则最好退出打印预览模式，使用页面视图模式。

### 5. 减少一页

Word 2016中，调整文本大小和间距以缩减文档页数是一种实用的技巧。该功能尤其适用于文档页数超出预期页数一页或几页时的情况。

若要实现减少一页文档版面，可直接单击"预览"组中的"减少一页"按钮。

### ■1.6.2 打印文档

文档的打印预览完成后，若符合输出要求，就可以进行打印输出。在打印时，可能会有一些特殊的需要，如设置打印份数、打印部分内容、双面打印以及输出文档属性等问题。

#### 1. 设置打印份数

设置想要打印文档的份数非常简单，只要在打印"份数"输入框内输入所需的份数即可，如图1-111所示。

#### 2. 打印部分或选定文档

Word 2016可以根据用户实际输出需求，有选择性地进行打印输出，可以打印文档的"全部"，也可以打印文档的部分内容，如图1-112所示。

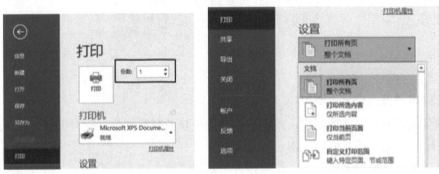

图1-111                          图1-112

- 打印所有页：打印文档的全部内容。
- 打印所选内容：打印用户选中的文档部分，其余未选中的文档部分则不打印输出。
- 打印当前页面：会打印鼠标插入点所在的页，而不是屏幕当前显示页。
- 自定义打印范围：可以根据需要，进行打印范围的自定义，用户可输入打印的页码范围，例如"3,8,10-14"，将会打印输出第3页、第8页和第10到14页。

#### 3. 双面打印输出

如果需要双面打印，选中"手动双面打印"即可，如图1-113所示。

在双面打印情况下，Word会打印输出奇数页，然后提示取出打印的奇数页纸张，翻过来排好顺序放入纸盒再打印偶数页，这样一份双面输出的文档就打印完成了。

#### 4. 在一张纸上打印多页

在一张纸上打印多个页面可以节省纸张，还能帮助用户更全面地查看文档内容。Word 2016允许一张纸上打印2、4、6、8或16个页面，只需要单击图1-114所示下拉列表中的版数。

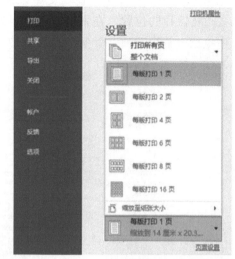

图1-113　　　　　　　　　　　　　　图1-114

## ■1.6.3  设置只读文档

对文档安全的威胁来自错误操作、病毒等多方面因素。可以通过设置只读文档、设置文档密码和启动强制保护3种方法对文档进行保护，以防止其他用户随意打开或修改文档。

将文档设置为只读文档，用户只能以只读方式打开，可以有效地保护文档中的内容不被修改。

**方法1**：在编辑文档的状态下，在"文件"选项卡下选择左侧的"信息"选项，在右侧单击"保护文档"按钮，在打开的下拉列表中执行"始终以只读方式打开"命令，如图1-115所示。

此时"保护文档"按钮右侧将显示此文档已设置为以只读方式打开的提示信息，如图1-116所示。

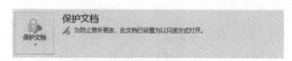

图1-115　　　　　　　　　　　　　　图1-116

**方法2**：在编辑文档的状态下，在"文件"选项卡下选择左侧的"另存为"选项，在右侧选择文档要保存的位置。在弹出的"另存为"对话框中单击"工具"按钮，在弹出的列表中执行"常规选项"命令，如图1-117所示。

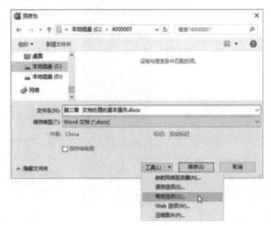

图1-117

在弹出的"常规选项"对话框中，选中"建议以只读方式打开文档"复选框，单击"确定"按钮（如图1-118所示），返回至"另存为"对话框，单击"保存"按钮即可。

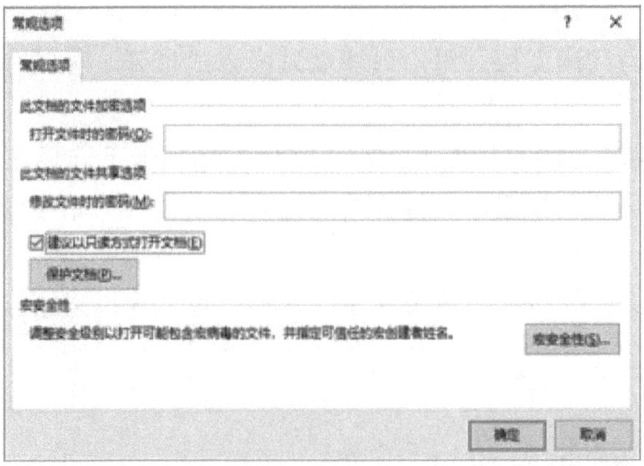

图1-118

当用户再次打开该文档时，系统会自动弹出"Microsoft Word"对话框，如图1-119所示。单击"是"按钮可以只读方式打开文档，单击"否"按钮可以正常的编辑方式打开文档。

图1-119

## ■1.6.4　设置文档加密

为了保护文档免受未经授权的查看或更改，可为文档设置密码。在设置了文档密码之后，如果用户不能输入正确的密码，将无法打开或访问受密码保护的文档。设置文档密码包括设置文档的打开密码和修改密码。

**方法1**：在"文件"选项卡下选择左侧的"信息"选项，在右侧单击"保护文档"按钮，在打开的下拉列表中执行"用密码进行加密"命令。在弹出的"加密文档"对话框中输入密码，单击"确定"按钮，如图1-120所示。在弹出的"确认密码"对话框中再次输入密码，单击"确定"按钮即可，如图1-121所示。

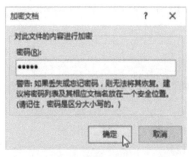
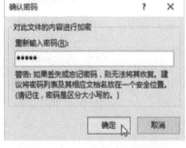

图1-120　　　　　　　　　　　图1-121

**方法2**：在"文件"选项卡下选择左侧的"另存为"选项，在右侧选择文档要保存的位置。在弹出的"另存为"对话框中单击"工具"按钮，然后在弹出的列表中执行"常规选项"命令。在弹出的"常规选项"对话框中可以分别设置文档的打开密码或修改密码。

单击"确定"按钮后，会依次弹出图1-122所示的"确认密码"对话框，分别将打开文件的密码和修改文件的密码再输入一次，单击"确定"按钮即可。

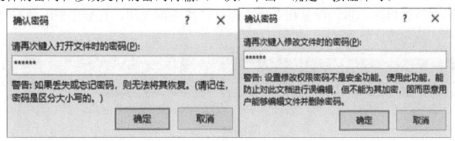

图1-122

## ■1.6.5　设置文档权限

若Word文档允许被其他人查看，但不允许被其他人修改，则可以为文档设置修改权限。

### 1. 标记为最终状态

"标记为最终状态"并不是一项安全功能，只是用来提醒其他用户该文档为已完成的最终状态，以防止审阅者或读者在无意中更改文档。

打开要标记为最终状态的文档，在"文件"选项卡下选择左侧的"信息"选项，在右侧单击"保护文档"按钮，在打开的下拉列表中执行"标记为最终"命令。弹出提示对话框提示该文档将标记为终稿，并自动保存，单击"确定"按钮，如图1-123所示。

图1-123

再次弹出提示对话框告知用户该文档已标记为最终状态，单击"确定"按钮，如图1-124所示。

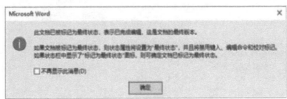

图1-124

此时"保护文档"按钮右侧将显示此文档已标记为最终状态的提示信息（如图1-125所示），单击左上角的"返回"按钮。

图1-125

返回文档编辑区，可以看见相关操作命令已禁用或关闭，且标题栏中含有"只读"字样，表明该文档为只读，如图1-126所示。

图1-126

提示：将文档标记为最终状态后，在文档中切换到"文件"选项卡，再次执行"标记为最终"命令，即可取消该设置，使文档恢复为可编辑状态。

2. 设置编辑权限

若要限制其他用户编辑文档，可以通过设置文档的编辑权限、启动文档的强制保护功能等方法保护文档的指定内容不被修改。在"审阅"选项卡下"保护"组中单击"限制编辑"按钮（如图1-127所示），在文档的右侧会打开"限制编辑"设置窗格，选中"仅允许在文档中进行此类型的编辑"复选框，在其下方的下拉列表中选择允许项目，如修订、批注、填写窗体、不允许任何更改（只读）等，如图1-128所示。

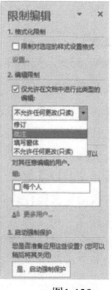

图1-127　　　　　　　　　　图1-128

完成以上操作后，单击"是，启动强制保护"按钮，弹出"启动强制保护"对话框，如图1-129所示。在"新密码"和"确认新密码"文本框中分别输入密码，单击"确定"按钮即可。

当用户想要继续编辑文档时，可以单击"停止保护"按钮（如图1-130所示），在弹出的"取消保护文档"对话框中输入密码，单击"确定"按钮（如图 1-131所示），即可完成取消文档保护的操作。

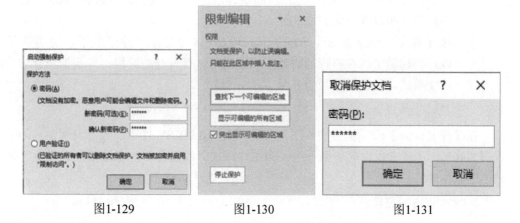

图1-129　　　　　　图1-130　　　　　　图1-131

# 练一练

练习1

【操作要求】

打开文档A1.docx，按照样文进行如下操作。

1. 设置文档页面格式

● 按【样文1-1A】所示，设置上、下、左、右页边距均为3.2厘米；为文档插入"边线型"页眉，录入页眉标题为"朱自清散文选"；在页脚处插入"边线型"页脚，录入页码"第13页"。

● 按【样文1-1A】所示，为当前文档应用"平面"主题效果，并为文档快速套用"极简"文档样式。

● 按【样文1-1A】所示，将当前文档的页面颜色设置为"羊皮纸"纹理填充效果，并为页面添加"优秀散文赏析"文字水印，字体为华文隶书、80磅、标准色中的"蓝色"、半透明，版式为斜式。

2. 设置文档编排格式

● 按【样文1-1A】所示，将标题设置为艺术字样式"渐变填充：红色，主题色5；映像"（第2行第2列）；字体为华文琥珀、60磅，文字环绕为上下型环绕，对齐方式为水平居中；为其添加"发光：8磅；金色，主题色3"（第2行第3列）的文本效果。

● 按【样文1-1A】所示，将正文第1、2段的字体设置为等线、小四、标准色中的"深蓝"；第3段的字体设置为黑体、标准色中的"深红"；第4段的字体设置为华文细黑、小四；为第5段添加标准色中的"浅蓝"粗线下划线；将正文各段的行距设置为固定值20磅。

● 按【样文1-1A】所示，为正文第1段的第1句文本"燕子去了，有再来的时候；杨柳枯了，有再青的时候；桃花谢了，有再开的时候。"添加双行合一的中文版式，并设置字号为三号。

3. 文档的插入设置

在【样文1-1A】所示位置插入图片文件C:\KSML2\KSWJ1-1A.jpg，设置图片的缩放比例为40%，环绕方式为穿越型环绕；为图片添加"纹理化"艺术效果，并设置艺术效果的缩放为80%。

4. 文档表格的高级操作

在Word 2016中打开文件C:\KSML2\KSWJ1-1B.docx，以A1-A.docx为文件名保存。

● 按【样文1-1B】所示，以"总个数"为主要关键字、"合格产品"为次要关键字，对表格中的内容进行降序排序。

● 按【样文1-1B】所示，为表格自动套用"清单表3 - 着色1"表格样式。

5. 文档的保护操作

● 对文档A1-A.docx进行加密，设置打开此文档的密码为"ks-1"。

【样文1-1A】

【样文1-1B】

| 机械厂六个车间产品情况统计表（单位：个） | | | | |
|---|---|---|---|---|
| 车间 | 产品型号 | 不合格产品 | 合格产品 | 总个数 |
| 第四车间 | S-02 | 60 | 4800 | 4860 |
| 第一车间 | S-01 | 30 | 4600 | 4630 |
| 第三车间 | S-01 | 40 | 4500 | 4540 |
| 第二车间 | S-03 | 50 | 4300 | 4350 |
| 第六车间 | S-03 | 70 | 4200 | 4270 |
| 第五车间 | S-02 | 80 | 4000 | 4080 |

练习2

【操作要求】

打开文档A1.docx，按照样文进行如下操作。

1. 设置文档页面格式

● 按【样文1-2A】所示，设置上、下、左、右页边距均为2厘米；为文档插入"镶边"页眉，录入页眉标题为"科学精神和人文精神"，字体为华文行楷、四号、标准色中的"紫色"；在左侧页边距插入"圆（左侧）"型页码，页码文本的对齐方式为居中对齐。

● 按【样文1-2A】所示，为当前文档应用"回顾"主题效果，并为文档快速套用"线条（时尚）"文档样式。

● 按【样文1-2A】所示，将当前文档的页面颜色设置为"球体"图案样式，前景为淡紫色（RGB:255,153,255），背景为白色；为页面添加"科学人文"文字水印，字体为华文新魏、96磅、标准色中的"绿色"、未选半透明，版式为斜式。

2. 设置文档编排格式

● 按【样文1-2A】所示，将标题设置为艺术字样式"填充：黑色，文本色1；边框：白色，背景色1；清晰阴影：白色，背景色1"（第3行第2列）；字体为华文彩云、40磅，文字环绕为嵌入型，对齐方式为居中对齐；添加"转换"中"槽形：上"（第6行第4列）的文本效果。

● 按【样文1-2A】所示，将正文第2段的字体设置为微软雅黑、小四、标准色中的"深蓝"；添加标准色中的"红色"点-点-短线下划线，行距设置为固定值20磅。

● 按【样文1-2A】所示，为正文第3～14段文本添加编号，并设置该格式为左侧缩进0字符、悬挂缩进2字符，行距为固定值18磅，字体设置为方正姚体、小四。

3. 文档的插入设置

按【样文1-2A】所示，为正文第1段插入"怀旧型引言"样式的文本框，字体设置为华文新魏、小三、标准色中的"黄色"；设置为首行缩进2字符，行距为固定值13磅；设置文本框的高度为3厘米、宽度为20厘米，环绕方式为上下型环绕，对齐方式为水平居中。

4. 文档表格的高级操作

在Word 2016中打开文件C:\KSML2\KSWJ1-2A.docx，以A1-A.docx为文件名保存。

● 按【样文1-2B】所示，运用求和公式计算出"实发工资"值，将结果填写在相应的单元格内。

● 按【样文1-2B】所示，为表格自动套用"网格表5 深色 - 着色4"表格样式。

### 5. 文档的保护操作

在A1-A.docx文档中启动文档保护，仅允许对文档进行"修订"操作，密码为"ks2-2"。

【样文1-2A】

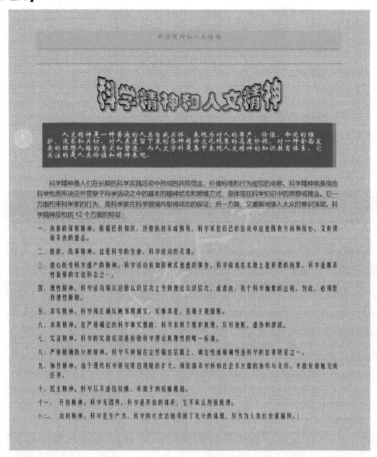

【样文1-2B】

| 编号 | 姓名 | 部门 | 基本工资 | 工龄工资 | 津贴 | 实发工资 |
|------|------|------|------|------|------|------|
| HH01 | 王飞 | 教务处 | 1800 | 50 | 150 | 2000 |
| HH02 | 陈瑚 | 后勤处 | 2000 | 55 | 250 | 2305 |
| HH03 | 林风 | 教研处 | 2100 | 60 | 350 | 2510 |
| HH04 | 赵亚 | 办公室 | 2200 | 45 | 200 | 2445 |
| HH05 | 何平 | 后勤处 | 2500 | 50 | 180 | 2730 |
| HH06 | 杨帅 | 教务处 | 2800 | 53 | 160 | 3013 |
| HH07 | 张芷 | 保卫处 | 2300 | 28 | 130 | 2458 |

HH学院教职员工工资一览表（单位：元）

# 模块 2  文档处理的综合操作

**知识要点**

- 文档样式的应用。
- 模板的应用。
- 长文档的处理。
- 使用Word域。
- 邮件合并。

## 2.1  文档样式的应用

样式是文档的重要组成部分，它不仅可以快速修改文字的形状、大小和颜色等，还能快速调整文档结构，让文档段落层次更加鲜明、有序。可以使用"样式"任务窗格创建、查看、修改、应用甚至删除文本中的格式，也可以应用模板对文档进行快速格式应用。

样式是经过特殊打包的格式的集合，是应用于文档中的文本、表格和列表的一套格式特征，能够迅速改变文档的外观，大大提高工作效率。它是针对文档中一组格式进行的定义，这些格式包括字体、字号、字形、段落间距、行间距等内容，其作用是方便用户对重复的格式进行快速设置。

应用样式时主要包括应用段落样式、字符样式、表格样式、列表样式等。它们的应用特性如下。

**段落样式：**以段落为最小套用单位的样式，控制段落外观的所有方面，如文本对齐、制表符、行间距、段落间距和边框等。即使只选中段落中的一部分内容，套用样式时也会自动套用至整个段落。

**字符样式：**以字符为最小套用单位的样式，可以方便地套用于选中的任意文字上。套用样式可以影响选中文本的外观，如字体、字号、字形、字色等。

**表格样式：**只有选中表格内容时，才可以应用该类样式。此类样式不会显示在样式列表中，而是显示在"表格工具"的"设计"选项卡下"表样式"组中。它可为表格的边框、阴影、对齐方式和字体等提供一致的外观。

**列表样式：**只有选中的内容包含列表设置时，该选项才会可选，可为列表应用相似的对齐方式、编号、项目符号和字体等。

样式的相关操作包括使用内置样式、新建样式、修改样式、删除样式等，本节将对这些操作逐一进行讲解。

### ■2.1.1　应用内置样式

每个文档都是基于一个特定的模板，而每个模板中都会自带一些样式，称为"内置样式"。如果需要应用的格式组合和某内置样式的定义相符，就可以直接应用该样式而不用新建。Word为用户提供了多种内置样式，可以直接选择样式来格式化文档。具体的操作方法有两种，一种是利用"样式"库进行设置，另一种是利用"样式"任务窗格进行设置。

1. 利用"样式"库设置样式

选中需要应用样式的段落或将光标定位于其中，在"开始"选项卡下"样式"组中单击快速样式右下角的"其他"按钮，即可在打开的样式库中选择和应用需要的样式，如图2-1所示。

2. 利用"样式"任务窗格设置样式

选中需要应用样式的段落或者将光标定位于其中，在"开始"选项卡下"样式"组中单击右下角的"对话框启动器"按钮，弹出"样式"任务窗格，从中选择所需要的样式，即可完成内置样式的应用。在该窗格中列出了系统自带的各种样式，将鼠标指针移动到某个选项上，系统会自动显示详细的说明，如图2-2所示。

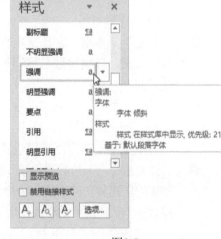

图2-1　　　　　　　　　　　　　　　图2-2

### ■2.1.2　新建样式

如果现有文档的内置样式与所需格式设置相差甚远，创建一个新样式会更有效率。在创建新样式时，需要为样式起一个名称，并为样式依次设置所需要的格式。

在"开始"选项卡下"样式"组中单击右下角的"对话框启动器"按钮，打开"样式"任务窗格，单击"新建样式"按钮，弹出"根据格式化创建新样式"对话框，如图2-3所示。

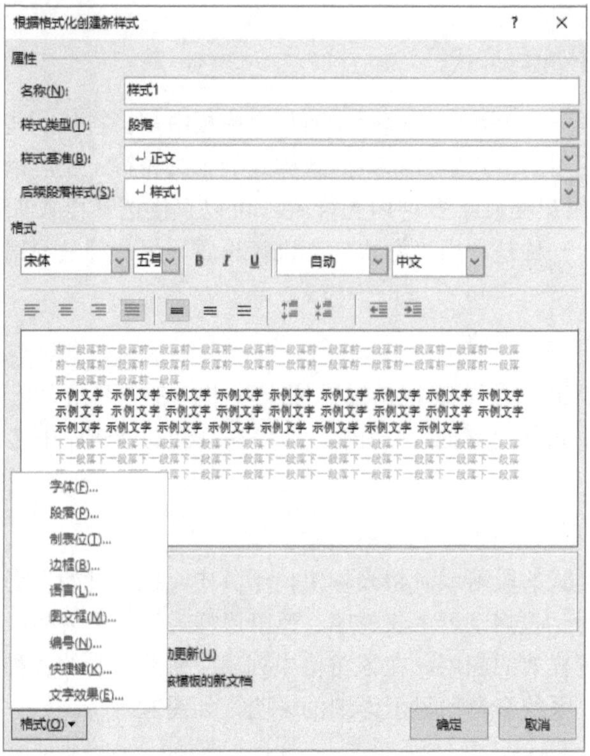

图2-3

- ● "名称"文本框：在该文本框中可输入新建样式的名称。在命名时需要注意名称的意义，以便通过名称即可知道样式包括的格式，但是名称不能与内置的样式相同。

- ● "样式类型"下拉列表：该下拉列表框中包括段落、字符、链接段落和字符、表格、列表5个选项。其中，字符和段落类型的使用率较高。创建样式时设置的类型不同，其应用范围也不同。

- ● "样式基准"下拉列表：该下拉列表框中列出了当前文档中的所有样式。如果要创建的样式与文档中的某个样式相似，那么可以选择列表中已有的样式，新建样式会继承该样式中的格式，用户只需稍做修改，便可快速创建新的样式。

- ● "后续段落样式"下拉列表：在该下拉列表框中列出了当前文档中的所有样式。该选项的作用是设置在按Enter键后转到下一段落时自动套用的样式，避免每到一个段落就设置一次样式的麻烦。

- ● "格式"选项组：在该选项组中可以为样式设置字体、段落的常用格式，如字体、字号、字形、字体颜色、对齐方式、行间距、段落间距、缩进量等。

- ● "格式"按钮：单击该按钮，在打开的列表中可以选择设置对象，不仅可以对段落、字符进行更加详细的设置，还可以对边框、图文框、编号、快捷键等进行格式设置。

### ■ 2.1.3　修改样式

在应用样式格式化文档时，如果某些内置样式无法完全满足用户对格式设置的要求，而所需样式与现有样式只有稍许区别，那么可以在内置样式的基础上进行修改。

在"样式"任务窗格中，单击需要修改样式的下拉列表旁的箭头按钮，或右击该样式，在打开的快捷菜单中执行"修改"命令，如图2-4所示。弹出"修改样式"对话框，对名称、格式等进行相应的修改（如图2-5所示），单击"确定"按钮返回文档，可以看到文档中应用该样式的内容已经自动更新。

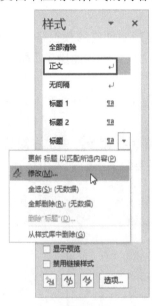

图2-4

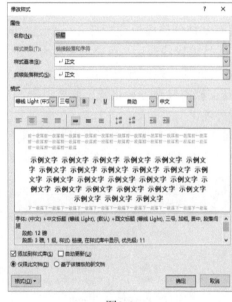

图2-5

### ■ 2.1.4　删除样式

可以在"样式"任务窗格中删除样式，但无法删除模板的内置样式。在"样式"任务窗格中，单击需要删除的样式旁的箭头按钮或右击，在弹出的快捷菜单中执行"删除"命令，弹出提示对话框，提示用户是否从文档中删除该样式，单击"是"按钮，即可删除该样式。

如果删除了某样式，Word将对原来所有应用此样式的段落应用"正文"样式，然后再从任务窗格中删除此样式的定义。

如果要对某处应用了样式的文本不再使用样式，可在选中文本后，单击"开始"选项卡下"样式"组中的"其他"按钮，在打开的快捷菜单中执行"清除格式"命令。

## 2.2　模板的应用

在Word中，任何文档都是以模板为基础的，模板是"模板文件"的简称，它归根结底是一种具有特殊格式的Word文档，其扩展名为".dotx"。模板决定了文档的基本结构和文档设置，它是针对一篇文档中所有段落或文字格式的设置。使用模板可以统一文档的风格，加快工作速度。

## ■2.2.1 新建模板

在实际操作中，让文档保持一致的外观、格式等属性可使文档显得整洁、美观，用户可创建自定义模板并将其应用于文档中。可以使用根据现有文档和根据现有模板两种方法来创建新的模板。

### 1. 根据现有文档创建模板

根据现有文档创建模板是指打开一个已有的、与需要创建的模板格式相近的Word文档，对其进行编辑修改后，再将其另存为一个模板文件。具体的操作步骤如下：

（1）新建文档，或打开已有的文档。

（2）在文档中修改各种格式、样式、宏、自动图文集，并添加文本和图片，得到满意的模板外观。

（3）单击"文件"选项卡，在列表中执行"另存为"命令，单击右侧的"浏览"选项，弹出"另存为"对话框。在该对话框的"保存类型"下拉列表中选择"Word 模板"文档类型，如图2-6所示。

图2-6

（4）单击"保存"按钮，即可将编辑好的文档存为新的模板。

### 2. 根据现有模板创建模板

根据现有模板创建模板是指根据一个已有模板新建一个模板文件，再对其进行相应的修改后保存。具体的操作步骤如下：

（1）单击"文件"选项卡，在列表中执行"新建"命令，在右侧将显示"新建"选项区域。

（2）根据需要选择相应的模板后，弹出模板确认对话框，单击"创建"按钮，即可创建一个新模板文件。

（3）对其进行相关操作后，单击"文件"选项卡，在列表中执行"保存"命令，单击右侧的"浏览"选项，弹出"另存为"对话框。在该对话框的"文件名"文本框中键入文档标题，在"保存类型"下拉列表中选择"Word 模板"文档类型。

（4）单击"保存"按钮，即可保存新创建的模板。

### ■2.2.2　修改模板

如果某个模板文件还有不完善或需要修改的地方，可以随时调出该模板进行编辑。具体的操作步骤如下：

（1）单击"文件"选项卡，在列表中执行"打开"命令，单击右侧的"浏览"选项，弹出"打开"对话框。

（2）在"打开"对话框中选择并打开要修改的模板文件。

（3）对模板中的格式、样式等内容进行编辑修改，最后保存该模板并退出即可。修改模板后，会影响根据该模板创建的新文档，但不影响基于这个模板已经建立的原有文档。

### ■2.2.3　套用模板

如果想在当前文档中套用其他模板中的样式，可以使用模板中的样式管理功能。具体的操作步骤如下：

（1）在"样式"任务窗格中单击"管理样式"按钮。

（2）在弹出的"管理样式"对话框中，单击"导入/导出"按钮，如图2-7所示。

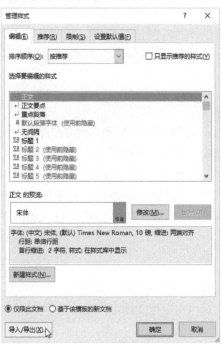

图2-7

（3）弹出"管理器"对话框，可通过单击"关闭文件"和"打开文件"按钮，在打开的窗口中选择模板或文档。在左侧和右侧的两个列表框中选择样式，单击"复制""删除""重命名"按钮以对样式进行相应的操作，如图2-8所示。

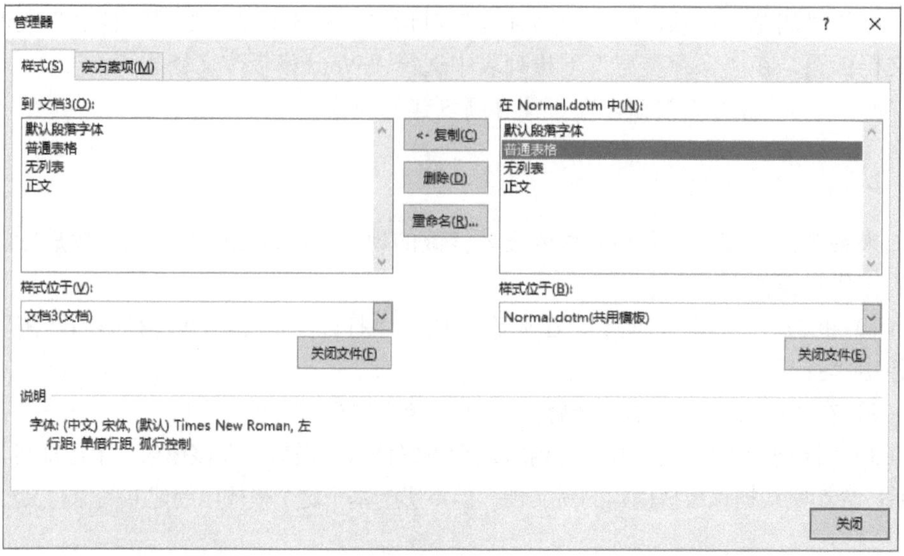

图2-8

（4）操作完毕后，单击"管理器"对话框中的"关闭"按钮即可。

提示：在管理器中不仅能完成模板与模板之间样式的复制操作，还可以完成模板与文档之间、文档与文档之间样式的复制操作。

## 2.3　长文档的处理

### ■2.3.1　创建主控文档、子文档

使用Word的主控文档，是制作长文档最合适的方法。主控文档包含几个独立的子文档，可以用主控文档控制整篇文章或整本书，而把书的各个章节作为主控文档的子文档。这样，在主控文档中，所有的子文档可以当作一个整体，对其进行查看、重新组织、设置格式、校对、打印和创建目录等操作。对于每一个子文档，又可以对其进行独立的操作。此外，还可以在网络地址上建立主控文档，此时不同的人可同时在各自的子文档上进行工作。

1. 创建主控文档

（1）创建空的主控文档。主控文档是子文档的一个"容器"。每一个子文档都是独立存放于磁盘中的文档，它们可以在主控文档中打开，受主控文档控制，也可以单独打开。创建主控文档的步骤如下：

①单击"文件"选项卡，在列表中执行"新建"命令，在右侧单击"空白文档"

选项，创建一个空文档。在"视图"选项卡下"视图"组中单击"大纲"按钮，并切换到大纲视图下。此时"大纲显示"选项卡自动激活，"大纲显示"工具栏及各按钮如图2-9所示。

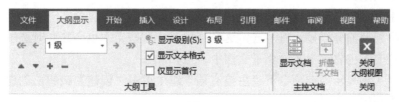

图2-9

提示：在"大纲显示"选项卡下"大纲工具"组中单击"显示级别"右侧的下三角按钮，在弹出的下拉列表中可为文档设置或修改大纲级别。

②输入文档的大纲，并用内置的标题样式对各级标题进行格式化。选中要拆分为子文档的标题和文本，注意选中内容的第1个标题必须是每个子文档开头要使用的标题级别。例如，所选内容中的第1个标题样式是"标题3"，那么在选定的内容中所有具有"标题3"样式的段落都将创建一个新的子文档。选中的方法是将鼠标指针移到该标题前的空心十字符号处，此时鼠标指针变成十字箭头 ✛，单击鼠标左键即可选中该标题包括的内容。

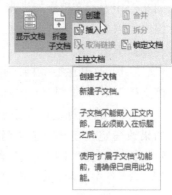

图2-10

③在"大纲显示"选项卡下"主控文档"组中单击"创建"按钮（如图2-10所示），原文档将变为主控文档，并根据选中的内容创建子文档。Word把每个子文档放在一个虚线框中，并且在虚线框的左上角显示一个子文档图标，子文档之间用分节符隔开。

提示：如果在"主控文档"组中没有显示"创建"按钮，单击"主控文档"组中的"显示文档"按钮，即可显示此组中的其他按钮。

④把文件保存下来即可。Word在保存主控文档的同时，会自动保存创建的子文档，并且以子文档的第1行文本作为文件名。

提示：如果文档中已经存在子文档，而且文档中的子文档处于折叠状态，那么"创建"按钮会无效。要使它有效，需要先单击"展开子文档"按钮。

（2）将已有文档转换为主控文档。在Word中，不但可以新建一个主控文档，而且可以将已有文档转换为主控文档。这样，用户就可以在以前工作的基础上，用主控文档来组织和管理长文档了。将已有文档转换为主控文档与创建空的主控文档的操作基本类似，具体如下：

①打开要转换为主控文档的已有文档，在"视图"选项卡下"视图"组中单击"大纲"按钮，切换到大纲视图。

②通过使用内置标题样式或大纲级别建立主控文档的大纲，操作方法与创建主控文档时建立大纲的方法相同，可通过"开始"选项卡下"样式"组中的内置样式来定义文本是标题还是正文。

③选中要划分为子文档中的标题和文本，如果某些文本包含在一个标题下，那么在单击这个标题前的分级显示符号选定这个标题时，这些文本也会被同时选中。创建子文档后，这些文本也将包含在这个子文档中。

④在"大纲显示"选项卡下"主控文档"组中单击"创建"按钮，创建子文档，把文件另存为别的文件名。

不管主控文档的文件名如何，每个子文档指定的文件名不会受影响，因为它只是根据第1行文本自动命名的。如果文件名相同，会自动在后面加上"1，2，…"来区别。

### 2. 插入子文档

在主控文档中，可插入一个已有文档作为主控文档的子文档。这样，就可以用主控文档将以前已经编辑好的文档组织起来，而且还可以随时创建新的子文档，或将已存在的文档作为子文档添加进来。例如，作者交来的书稿是以一章作为一个文件来交稿的，编辑可以为全书创建一个主控文档，然后将各章的文件作为子文档分别插进去。其操作步骤如下：

（1）打开主控文档，并切换到主控视图。如果子文档处于折叠状态，先单击"主控文档"组中的"展开子文档"按钮，激活"插入"按钮。

（2）将光标定位在添加已有文档的位置，确保光标的位置在已有的子文档之间。如果改变定位在某一子文档内，那么插入的文档也会位于这个子文档内。在"大纲显示"选项卡下"主控文档"组中单击"插入"按钮，弹出"插入子文档"对话框。

（3）在"插入子文档"对话框中找到所要添加的文件，然后单击"打开"按钮，选中的文档就作为子文档插入主控文档中，可像处理其他子文档一样处理该子文档。

### 3. 合并和拆分子文档

（1）合并子文档。

合并子文档就是将几个子文档合并为一个子文档，其操作步骤如下：

①在主控文档中，移动子文档，将要合并的子文档移动到一起，使它们两两相邻。单击子文档图标，选定第1个要合并的子文档，按住Shift键不放，单击下一个子文档图标，选定整个子文档。如果有多个要合并在一起的子文档，只需继续按住Shift键不放，单击每个子文档图标。

②在"大纲显示"选项卡下"主控文档"组中单击"合并"按钮，即可将它们合并为一个子文档。在保存主文档时，合并后的子文档将以第1个子文档的文件名保存。

（2）拆分子文档。拆分子文档就是把一个子文档拆分为两个子文档，具体步骤如下：

①在主控文档中展开子文档（如果处于锁定状态，应先解除锁定状态），在要拆分的子文档中选中要拆分出去的文档，也可以为其创建一个标题后再选中。

②在"大纲显示"选项卡下"主控文档"组中单击"拆分"按钮，被选中的部分将

作为一个新的子文档从原来的子文档中分离出来。

该子文档将被拆分为两个子文档，子文档的文件名由Word自动生成。如果没有为拆分的子文档设置标题，可以在拆分后再设置新的标题。

#### 4. 锁定主控文档和子文档

在多用户协调工作时，主控文档可以建立在本地硬盘上，也可以建立在网络硬盘上。合作时可以共用一台计算机，也可以通过网络连接起来。如果某个用户正在某个子文档上进行工作，那么该文档应该对其他用户锁定，防止引起管理上的混乱，避免出现意外损失。这时其他用户只能以只读方式打开该子文档进行查看，修改后不能以原来的文件名保存，直到解除锁定后才可以。

**锁定或解除锁定主控文档：** 打开主控文档，将光标移到主控文档中，在"大纲显示"选项卡下"主控文档"组中单击"锁定文档"按钮，此时主控文档自动设为只读（在标题栏中有"只读"两个字来标识）。用户将不能对主控文档进行编辑，但可以对没有锁定的子文档进行编辑并保存。如果要解除主控文档的锁定，只需再将光标移到主控文档中，单击"锁定文档"按钮。

**锁定或解除锁定子文档：** 要锁定子文档，将光标移到该子文档中，在"大纲显示"选项卡下"主控文档"组中单击"锁定文档"按钮，即可锁定该子文档。锁定的子文档同样不可编辑并以图标🔒标识。解除子文档的锁定与解除主控文档的方法相同。

## ■2.3.2　插入题注、书签、批注

#### 1. 插入题注

在长文档中，为了增强文档的可读性，往往需要为插图编号，即针对图片、表格、公式等对象，为其建立带有编号的说明段落，称为"题注"。

一般来说，可在表格的上方插入题注，也可在图片等其他对象的下方插入题注。在文档中定义并插入题注的操作步骤如下：

（1）在文档中选择要添加题注的位置，在"引用"选项卡下"题注"组中单击"插入题注"按钮（如图2-11所示），打开"题注"对话框。

图2-11

（2）在该对话框中，可根据添加题注的不同对象，在"标签"的下拉列表中选择不同的标签类型，如图2-12所示。

图2-12

（3）在默认的标签类型中，如果没有用户需要的类型，可以自定义设置。单击"新建标签"按钮，弹出"新建标签"对话框，输入新的标签，单击"确定"按钮，返回到"题注"对话框。

（4）设置完成后单击"确定"按钮，题注就可以自动生成了。

### 2. 插入书签

Word提供了书签功能，使用书签可以轻松定位到文档的某个位置。在需要对文档内容进行快速定位时，经常会用到书签。建立书签和使用书签的操作步骤如下：

（1）打开文档，选择需要添加书签的位置，在"插入"选项卡下"链接"组中单击"书签"按钮，如图2-13所示。

（2）打开"书签"对话框，在"书签名"文本框中输入书签名称，在"排序依据"区域可选择以"名称"或"位置"作为排序依据，如要隐藏书签可选中"隐藏书签"复选框，设置完成后单击"添加"按钮，即可将其添加到书签列表框中，并创建一个新书签，如图2-14所示。

图2-13

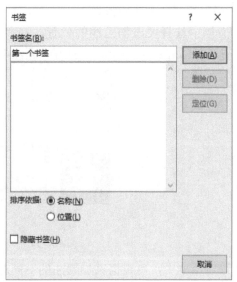

图2-14

（3）在文档中创建书签后，再次单击"链接"组中的"书签"按钮，打开"书签"对话框，在列表框中选择一个书签后，单击"定位"按钮，即可定位到书签所在的位置。

提示：在默认情况下，Word文档中是不显示书签的。如果想要显示书签，需要先单击"文件"选项卡，在列表中执行"选项"命令，打开"Word选项"对话框。在左侧列表中选择"高级"选项，在右侧的"显示文档内容"区域中选中"显示书签"复选框，如图2-15所示，单击"确定"按钮，关闭对话框，文档中将显示添加的书签。

图2-15

### 3. 插入批注

批注是在文档页面的空白处生成的有颜色的方框，在其中可添加注释信息。如果要添加批注信息，则只需选中想要批注的对象，然后在"审阅"选项卡下"批注"组中单击"新建批注"按钮，如图2-16所示。

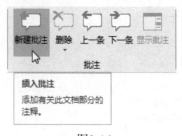

图2-16

在右侧的文本框中直接输入批注信息即可（如图2-17所示），批注会自动添加并显示该批注用户的名称。

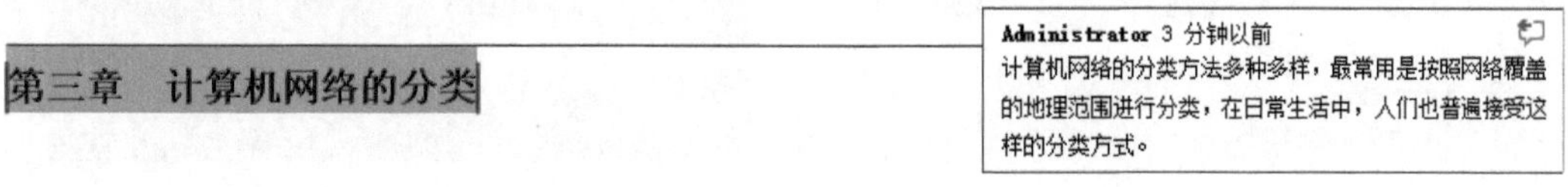

## 第三章 计算机网络的分类

> Administrator 3 分钟以前
> 计算机网络的分类方法多种多样，最常用是按照网络覆盖的地理范围进行分类，在日常生活中，人们也普遍接受这样的分类方式。

图2-17

若希望删除批注信息，可右击要删除的批注，在弹出的快捷菜单中执行"删除批注"命令。如果要删除文档中的所有批注，可以在选择任意一条批注后，在"审阅"选项卡下"批注"组中单击"删除"下拉按钮，在弹出的下拉列表中执行"删除文档中的所有批注"命令。

## ■2.3.3　创建格式化封面、目录

### 1. 创建格式化封面

使用封面，用户可以借助Word提供的多种封面样式为文档插入风格各异的封面。无论当前插入点光标在什么位置，插入的封面总是位于Word文档的第1页。具体的操作步骤如下：

（1）打开需要创建封面的文档，在"插入"选项卡下"页面"组中单击"封面"按钮，在展开的"封面"样式库中选择合适的封面样式，如图2-18所示。

（2）选择的封面被插入文档的首页，在封面上需要输入信息的文本框中可输入相关的信息。此处以"奥斯汀"封面样式为例（如图2-19所示），在"摘要"文本框中输入文档内容的摘要，在"文档标题"文本框中输入文档标题，在"文档副标题"文本框中输入文档副标题，在"作者"文本框中输入作者名称。如果有不需要输入信息的文本框，直接删除即可。

图2-18

图2-19

（3）将输入好的内容逐一进行设置。选中要设置的文字，在"开始"选项卡下"字体"组中可进行字体、字号、字形、字色、文本效果等设置，在"段落"组中可对进行对齐方式、字符缩进、段落间距和边框与底纹等设置。

提示：如果要删除封面，可在"插入"选项卡下"页面"组中单击"封面"按钮，在展开的下拉列表中执行"删除当前封面"命令即可。

### 2. 创建目录

目录是长文档中不可缺少的一部分内容，它列出了文档中的各级标题及其所在的页码，从而方便读者查找要阅读的内容。Word提供了自动生成目录的功能，用户可以通过该功能快速生成目录与索引，并且可以实现目录的更新。

（1）插入自动目录。用户可以利用Word提供的内置"目录库"功能插入目录，具体操作步骤如下：

①将光标定位到刚插入的新页的页首，即目录所在位置。在"引用"选项卡下"目录"组中单击"目录"下拉按钮，打开图2-20所示的下拉列表，此列表展示了Word内置"目录库"的编排方式和显示效果。

②单击"自动目录1"或"自动目录2"选项，目录就自动生成了。选中整个目录，可在"开始"选项卡下"字体"组中设置字体、字号、字形、字色等，在"段落"组中可设置段落间距。

（2）自定义样式目录。采用插入自动目录，会使操作变得十分快捷，一键即可完成。但Word内置"目录库"中的自动目录只有几种固定的样式，有时不能满足用户的实际需求，这时就可使用自定义样式目录功能了。具体的操作步骤如下：

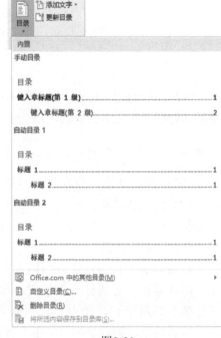

图2-20

①将光标定位在目录所在位置，在"引用"选项卡下"目录"组中单击"目录"按钮，在展开的下拉列表中执行"自定义目录"命令，打开"目录"对话框，如图2-21所示。

②在"目录"对话框的"目录"选项卡中单击"选项"按钮，打开"目录选项"对话框（如图2-22所示）。在"有效样式"区域中可以看到应用于文档中的有效样式，只需在样式名称右侧的"目录级别"文本框中输入对应的目录级别（1～9中的一个数字）并选中该样式，以表示需要在目录中列出该样式的标题。若需要删除对应的目录级别，则取消对该样式的选中即可。

图2-21                                    图2-22

③单击"确定"按钮，关闭"目录选项"对话框，返回到"目录"对话框。如果需要显示标题所在页面的页码，可选中"显示页码"复选框，单击"确定"按钮。

提示：在"目录"对话框中还可以根据需要设置目录的"格式""显示级别"等。

（3）更新目录。当在文档后期的编辑排版过程中出现了内容调整，如标题的更改、内容的次序调换、页面的增减等，将会影响到目录内容的正确性，此时可对目录进行更新，使目录与文档保持一致。要更新目录，可在"引用"选项卡下"目录"组中单击"更新目录"按钮。

若插入的是自动目录，当插入点位于自动目录内时，会在"引用"选项卡下"目录"组中显示"更新目录"按钮。单击"更新目录"按钮，打开"更新目录"对话框（如图2-23所示），选中"只更新页码"或"更新整个目录"单选按钮，最后单击"确定"按钮，即可按照指定要求更新目录。

若插入的是自定义样式目录，则当插入点位于目录内时，右击，在弹出的快捷菜单中执行"更新域"命令，弹出"更新目录"对话框，选择需要的更新方法进行更新即可。

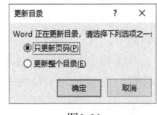

图2-23

## 2.4　使用Word域

域是一种特殊的、嵌入至文档的代码，用于指示Word在文档中插入某些特定的内容或自动完成某些复杂的功能。例如，使用域可以将日期和时间等插入文档中，并使

Word自动更新日期和时间。在Word中，可以使用域插入许多有用的内容，包括页码、时间和某些特定的文字内容或图形等。使用域，还可以完成一些复杂而非常实用的操作，如自动编写索引、目录。最常用的域有Page域（插入页码）和Date域（插入日期和时间）。

域包括域代码和域结果两部分：域代码是代表域的符号，域结果是利用域代码进行一定的替换计算得到的结果。域的最大优点是可以根据文档的改动或其他有关因素的变化而自动更新，因此使用域不仅可以方便快捷地完成许多工作，而且能够保证所得结果的准确性。

### 1. 插入域

默认情况下，Word中提供了大量域代码，如时间域代码、日期域代码、签名代码等，用户可使用"域"对话框，将不同类别的域插入文档中，并设置域的相关格式。具体的操作步骤如下：

（1）在"插入"选项卡下"文本"组中单击"文档部件"按钮，在打开的下拉菜单中执行"域"命令，如图2-24所示。

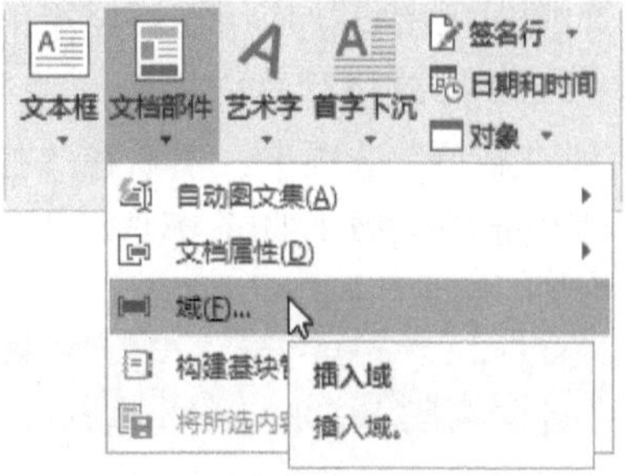

图2-24

（2）在打开的"域"对话框中，可以选择域的类别及其对应的属性。例如，要插入一个名称域，可选择"用户信息"类别，在域格式中选择所插入文字的属性，如大小写、全半角等，如图2-25所示。设置完成后，单击"确定"按钮即可。

图2-25

### 2. 更新域

更新域实际就是更新域代码所使用的数据，而计算出来的域结果也将被相应更新。更新域的方法很简单，如果要更新单个域，则只击该域，按F9键即可；如果要更新文档中所有的域，则按Ctrl+A组合键选中整篇文档，再按F9键。

更新域时，直接应用于此域结果的格式可能会丢失。如果想始终保留此格式，在"域"对话框的"域选项"区域中选中"更新时保留原格式"复选框，就可以在更新域的同时保留直接应用于域结果的字符格式。

也可以执行"文件"选项卡下的"选项"命令，打开"Word选项"对话框，切换到"显示"选项卡，然后在"打印选项"区域中选中"打印前更新域"复选框，即可实现Word在每次打印前都自动更新文档中所有域的目的。

## 2.5 控件和宏功能的简单应用

Word控件是一种插件，用于增强Microsoft Word的功能。它允许用户在文档中轻松添加图表、表格、公式和插图等元素。利用Word控件，可以显著提升文档编辑和排版的便利性，从而提高工作效率和文档的整体质量。

使用Word控件的过程非常简便，在Microsoft Word中，选择所需的控件并将其拖曳到文档的相应位置即可。Word控件类型繁多，可按需求挑选合适的控件。例如，如果需要添加一个表格，可以选择"插入表格"控件；如果需要添加一个图表，可以选择"插入图表"控件；如果需要添加一个公式，可以选择"插入公式"控件等。

Word控件的主要优势在于其高度的灵活性和可定制性。用户能够根据个人需求选择恰当的控件，甚至可以通过自定义控件来满足特定的需求。此外，利用Word控件可以显著提升文档的可读性和视觉吸引力，从而使文档呈现效果更加专业和引人注目。

### ■ 2.5.1 添加控件

具体的操作步骤如下：

（1）启动Word 2016，单击"文件"→"选项"命令。打开"Word选项"对话框，选择"自定义功能区"选项卡，进行功能区的个性化设置，如图2-26至图2-28所示。

（2）在右侧的"主选项卡"下选中"开发工具"复选框，单击"确定"按钮。

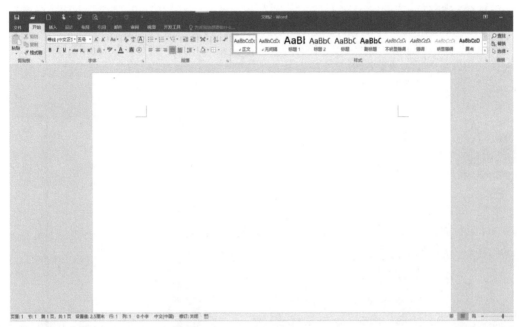

图2-26

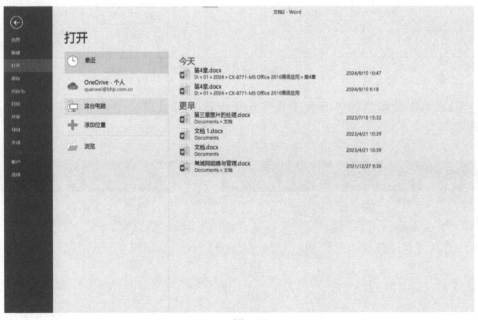

图2-27

图2-28

（3）单击菜单栏的"开发工具"选项卡，就可以调出控件工具箱，如图2-29
所示。

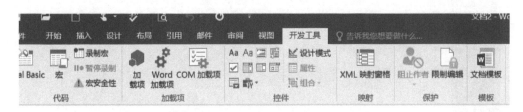

图2-29

## ■2.5.2 控件的简单应用

1.单选按钮控件（只能选择一个选项）

（1）单击"开发工具"→"控件"→"旧式工具"按钮，在弹出的列表中选择"选项按钮（ActiveX控件）"。

（2）单击"属性"按钮，打开"属性"对话框，将"Caption"栏的内容更改为选项内容，例如，这里更改为"医生"。关闭对话框，可看到单选按钮效果。

（3）复制刚添加的单选按钮控件，使用相同的方法更改各选项属性内容即可。

（4）退出设计模式，即可选择对应选项，如图2-30所示。

2.复选框内容控件（可选中多个选项）

（1）单击"开发工具"→"控件"→"旧式工具"→"复选框内容控件"按钮，选择后鼠标指针会变为"十"字形，即可添加一个复选框内容控件。

（2）单击"属性"按钮，打开"属性"对话框，找到"Caption"属性，将"Caption"栏的内容更改为选项内容，如"语文"。

（3）复制刚添加的复选框内容控件，根据需求更改各选项属性内容。

（4）退出设计模式，即可选择对应选项，如图2-31所示。

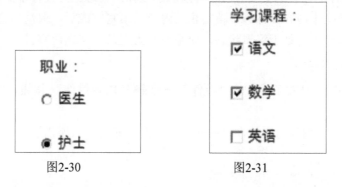

图2-30 　　　　　　　　图2-31

3.下拉列表控件

（1）单击"开发工具"→"控件"→"下拉列表内容控件"按钮。

（2）单击控件组中的"属性"按钮，打开"内容控件属性"对话框，在"下拉列表属性"中添加相应的选项内容即可，如图2-32所示。

4.日期选取器内容控件（添加日期）

（1）打开文档，单击"开发工具"→"控件"→"设计模式"按钮。

（2）在文档中需要插入日期的地方单击以定位位置。

（3）单击"开发工具"→"控件"→"日期选取器内容控件"按钮，文档即添加了日期控件。

（4）单击日期控件右侧的下拉按钮，选择相应的日期即可。

（5）如果需要修改当前日期格式，则单击上方控件组中的"属性"按钮，打开"内容控件属性"对话框，然后按喜好设置日期显示方式即可，如图2-33所示。

爱好：
唱歌

单击或点击此处输入日期。

图2-32                图2-33

**5.文本内容控件**

（1）单击"开发工具"→"控件"→"格式文本内容控件"或"纯文本内容控件"按钮，文档即添加了文本内容控件。这两种类型的文本内容控件允许用户在Word文档中创建可以预填充文本的区域，这对于创建填写表格或模板非常有用。

（2）单击"属性"按钮，打开"内容控件属性"对话框，设置标题和题记内容，再勾选"内容被编辑后删除内容控件"复选框，单击"确定"按钮即可。

提示：标题/题记输入的内容为提示的内容，如：请输入你的班级；而在"内容被编辑后删除内容控件"复选框前面打"√"，则当别人填写后，提示的文字内容会被删除，以保证文档美观。

（3）此时，可看到要填写内容处添加了注释，勾选上方控件中的"设计模式"，根据注释在"文本内容控件"中填写相关内容，填写完成后，取消勾选"设计模式"即可。此时，控件不再处于编辑状态，而是呈现为正常的文档内容。

**6. 图片内容控件**

（1）单击"开发工具"→"控件"→"图片内容控件"按钮，文档即添加了图片内容控件。

（2）单击"图片内容控件"中间的图片图标即可插入所需图片。

## ■2.5.3 宏功能

宏是一个批量处理程序命令，相比普通批处理，功能更为强大，能够通过简单操作完成多项任务，方便快捷。

**1. 宏的位置**

单击"开发工具"→"代码"→"宏/录制宏"按钮。

**2.启动宏**

（1）在使用宏之前，单击"开发工具"→"宏安全性"按钮。根据对宏使用的需求和对安全性的考虑，选择一个合适的安全级别。

（2）在弹出的"任务中心"对话框中，选择"宏设置"选项，在"宏设置"的四个选项里选中"启用所有宏"单选按钮，单击"确定"按钮即可。

**3. 宏的录制**

（1）通过单击按钮运行宏。

①单击"开发工具"→"录制宏"按钮。

②在弹出的"录制宏"对话框中单击"按钮"按钮，在弹出的"Word选项"对话框中单击宏名，然后单击"添加"按钮。

③在"自定义快速访问工具栏"框中单击"修改"按钮，选择按钮图像，键入所需的名称，然后单击"确定"按钮保存修改。

④开始录制步骤。单击操作执行想要的命令或者按下任务中每个步骤对应的键，Word会录制这些单击和键击动作。

⑤录制完成，单击"停止录制"按钮即可。

⑥录制完成后，宏的按钮将显示在快速访问工具栏上。若要运行该宏，单击其按钮即可，如图2-34所示。

图2-34

（2）通过按键盘快捷键运行宏。

①单击"开发工具"→"录制宏"按钮。

②在弹出的"录制宏"对话框中的"宏名"框中输入宏的名称。

③在"将宏保存在"框中选择"所有文档"，以便其他文档能够应用宏。

④单击"键盘"按钮，弹出"自定义键盘"对话框，在"请按新快捷键"框中键入自定义的组合键。单击"指定"及"关闭"按钮。（检查该组合键是否已指定给其他项目。如果已被指定，应尝试其他组合键。）

⑤进行宏的录制操作。通过单击操作执行想要的命令或者按下任务中每个步骤对应的键。Word 会一一录制这些操作。（注意：录制宏时，若使用键盘选择文本，则宏不会录制使用鼠标所做的选择。如用鼠标拖动来选择文本、改变表格大小、改变缩进等动作均无法被录入。）

⑥停止录制。在上述宏的录入地方找到"停止录制"按钮，单击即可。

**4. 示例：录制一个页眉页脚的宏**

（1）打开一个Word文档，单击"开发工具"→"代码"→"录制宏"按钮。

（2）对宏进行命名，并将宏保存在所有文档中，如图2-35所示。

图2-35

（3）单击"键盘"按钮，弹出"自定义键盘"对话框，在"请按新快捷键"内填入你想设定的快捷键（如Ctrl+Num 1），单击"指定"及"关闭"按钮完成设置，如图2-36所示。

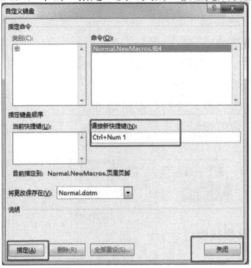

图2-36

（4）此时，开始录制宏，可以对打开的Word文档进行页眉页脚设置，设置完成后，单击工具条上的"停止录制"按钮，宏就录制好了，如图2-37所示。这样，宏便记录下了进行页眉页脚设置的一系列操作。

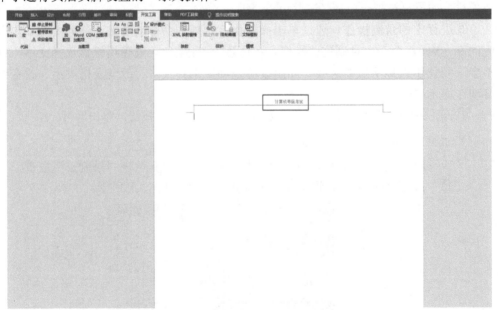

图2-37

（5）打开其他需要像录制宏时进行页眉页脚设置的文档，按一下Ctrl+1组合键（即自己所设定的快捷键），即可对其他文档进行相同的页面设置。这种方法极大提高了工作效率，并保持了文档格式的一致性。

5. 宏的运行

（1）单击"视图"→"宏"→"查看宏"按钮。

（2）在"宏名"下面的列表中，单击要运行的宏。

（3）单击"运行"按钮即可。

6. 在所有文档中使用某个宏

（1）打开包含该宏的文档。单击"视图"→"宏"→"查看宏"按钮。

（2）单击"查看宏"框中的"管理器"按钮

（3）单击要添加到 Normal.dotm 模板的宏，然后单击"复制"按钮即可。

## 2.6　审阅与修订文档

Word文档的审阅与修订功能是用于跟踪和审查文档中的更改的工具，它允许多名用户对同一文档进行编辑和注释，同时还能追踪和查看所有的修改历史。这个功能特别适用于团队合作环境，可以有效地管理和记录文档的变更历程，确保所有参与者的反馈和修改都能被系统地考虑和整合。

### ■2.6.1　使用审阅功能

1. 方法一

（1）打开需要修改的文章，如图2-38所示。

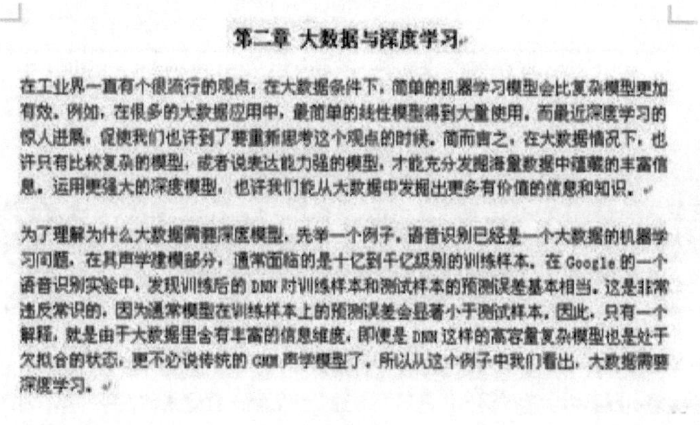

第二章　大数据与深度学习

在工业界一直有个很流行的观点：在大数据条件下，简单的机器学习模型会比复杂模型更加有效。例如，在很多的大数据应用中，最简单的线性模型得到大量使用。而最近深度学习的惊人进展，促使我们也许到了要重新思考这个观点的时候。简而言之，在大数据情况下，也许只有比较复杂的模型，或者说表达能力强的模型，才能充分发掘海量数据中蕴藏的丰富信息，运用更强大的深度模型，也许我们能从大数据中发掘出更多有价值的信息和知识。

为了理解为什么大数据需要深度模型，先举一个例子。语音识别已经是一个大数据的机器学习问题，在其声学建模部分，通常面临的是十亿到千亿级别的训练样本。在 Google 的一个语音识别实验中，发现训练后的 DNN 对训练样本和测试样本的预测误差基本相当。这是非常违反常识的，因为通常模型在训练样本上的预测误差会显著小于测试样本，因此，只有一个解释，就是由于大数据里含有丰富的信息维度，即使是 DNN 这样的高容量复杂模型也是处于欠拟合的状态，更不必说传统的 GMM 声学模型了。所以从这个例子中我们看出，大数据需要深度学习。

图2-38

（2）在Word的"审阅"选项卡中单击"修订"按钮，如图2-39所示。

（3）在修订模式中，任何对文档所做的修改都会明确地被标记出来（比如，将一段话用*来代替，就会出现图中的效果），如图2-40所示。

（4）若想直接看到修改后的最终版，可以将"修改"选项选择为"最终状态"，如图2-41所示。

文件 开始 插入 设计 布局 引用 邮件 审阅 视图 开发工具
拼写和语法 同义词库 字数统计
智能查找
翻译 语言
更新输入法词典
繁转简 简转繁 简繁转换
新建批注 删除 上一条 下一条 显示批注
修订
所有标记 显示标记 审阅窗格
接受 拒绝
上一条 下一条
比较
阻止作者 限制编辑
校对 见解 语言 中文简繁转换 批注 修订 更改 比较 保护

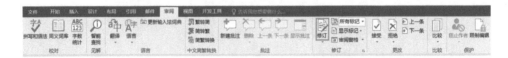

图2-39

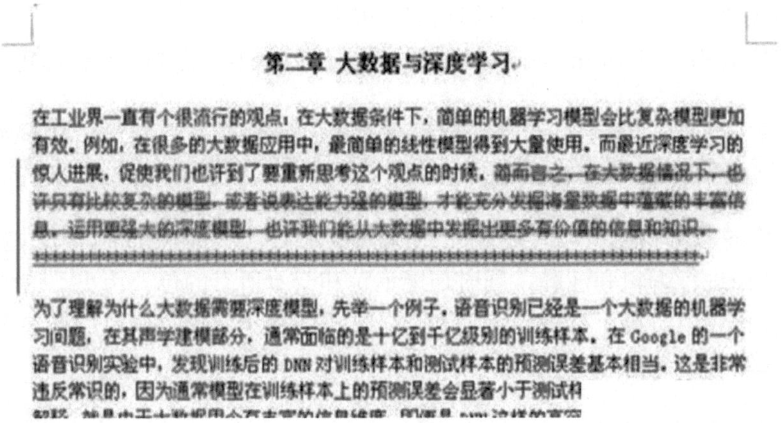

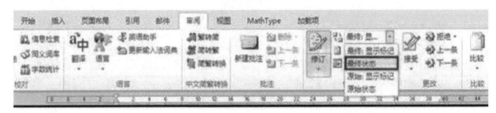

第二章 大数据与深度学习
在工业界一直有个很流行的观点：在大数据条件下，简单的机器学习模型会比复杂模型更加有效。例如，在很多的大数据应用中，最简单的线性模型得到大量使用。而最近深度学习的惊人进展，促使我们也许到了要重新思考这个观点的时候。简而言之，在大数据情况下，也许只有比较复杂的模型，或者说表达能力强的模型，才能充分发掘海量数据中蕴藏的丰富信息。运用更强大的深度模型，也许我们能从大数据中发掘出更多有价值的信息和知识。
为了理解为什么大数据需要深度模型，先举一个例子。语音识别已经是一个大数据的机器学习问题，在其声学建模部分，通常面临的是十亿到千亿级别的训练样本。在 Google 的一个语音识别实验中，发现训练后的 DNN 对训练样本和测试样本的预测误差基本相当。这是非常违反常识的，因为通常模型在训练样本上的预测误差会显著小于测试样

图2-40

开始 插入 页面布局 引用 邮件 审阅 视图 MathType 加载项
信息检索 同义词库 字数统计
翻译 语言 英语助手 更新输入法词典
繁转简 简转繁 简繁转换
新建批注 删除 上一条 下一条
修订
最终：显示标记
最终状态
原始：显示标记
原始状态
接受 拒绝 上一条 下一条
比较
校对 语言 中文简繁转换 批注 更改 比较
第二章 大数据与深度学习
在工业界一直有个很流行的观点：在大数据条件下，简单的机器学习模型会比复杂模型更加有效。例如，在很多的大数据应用中，最简单的线性模型得到大量使用。而最近深度学习的惊人进展，促使我们也许到了要重新思考这个观点的时候。
为了理解为什么大数据需要深度模型，先举一个例子。语音识别已经是一个大数据的机器学习问题，在其声学建模部分，通常面临的是十亿到千亿级别的训练样本。在 Google 的一个语音识别实验中，发现训练后的 DNN 对训练样本和测试样本的预测误差基本相当。这是非常违反常识的，因为通常模型在训练样本上的预测误差会显著小于测试样本。

图2-41

（5）如果想对特定段落或句子提出修改建议，而不是直接修改内容，可以新建批注，如图2-42所示。

文件
开始
插入
设计
布局
引用
邮件
审阅
视图
开发工具
新建批注
批注
修订
更改
比较
保护

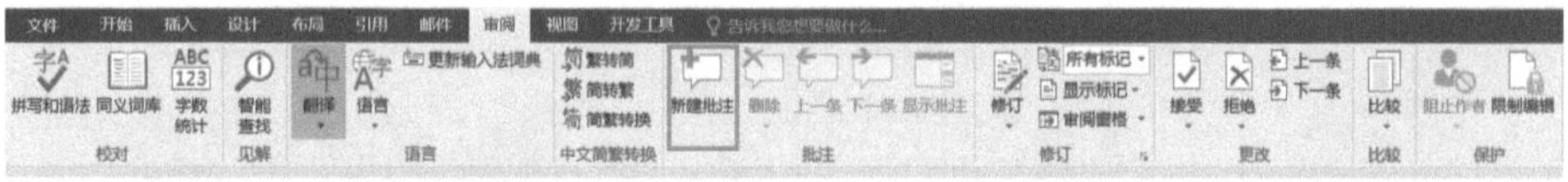

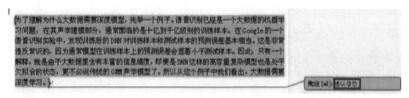

图2-42

首先选中要给出建议的特定部分的文本，单击“新建批注”按钮，那么之前选中那部分就会变成红色，在旁边会有一个写着批注的小框，在小框中可以输入建议，如图2-43所示。

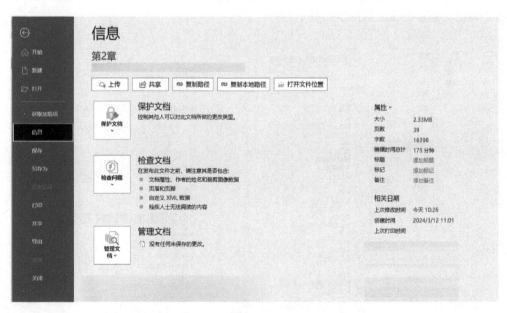

图2-43

2. 方法二

（1）打开Word文档窗口，依次执行“文件”→“选项”命令，如图2-44所示。

信息
第2章
上传
共享
复制路径
复制本地路径
打开文件位置
保护文档
控制其他人可以对此文档所做的更改类型。
检查文档
在发布此文件之前，请注意其是否包含:
文档属性、作者的姓名和裁剪图像数据
页眉和页脚
自定义 XML 数据
残疾人士无法阅读的内容
管理文档
没有任何未保存的更改。
属性
大小 2.33MB
页数 39
字数 16398
编辑时间总计 175 分钟
标题 添加标题
标记 添加标记
备注 添加备注
相关日期
上次修改时间 今天 10:26
创建时间 2024/3/12 11:01
上次打印时间
开始
新建
打开
获取加载项
信息
保存
另存为
打印
共享
导出
关闭

图2-44

（2）在打开的“Word选项”对话框中，单击左侧的“自定义功能区”按钮，如图2-45所示。

图2-45

（3）在Word中，根据需要显示或隐藏"审阅"选项卡。打开"自定义功能区"选项，选中或取消"主选项卡"区域的"审阅"复选框，以控制其显示。设置完成后，点击"确定"保存更改，如图2-46所示。

图2-46

### ■2.6.2　使用修订功能

修改文章时会用到Word的修订功能，修订功能用于跟踪和记录文章中的所有更改。

（1）打开要修改的文档，切换到"审阅"选项卡，单击"修订"组的"修订"按钮，如图2-47所示。

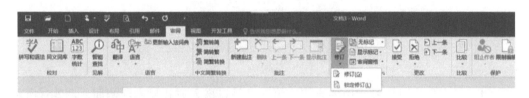

图2-47

（2）单击"修订"按钮的下拉箭头，在下拉菜单中选择"修订选项"，如图2-48和图2-49所示。

图2-48

图2-49

（3）打开"修订选项"对话框，打开"高级选项"按钮，设定修改格式，新插入的内容用单下划线，删除的内容用删除线，修订的行用外侧框线；还可以将不同的内容设置为不同的颜色，如图2-50所示。这样的设置不仅使修订内容一目了然，而且提高了文档审阅的效率。

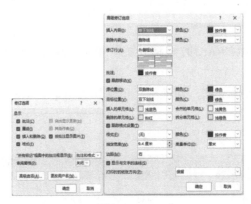

图2-50

（4）设定批注有两种常用的方式。第一种是以嵌入方式显示，例如，图2-51所示的红色字体插入的"大幅度"和后面删除的"遍数"，批注的内容被嵌入到文档中成为文档的一部分。

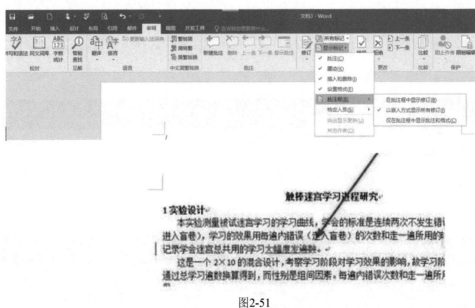

图2-51

（5）第二种是"在批注框中显示修订"的方式，批注的内容被放在了批注框里，如图2-52所示。这样做可以使文档的主要内容和批注分开，使得文档内容更加清晰，同时便于审阅者专注于文档的修改和反馈，而不干扰到文档的整体阅读。

（6）将光标放到要删除的内容后面，如图2-53所示。

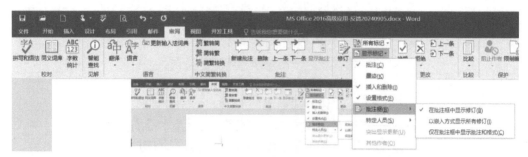

图2-52

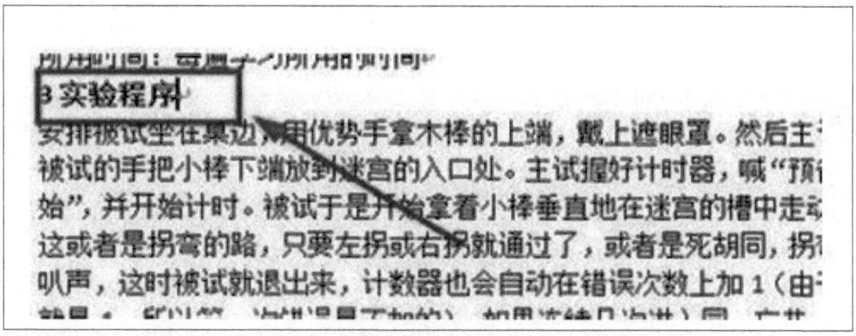

图2-53

　　按下两次Backspace键，会看到相应的文字变红，并且出现删除线，这表明这两个字被删除了，如图2-54所示。

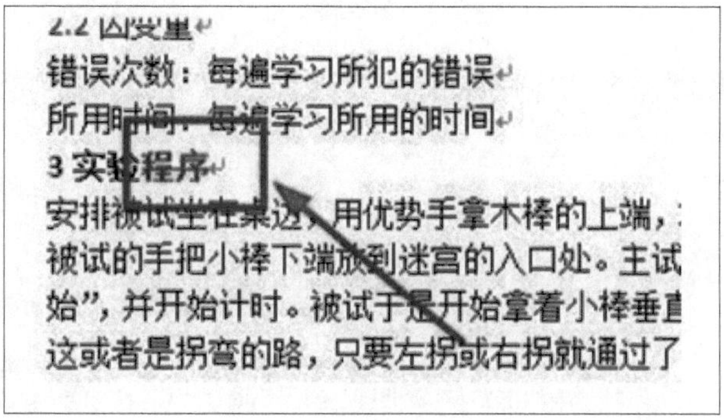

图2-54

　　（7）此时再输入"过程"两个字，可以看到这两个字会变红，并且带有下划线，这样就完成了一次修改。这样的视觉标记帮助你追踪文档中的更改部分，确保所有的编辑都能够被轻易识别和审查。依此方法修改其他的内容。

　　（8）修改完毕，有几种方式查看修改。一种是显示标记的最终状态，如图2-55所示。

　　（9）如果想要看到修改完成后不显示任何编辑标记或修订细节的文档，可以选择

学习进程：10 个学习阶段

### 2.2 因变量

错误次数：每遍学习所犯的错误

所用时间：每遍学习所用的时间

### 3 实验过程程序

安排被试坐在桌边，用优势手拿木棒的上端，被试的手把小棒下端放到迷宫的入口处。主试始"，并开始计时，被试于是开始拿着小棒沿

图2-55

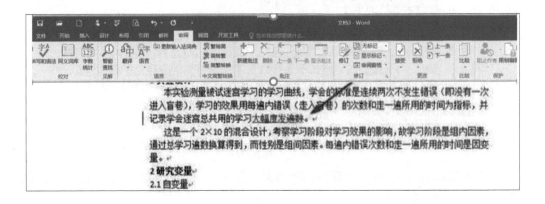

图2-56

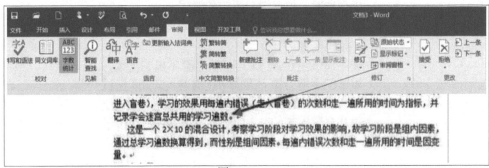

图2-57

（10）如果需要文档的原始状态，即未经任何修改的最初版本，可以选择原始状态，如图2-58所示。

（11）在完成修改以后，再次单击"修订"按钮，可以对文档进行最后的修改，确保文档的每个部分都符合预期的要求，如图2-59所示。

（12）在修改标记上右键单击来管理这些修订，然后根据情况选择接受修订还是拒绝修订。

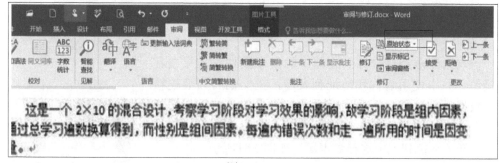

图2-58

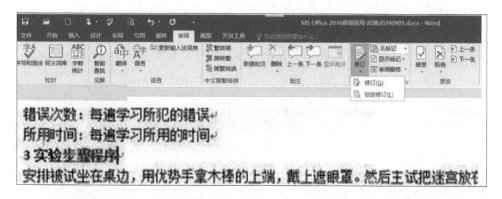

图2-59

# 2.7 邮件合并

邮件合并是Word的一项高级功能，是办公自动化人员应该掌握的基本技术之一。如果用户需要编辑多封邮件或者信函，这些邮件或者信函只是收件人信息有所不同，而内容完全一样时，使用邮件合并功能可以很方便地实现，从而提高办公效率。邮件合并的操作包括创建主文档、制作和处理数据源、合并数据等，一种方法是使用功能区的按钮，另一种方法是使用邮件合并向导。

## ■2.7.1 使用功能区按钮完成邮件合并操作

### 1. 创建主文档

要合并的邮件由两部分组成，一部分是合并过程中保持不变的主文档，另一部分是包含多种信息的数据源，因此进行邮件合并时，应先创建主文档。在"邮件"选项卡下"开始邮件合并"组中单击"开始邮件合并"按钮，在打开的下拉菜单中选择文档类型，如信函、电子邮件、信封、标签和目录等，即可创建一个主文档，如图2-60所示。

选择"信函"或"电子邮件"可以制作一组内容类似的邮件正文，选择"信封"或"标签"可以制作带地址的信封或标签。

2. 获取数据源

数据源是指要合并到文档中的信息文件，如果要在邮件合并中使用名称和地址列表等，主文档必须要连接到数据源，才能使用数据源中的信息。在"邮件"选项卡下"开始邮件合并"组中单击"选择收件人"按钮，在打开的下拉列表中选择数据源，如图2-61所示。

- 若执行"键入新列表"命令，将打开"新建地址列表"对话框，在其中可以新建条目、查找条目，以及对条目进行筛选或排序，如图2-62所示。

图2-60

图2-61

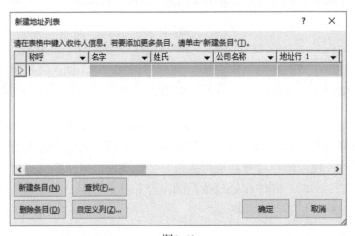

图2-62

- 若执行"使用现有列表"命令，在打开的"选取数据源"对话框中选择数据源文件，弹出"选择表格"对话框，从中选择以哪个工作表中的数据作为数据源，然后单击"确定"按钮，如图2-63所示。

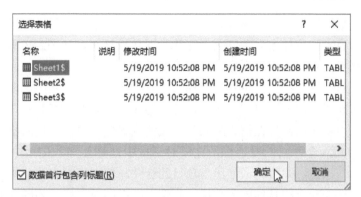

图2-63

● 若执行"从Outlook联系人中选择"命令，则打开Outlook中的通信簿，从中选择收件人地址。

3. 编辑主文档

首先，编辑收件人列表，在"邮件"选项卡下"开始邮件合并"组中单击"编辑收件人列表"按钮。

然后，在打开的"邮件合并收件人"对话框中，通过复选框可以选择添加或删除合并的收件人，也可以对列表中的收件人信息进行排序或筛选等操作，如图2-64所示。

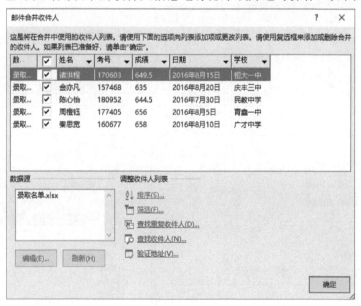

图2-64

最后，创建完数据源后就可以编辑主文档了。在编辑主文档的过程中，需要插入各种域。只有在插入域后，当前文档才成为真正的主文档。在"邮件"选项卡下"编写和插入域"组中，可以在文档编辑区中根据每个收信人的不同内容添加相应的域，如图2-65所示。

图2-65

- 单击"地址块"按钮，可打开"插入地址块"对话框，从中可设置地址块的格式和内容，如收件人名称、公司名称和通信地址等，如图2-66所示。地址块插入文档后，实际应用时会根据收件人的不同而显示不同的内容。

- 单击"问候语"按钮，可打开"插入问候语"对话框，从中可设置文档中要使用的问候语，也可以自定义称呼、姓名格式等，如图2-67所示。

- 在文档中将光标定位在需要插入某一域的位置处，单击"插入合并域"按钮，打开"插入合并域"对话框，在该对话框中选择要插入信函中的项目，单击"插入"按钮，即可完成信函与项目的合并。使用相同方法，依次插入其他各个域，这些项目的具体内容将根据收件人的不同而改变，如图2-68所示。

图2-66

图2-67

图2-68

提示：还有一种插入合并域的方法，即定位好光标位置后，单击"插入合并域"按钮下方的下三角按钮，在打开的下拉列表中也可以依次选择插入各个域，如图2-69所示。

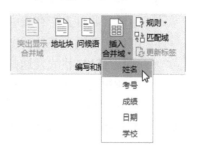

### 4. 完成邮件合并

完成信函与数据源的合并后，在"邮件"选项卡下"预览结果"组中单击"预览结果"按钮，文档

图2-69

编辑区中将显示信函正文，其中，收件人信息使用的是收件人列表中第1个收件人的信息。若希望看到其他收件人的信函，可以单击按钮◀和▶浏览"上一记录"和"下一记录"，单击按钮|◀和▶|浏览"首记录"和"尾记录"，如图2-70所示。

通过预览功能核对邮件内容无误后，在"邮件"选项卡下"完成"组中单击"完成并合并"按钮，在打开的下拉列表中根据需要选择编辑单个文档、打印文档或是发送电子邮件等，如图2-71所示。

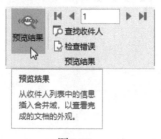

图2-70

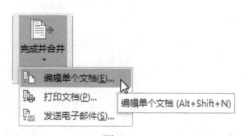

图2-71

- 执行"编辑单个文档"命令，可打开"合并到新文档"对话框，如图2-72所示。选中"全部"单选按钮，可将所有收件人的邮件合并到一篇新文档中；选中"当前记录"单选按钮，可将当前收件人的邮件形成一篇新文档；选中"从 到 "单选按钮，可将选择区域内的收件人的邮件形成一篇新文档。

- 执行"打印文档"命令，可打开"合并到打印机"对话框，如图2-73所示。选中"全部"单选按钮，可打印所有收件人的邮件；选中"当前记录"单选按钮，可打印当前收件人的邮件；选中"从 到 "单选按钮，可打印选择区域内的所有收件人的邮件。

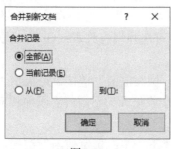

图2-72

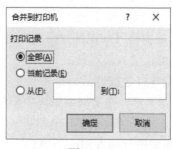

图2-73

- 执行"发送电子邮件"命令，可打开"合并到电子邮件"对话框，如图2-74所

示。"收件人"列表中的选项是与数据源列表保持一致的；在"主题行"文本框中，可输入邮件的主题内容；在"邮件格式"列表中，可选择以附件、纯文本或HTML格式发送邮件；在"发送记录"区域中，可设置是发送全部记录、当前记录，还是发送指定记录。

如果要将完成邮件合并的主文档恢复为常规文档，可在"邮件"选项卡下"开始邮件合并"组中单击"开始邮件合并"按钮，在打开的下拉列表中执行"普通Word文档"命令。

图2-74

## ■2.7.2 利用邮件合并向导完成邮件合并操作

（1）在"邮件"选项卡下"开始邮件合并"组中单击"开始邮件合并"按钮，在打开的下拉菜单中执行"邮件合并分步向导"命令，打开"邮件合并"任务窗格。

（2）在"选择文档类型"窗格中选择需要的文档类型，如图2-75所示。

（3）在"选择文档类型"窗格中单击"下一步：开始文档"链接，在打开的任务窗格中（如图2-76所示）选择"使用当前文档"单选按钮，可在当前活动窗口中创建并编辑信函；选择"从模板开始"单选按钮，可选择信函模板；选择"从现有文档开始"，则可在弹出的对话框中选择已有的文档作为主文档。

（4）在"选择开始文档"窗格中，单击"下一步：选择收件人"链接，可显示"选择收件人"窗格（如图2-77所示），从中可选择现有列表或Outlook联系人作为收件人列表，也可以键入新列表。

（5）正确选择数据源后，单击"下一步：撰写信函"链接，可显示"撰写信函"窗格，如图2-78所示。在文档编辑区中根据每个收信人的不同内容添加相应的域，如地址块、问候语、电子邮政以及其他项目等。

（6）在指定位置插入相应的域后，单击"下一步：预览信函"链接，可显示"预览信函"窗格，如图2-79所示。此时在文档编辑区中将显示信函正文，其中的收件人信息使用的是收件人列表中第1个收件人的信息。若希望看到其他收件人的信函，可以单击"收件人"选项两旁的按钮和进行浏览。还可单击"编辑收件人列表"链接，在打开的"邮件合并收件人"对话框中，对收件人信息进行添加、删除、排序和筛选等操作。

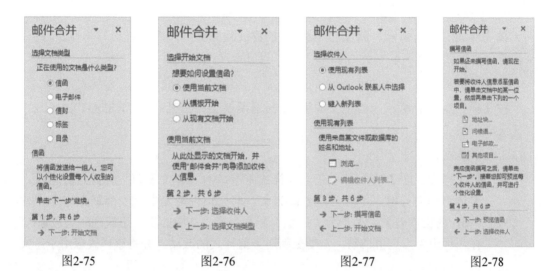

图2-75　　　　　　　图2-76　　　　　　　图2-77　　　　　　　图2-78

（7）最后，单击"下一步：完成合并"链接，显示"完成合并"窗格（如图2-80所示），从中根据需要选择合并到打印机或合并到新文档即可。

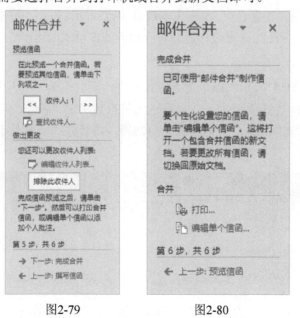

图2-79　　　　　　　图2-80

# 练 一 练

练习1

**【操作要求】**

打开文档A2.docx，按以下要求进行操作。

## 1. 应用样式

按【样文2-1A】所示，将文档中第1行的样式设置为"文章标题"，将第2行的样式设置为"标题注释"。

## 2. 模板的应用

按【样文2-1A】所示，为正文的第1段套用模板文件C:\KSML2\KSDOTX2.dotx中"正文段落7"的样式。

## 3. 修改样式

● 按【样文2-1B】所示，以正文为样式基准，对"正文要点"样式进行修改：字体为华文行楷，字号为四号；为文本填充预设渐变中"底部聚光灯 - 个性色6"的文本效果，类型为"射线"，方向为"从中心"；更改间距为段前0.5行，行距为固定值18磅；自动更新对当前样式的改动，并将该样式应用于正文第2段。

● 按【样文2-1B】所示，对"重点段落"样式进行修改：字体为华文彩云，字号为小四，字体颜色为标准色中的"深红"，字形为加粗；为文本添加"发光：8磅；金色，主题色4"发光文本效果（第2行第4列）；更改间距为段前、段后各0.5行，行距为固定值16磅；将改动后的该样式应用于正文第3段。

## 4. 新建样式

按照【样文2-1C】所示，以正文为样式基准，新建名为"考生样式1"的样式，设置字体为华文新魏、字号为小三、字体颜色为标准色中的"浅蓝"；为文本添加"紧密映像，接触"映像文本效果；行距为固定值26磅；将该样式应用于正文第4段。

**【样文2-1A】**

——摘自《中国科学网》

　　暮秋本是一个萧杀的季节，秋风秋雨将五彩的树叶打落，将世界变成一片枯黄。然而正是这种即将失去的感觉让人更加珍惜秋的时光。老人们聚在一起晒晒太阳，妇女们将被褥拿出来晒一晒，暖暖床铺。孩子们也将柜子里的新衣牙上，好吃好喝地储存脂肪，准备过冬。然而，地处热带边缘的西双版纳并非如此。

【样文2-1B】

西双版纳的暮秋已没了初秋时节的热烫，更没了夏日的潮湿和闷热。树上的知了早没了踪影，林间更显清幽。远眺山峦，一层层薄雾笼罩，残存的热带雨林依然生机勃勃，率已黯然，而大片的脱林也似乎准备好了，浓浓的秋意即将染红版纳的山川。版纳秋日让大批外来版纳的人有了一些似曾相识的感觉。中国人喜爱秋天，秋天是变幻的季节，大自然魔术师般的表演催生了汉民族浓浓的诗情画意，无论走到哪里都深深地眷恋华夏之秋。西双版纳的植物和森林与广袤的温带不同，秋意自然也不一样。

没有温带的橙黄李杏语，桑梓榆柘。版纳园的自然风光与传统中国园林有着天壤的差别。中国园林以中国经典的植物认知为基石，多用既可赏花又可食果的果树，既可赏花又可入药的药用植物，既可赏花又增收益的香料植物，甚或种植谷物蔬菜，园林呈现出春华秋实的美丽或田舍风光的诗情。而版纳植物园则按照科学植物分类系统，与中国传统认知截然不同，这使得植物赏析呈现出全新的格局。西双版纳的暮秋开花植物与夏季有很大的不同，暮秋是属于茶树、豆花、薯蓣、禾草的。继夏日的姜科、樟科、兰科、壳斗科之后，秋日的茌科、豆科、禾本科、薯蓣科、葡科、苏科、凤仙花科、使君子科等纷纷开花，与四季常开的龙船花、朱樱花、火烛花、羊蹄甲、红纸扇、三角梅、莲莲等构成了版纳园秋秋的约尘花卉。

【样文2-1C】

谈花并不意味着版纳的暮秋只属于开花植物，而是因为人们天性偏爱花朵罢了。版纳的暮秋还属于兰花螳螂，属于数目甚多的蜘蛛。此时此刻，小蜘蛛纷纷从卵袋中出来，感受秋日的新生洗礼，一种钻石般的蜘蛛的出现更是让人留恋，彷徨，版纳的秋天到底是怎样的一个季节。红色的爱地草，僵死的寒蝉，飞舞的蛱蝶，花团锦簇的美丽山扁豆，刚刚孵化的蜘蛛，在本该轮回的四季之中，西双版纳以独特的生命韵律，再一次将人感动，迷惑，并渐渐消融在暮秋的草木之中。

练习2

【操作要求】

打开文档A2.docx，按以下要求进行操作。

1. 应用样式

按【样文2-2A】所示，将文档中第1行的样式设置为"标题"，将第2行的样式设置为"副标题"。

2. 模板的应用

按【样文2-2A】所示，为正文第1段套用模板文件C:\KSML2\KSDOTX2.dotx中"正文段落2"的样式。

3. 修改样式

● 按【样文2-2B】所示，以正文为样式基准，对"文章正文"样式进行修改：字体为华文行楷，字号为四号，字体颜色为标准色中的"橙色"；添加"偏移：右"阴影效果，阴影颜色为标准色中的"深蓝"；更改行距为固定值22磅；自动更新对当前样式的改动，并将该样式应用于正文第2段。

● 按【样文2-2B】所示，对"列出段落"样式进行修改：字体为华文细黑，字形为加粗，字号为四号，字体颜色为标准色中的"红色"，并为其添加标准色中的"浅蓝"双下划线；更改行距为1.5倍行距，段落间距为段前、段后各0.5行；自动更新对当前样式的改动，并将该样式应用于正文第3段。

4. 新建样式

按照【样文2-2C】所示，以正文为样式基准，新建名为"段落样式2"的样式，设置字体为方正姚体、字号为四号、字体颜色为标准色中的"绿色"；为文本添加"发光：11磅；橙色，主题色2"发光文本效果（第3行第2列）；行间距为固定值20磅，段前、段后间距均为0.5行；将该样式应用于正文的最后两个段落。

【样文2-2A】

# 生物材料的未来

——摘自《益寿文摘》

生物材料（Biomaterials）又称生物医用材料（Biomedical Materials），它是对生物体进行诊断、治疗和置换损坏的组织、器官或增进其功能的材料。生物材料的起步很早。早在公元前5000年就已经用人工牙植入口腔颌骨，来修复失牙。由于当时工业不发达，直到20世纪30年代，随着工业的兴起才出现少数医用材料。20世纪中后期，高分子工业的迅猛发展推动了生物医用材料的发展。直到20世纪80年代中期，生物医用材料还被视为一类无生命的材料。

【样文2-2B】

20世纪80年代后，随着生物技术研究的进展，人类已开始将生物技术应用于研制生物材料，在材料结构及功能设计中引入生物支架——活性细胞，利用生物要素和功能去构建所希望的材料，从而提出了组织工程的概念。标志着医学将走出组织器官移植的范畴，步入刨制造组织和器官的新时代，是21世纪具有巨大潜力的高科技产业。

**在组织工程研究中，核心是建立由细胞和生物材料构成的三维空间复合体。因此大力研究和开发新一代生物医用材料——生物相容性良好并可被人体逐步降解吸收的生物材料，是21世纪生物医用材料发展的重要方向。**

【样文2-2C】

随着人类生活水平的提高和寿命的延长，对人工骨替代材料的需求越来越多。仅人工骨关节一项，全世界目前每年需求达100万套。我国现有300万人因为先天性关节炎和骨伤等原因造成骨损伤，其中很大一部分需要全髋关节置换。但目前我国大陆地区(不包括港澳台)的人工关节置换每年只有3~4万套，而且2/3以上是价格昂贵的国外产品。国内的人工关节厂家规模小且质量不高。这极大的限制了我国国民医疗水平的改善和国民身体素质的提高。所以，研制具有自主知识产权的高水平人工骨制品对于我国的发展具有重大的社会和经济意义。

据介绍，美国生物医用材料的产值已高达上百亿美元，而我国生物材料市场占世界份额还不到2%。由此可见，生物医用材料和制品的发展前景十分广阔。

# 模块 3  数据表格处理的基本操作

**知识要点**

- 工作表的格式设置与编排。
- 数据分析与管理。
- 图表的运用。
- 数据文档的保护。

## 3.1  工作表的格式设置与编排

在Excel中，为了使工作表中的数据便于阅读且更加美观，可以对工作表中的行、列和单元格进行设置，也可以插入、移动、删除、隐藏和保护工作表。

### ■3.1.1  单元格的操作

#### 1.合并与取消合并单元格

对于跨多个列、行的单元格（如标题），合并单元格后，将更容易说明问题。

**合并单元格**：合并单元格是指在工作表中把两个或多个选中的相邻水平或垂直单元格合并成一个单元格。合并后单元格的名称、内容将使用原始选中区域的左上角单元格的名称、内容。具体的操作方法为：选中要合并的单元格区域后，在"开始"选项卡下"对齐方式"组中单击"合并后居中"按钮，弹出"合并单元格时，仅保留左上角的值，而放弃其他值。"提示对话框（如图3-1所示），单击"确定"按钮，选中区域将合并成为一个跨多行或多列的大单元格。

在"开始"选项卡下"对齐方式"组中单击"合并后居中"按钮右侧的下拉按钮，在展开的下拉列表中有"合并后居中""跨越合并"和"合并单元格"3种合并操作选项，如图3-2所示。"合并单元格"的作用是将选中区域中所有单元格合并成一个单元格，与"合并后居中"的不同仅在于合并后不会强制文本居中。"跨越合并"的作用是将选中区域中的单元格按每行合并成一个单元格。

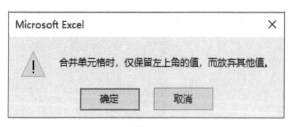

图3-1

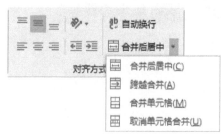

图3-2

可以将合并后的单元格重新拆分成原状，但是不能拆分未合并过的单元格。选中合并后的单元格，在"开始"选项卡下"对齐方式"组中单击"合并后居中"按钮后的下拉按钮，在下拉列表中执行"取消单元格合并"命令，则该单元格被取消合并，恢复成合并前的多个单元格。

### 2. 定义单元格名称

在Excel中，用户可以自定义单元格名称。只需选中需要重新命名的单元格或单元格区域，在单元格名称框中将显示该单元格的名称。直接在单元格名称框中输入新定义的单元格名称，按Enter键即可，如图3-3所示。

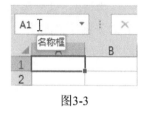

图3-3

## ■3.1.2 行与列的操作

对工作表的行、列的操作包括插入或删除行、列，移动或复制行或列，调整工作表的行高或列宽等。

### 1. 插入或删除行或列

（1）插入行或列。

要在工作表中插入行或列，需先执行下列操作之一：

● 要插入一行或一列，请选中要在其上方插入新行的行或该行中的一个单元格（插入列选择要在其左侧插入新列的列或该列中的一个单元格）。例如，要在第5行上方插入一个新行，请单击第5行中的一个单元格。

● 要插入多行或列，请选择要在其上方插入新行的那些行（插入列选择要在其左侧插入新列的那些列）。所选的行数应与要插入的行数相同（所选的列数应与要插入的列数相同）。例如，要插入三个新行，需要选择三行。

● 要插入不相邻的行或列，请在按住Ctrl键的同时选择不相邻的行或列。然后在"开始"选项卡下"单元格"组中单击"插入"按钮下的下拉按钮，在展开的下拉列表中执行"插入工作表行"或"插入工作表列"命令，即可插入新行或新列，如图3-4所示。

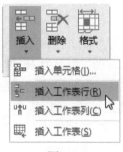

图3-4

（2）删除行或列。

**方法1**：选择要删除的行或列，在"开始"选项卡下"单元格"组中单击"删除"

按钮，从下拉菜单中执行"删除工作表行"或"删除工作表列"命令，如图3-5所示。删除行或列时，它们将从工作表中消失，其他的单元格将移到删除的位置，以填补留下的空隙。

**方法2**：右击要删除行的行号或列的列标，在弹出的快捷菜单中执行"删除"命令，将删除当前选择的行或列。

**方法3**：选中要删除的行或列中的任意一个单元格，右击该单元格，在弹出的快捷菜单中执行"删除"命令，弹出"删除"对话框，如图3-6所示。选中"整行"或"整列"单选按钮，单击"确定"按钮，即可删除该单元格所在的行或列。

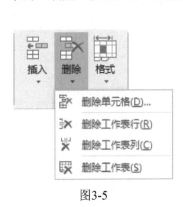

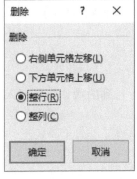

图3-5　　　　　　　　　　图3-6

### 2. 移动或复制行或列

要在Excel中移动或复制行和列，最简单的操作方法就是直接用鼠标拖动。

**移动行或列**：选定行或列，将鼠标指针靠近所选行或列的边框处，当鼠标指针变成移动指针形状时，按下鼠标左键将其拖动到目标位置时松开鼠标，即可完成移动。

**复制行或列**：选定行或列，按住Ctrl键不松开，将鼠标指针靠近所选行或列的边框处，当鼠标指针中出现加号时，按下鼠标左键将其拖动到目标位置时松开鼠标，即可完成复制。

提示：如果希望将某行或列移动到某个包含数据的行或列前，应先在目标位置插入一个新的空白行或列，否则，目标位置的原有数据将会被覆盖。

### 3. 调整行高或列宽

在Excel工作表中，默认列宽为8.11个字符，可根据需要将列宽指定为0～255个字符。如果列宽设置为0，则隐藏该列。默认行高为13.8点，可将行高指定为0～409点。如果将行高设置为0，则隐藏该行。当单元格的高度或宽度不足时，会导致单元格中的内容显示不完整，这时就需要调整行高或列宽。

（1）快速更改列宽或行高。在工作表中更改列宽和行高，比较快捷的方法是用鼠标拖动列号或行号之间的边界线。

**调整单行或单列**：选中要调整的列或行，将鼠标指针指向列号或行号的边界线，当鼠标指针呈左右双向箭头 ⬌（调整列宽）或上下双向箭头 ⬍（调整行高）时，按下鼠标左键拖动即可实现列宽或行高的调整，拖动时显示像素值。

**调整多行或多列**：选中要调整的多列或多行，用鼠标拖动选定范围内任一列号右侧边界线或行号下边界线，可同时调整选中的所有列宽或行高到相同的值。

**调整整个工作表的行高或列宽**：单击"全选"按钮，然后拖动任意行号或列号的边界，可调整整个工作表的行高或列宽。

（2）精确设置列宽或行高。如果希望将列宽或行高精确设置成某一数值，可使用如下任一方法：

**方法1**：选中要调整的一行或多行、一列或多列，右击选定的行、列或范围，在弹出的快捷菜单中执行"行高"或"列宽"命令，打开"行高"或"列宽"对话框，输入数值，单击"确定"按钮即可，如图3-7所示。

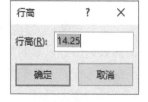

图3-7

**方法2**：选中要调整的一行或多行、一列或多列，在"开始"选项卡下"单元格"组中单击"格式"按钮，在下拉列表中执行"行高"或"列宽"命令，弹出"行高"或"列宽"对话框，输入数值，单击"确定"按钮即可。

（3）自动调整列宽或行高。

除手动调整行高或列宽外，还可以把单元格设置为根据单元格内容自动调整行高或列宽，可使用如下任一方法：

**方法1**：在列号或行号上，当鼠标指针呈左右双向箭头（调整列宽）或上下双向箭头（调整行高）时，双击列号右侧或行号下面的边界线，可使列宽或行高自动匹配单元格中的数据宽度或高度。例如，单元格中数值数据超过了单元格宽度时会显示成一串"#"号，双击该单元格列号右侧边线，即可自动调整列宽，使数据完整显示。

**方法2**：选中需要自动调整的列或行后，在"开始"选项卡下"单元格"组单击"格式"按钮，在下拉列表中执行"自动调整行高"或"自动调整列宽"命令即可。

## ■3.1.3 工作表的操作

### 1. 重命名工作表

为了更直观地表现工作表中数据的含义，可将默认的工作表名修改为便于理解的名称，如"通信录""成绩表"等。其操作方法为：右击要更名的工作表标签，在弹出的快捷菜单中执行"重命名"命令，使原工作表名称处于可编辑状态，输入新的名称后按Enter键或用鼠标单击工作表标签以外的任何区域；或在"开始"选项卡下"单元格"组中单击"格式"按钮，在弹出的下拉列表中执行"重命名工作表"命令。

还可以双击要重命名的工作表标签，进入可编辑状态，输入工作表的新名称并按Enter键确认。

### 2. 工作表标签颜色

Excel允许为工作表标签添加颜色，这样不但可以轻松地区分各个工作表，也可以使工作表更加美观。例如，可将已经制作完成的工作表标签设置为蓝色，而将尚未制作完成的工作表标签设置为红色。

**方法1：**右击需要添加颜色的工作表标签，在弹出的快捷菜单中执行"工作表标签颜色"命令，在其子菜单中选择所需的工作表标签的颜色。

**方法2：**在"开始"选项卡下"单元格"组中单击"格式"按钮，在弹出的下拉列表中将鼠标指针移动至"工作表标签颜色"选项位置处，展开颜色列表，在其中选择一种需要的工作表标签颜色即可。

## ■3.1.4 设置单元格格式

单元格的格式包括数字格式、对齐方式、边框与底纹等，设置单元格的格式不会改变其数据值，只影响数据的显示和打印效果。通过设置单元格的格式，可使工作表更加美观，工作表中的数据更加易于识别。

### 1. 设置文本格式

"开始"选项卡下"字体"组中提供了常用的文本数据格式设置工具，如字体、字号、字形、字色等。

在默认情况下，字体为"等线"，字形为"常规"，字号为"11"，字色为"黑色，文字1"。用户不仅可以通过"字体"组重新设置字体、字号、字形和字色，而且可以添加下划线。具体设置方法与在Word中的设置相同。单击"字体"组右下角的"对话框启动器"按钮，在打开的"设置单元格格式"对话框的"字体"选项卡中可详细设置字体格式。

### 2. 更改数据的对齐方式

"开始"选项卡下"对齐方式"组中提供了用于设置数据垂直对齐、水平对齐、文字方向、减小或增大缩进量等功能，如图3-8所示。

其中，≡≡≡三个工具按钮用于设置单元格或所选区域中数据的垂直对齐方式，≡≡≡三个工具按钮用于设置数据的水平对齐方式，≡≡两个工具按钮分别用于设置减少或增大数据的缩进量。单击❧按钮，将显示如图3-9所示的操作菜单，执行该菜单中的命令可实现文字方向的调整。

图3-8　　　　　　　　　　图3-9

单击"对齐方式"组右下角的"对话框启动器"按钮，在打开的"设置单元格格式"对话框的"对齐"选项卡中可详细设置单元格或选择区域中的数据对齐方式，如图3-10所示。

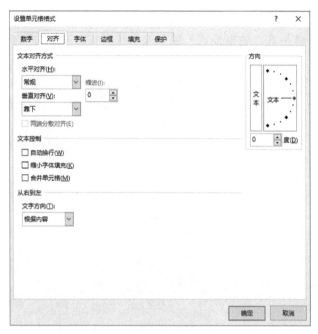

图3-10

### 3. 应用单元格样式

**选择内置单元格样式：** 单元格样式是一组已定义的格式特征，使用Excel内置单元格样式可以快速改变文本样式、标题样式、背景样式和数字样式等。具体操作方法为：选中单元格区域，在"开始"选项卡下"样式"组中单击单元格样式右下角的"其他"按钮，在展开的列表中选择一种适合的单元格样式，如图3-11所示。

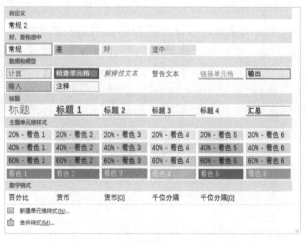

图3-11

**新建单元格样式：** 如果内置单元格样式中没有满意的样式，可执行"新建单元格样式"命令，弹出"样式"对话框（如图3-12所示），在"样式名"文本框中输入样式名称，单击"格式"按钮，弹出"设置单元格格式"对话框，在该对话框中可设置数字格式、对齐方式、字体格式、边框样式、填充效果和保护选项，设置完成后单击"确定"按钮。

此时，返回到"样式"对话框，在"样式包括（举例）"区域中将显示已经设置的格式内容，选中或取消选中其前面的复选框可决定对此格式内容是否显示，单击"确定"按钮。

展开"单元格样式"库，在"自定义"区域即可看到新建的单元格样式（如图3-13所示），单击该样式，即可将其应用到单元格区域中。

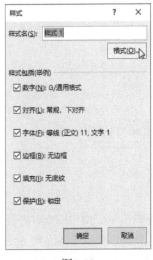

图3-12

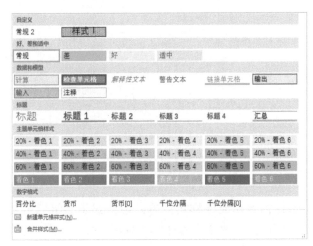

图3-13

### 4. 套用表格格式

Excel预置了60种常用的格式，以便用户自动套用这些预设格式，提高工作效率。

选中要套用格式的单元格区域，在"开始"选项卡下"样式"组中单击"套用表格格式"按钮，在弹出的表格格式库中选择一种合适的表格样式，如图3-14所示。

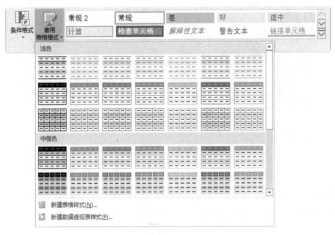

图3-14

弹出"套用表格式"对话框，在"表数据的来源"文本框中可更改单元格区域，选中"表包含标题"复选框，然后单击"确定"按钮即可，如图3-15所示。

此时在Excel功能区将显示"表格工具"的"设计"选项卡，在"表格样式选项"组中可设置表格中的显示选项，在"表格样式"组中可更改表格样式，如图3-16所示。

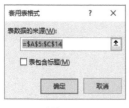

图3-15         图3-16

如果单击"工具"组中的"转换为区域"按钮（如图3-17所示），将弹出"是否将表转换为普通区域？"确认对话框（如图3-18所示），单击"是"按钮，"表格工具"即刻消失，已套用的表格区域将成为普通的单元格区域，但所有数据及样式都会保留。

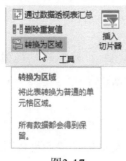

图3-17         图3-18

### 5. 设置边框与底纹

单元格四周的灰色网格线默认是不能被打印出来的。为了使表格更加规范、美观或突出表格不同区域，可以为单元格或单元格区域设置边框线和底纹。

（1）设置边框。选中要为其添加边框的单元格或单元格区域，在"开始"选项卡下"字体"组中单击"边框"按钮右侧的下拉按钮，在弹出的下拉列表中选择所需的边框，如图3-19所示。

也可以在弹出的下拉列表中执行"其他边框"命令，打开"设置单元格格式"对话框（如图3-20所示），然后在"边框"选项卡下对各选项进行设置：在"样式"和"颜色"选项中，可以单击选择所需的线条样式和颜色；在"预置"和"边框"选项中，单击一个或多个按钮，可以指明边框位置；在"边框"选项中，有两个斜向边框按钮 和 ，可用来绘制斜线表头。

图3-19　　　　　　　　　　　　　　　　　图3-20

提示：要删除单元格或单元格区域的边框，可在"开始"选项卡下"字体"组中单击"边框"按钮右侧的下拉按钮，在弹出的下拉列表中选择"无框线"选项。

（2）设置底纹。

**填充纯色底纹：**首先选中要设置底纹的单元格或单元格区域，在"开始"选项卡下"字体"组中单击"填充颜色"按钮 ，可将当前颜色（"颜料桶"下方显示的颜色）设置为所选单元格或区域的底纹。若希望使用其他颜色，则单击"填充颜色"按钮右侧的下拉按钮，然后在展开的下拉列表中的调色板上单击所需的颜色。

如果"主题颜色"和"标准色"中没有需要的颜色，那么执行调色板下方的"其他颜色"命令，弹出"颜色"对话框，在"标准"选项卡下可选择需要的内置颜色，如图3-21所示；在"自定义"选项卡下可输入颜色的RGB值或HSL值以获取更精确的颜色，如图3-22所示。

**填充渐变底纹：**除了可以为单元格或单元格区域设置纯色的背景色，还可以将渐变色、图案设置为单元格或单元格区域的背景。具体操作方法为：在"开始"选项卡下"字体"组中单击右下角的"对话框启动器"按钮，弹出"设置单元格格式"对话框，在"填充"选项卡下单击"填充效果"按钮，如图3-23所示。

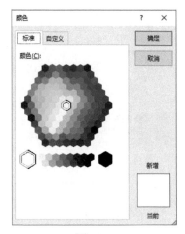

图3-21                                      图3-22

　　打开"填充效果"对话框，在该对话框中可以指定形成渐变色效果的颜色、底纹样式和变形效果（如图3-24所示），单击"确定"按钮，返回到"设置单元格格式"对话框，再次单击"确定"按钮，即可将指定效果设置为所选单元格或单元格区域的背景。

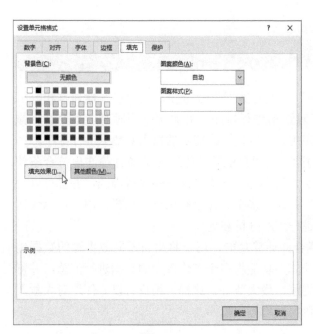

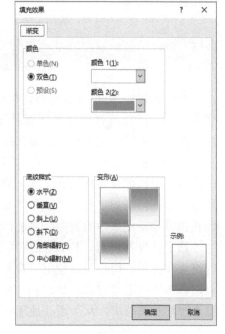

图3-23                                      图3-24

　　**填充图案样式底纹：**"图案"指的是在某种颜色中掺入一些特定的花纹而构成的特殊背景色。在"设置单元格格式"对话框的"填充"选项卡中，可在"图案颜色"下拉列表框中选定某种颜色后，再在"图案样式"下拉列表框中选择希望的"掺杂"方式（如图3-25所示），设置完毕后单击"确定"按钮。

图3-25

提示：如果希望删除所选单元格或单元格区域中的背景设置，可在"开始"选项卡下"字体"组中单击"填充颜色"按钮右侧的下拉按钮，在弹出的下拉列表中选择"无填充颜色"选项。

# 3.2 数据分析与管理

在Excel中，用户可以使用"排序"功能对数据进行排序，以便更好地理解和分析数据。用户可以选择按照升序或降序对数据进行排序，并且可以同时对多个列进行排序。此外，用户还可以使用自定义排序规则，以便根据特定的需求对数据进行排序。

另外，Excel还提供了"筛选"功能，使用户能够根据特定的条件筛选出符合条件的数据。用户可以选择按照文本、数字、日期等不同类型的条件进行筛选，并且可以使用逻辑运算符（如"与""或""非"）组合多个条件进行筛选。这样，用户可以快速地找到符合特定条件的数据，并进行进一步的分析和处理。

除了排序和筛选，Excel还提供了合并计算功能，用于将来自不同数据源的数据进行汇总和分析。用户可以使用"合并计算"功能将多个工作表中的数据进行汇总，并可以选择不同的汇总方式，如求和、平均值、最大值等。这样，用户可以方便地对大量数据进行汇总和分析，从而更好地理解数据的趋势和规律。

## ■3.2.1 工作表数据的输入、编辑和修改

### 1. 输入数据

（1）打开一个新的空白工作簿，如图3-26所示。

（2）可以将工作表的界面调大一些，如图3-27所示。

（3）在此工作表中记录了日常花销。首先，单击A1单元格以使其成为当前活动单元格。接着，在A1单元格中输入"日常花销"作为数据的标题。完成输入后，按下Enter键，会自动跳到下面的单元格A2，如图3-28所示。

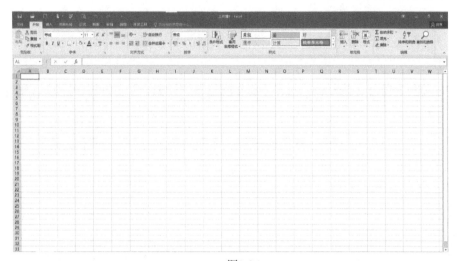

图3-26

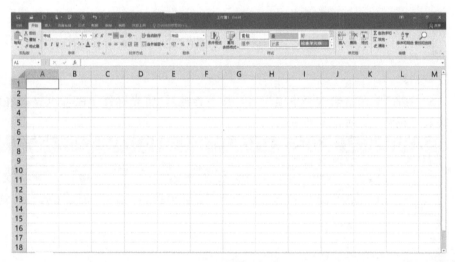

图3-27

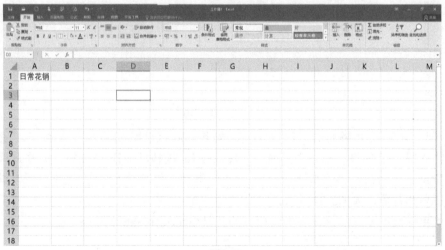

图3-28

（4）再次按下Enter键，光标将移动至A3单元格。在A3单元格内输入"事项",如图3-29所示。

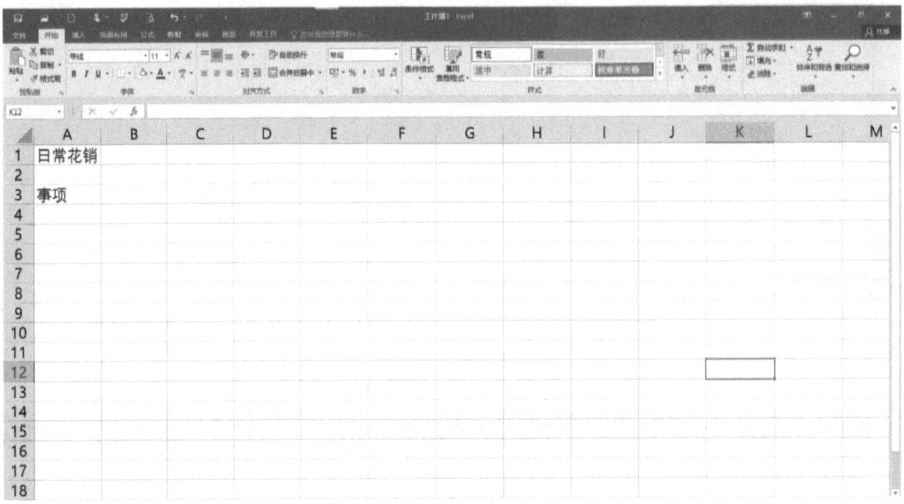

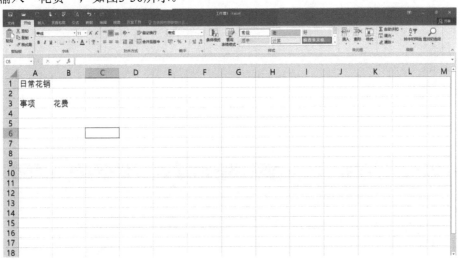

图3-29

（5）在A3单元格输入"事项"后，按下Tab键，将光标移至B3单元格，在B3单元格中输入"花费"，如图3-30所示。

图3-30

（6）在B3单元格输入"花费"后，按下Enter键使活动单元格移至A4。在A4单元格中输入第一个事项，例如"交通"，然后按Tab键移动到B4单元格，并在此输入相应的花费金额。随后，再次按下Enter键，活动单元格将移至A5，重复此过程以继续输入其他事项和花费，如图3-31所示。

简单的数据输入的操作中经常用到的就是Enter键和Tab键。

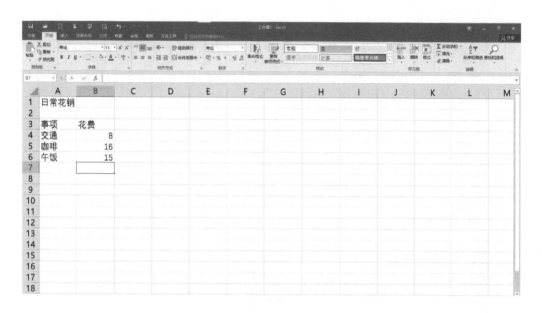

图3-31

## 2. 删除数据

（1）若在A7单元格不慎输入了非当天的花销事项"果汁"，需删除该数据，可先选中A7单元格，然后按下Delete键进行删除，如图3-32所示。

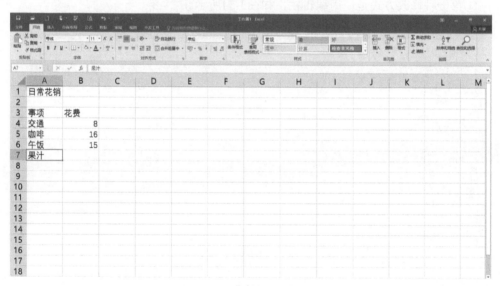

图3-32

（2）需要注意的是，使用键盘上的Delete键可以删除单元格中的数据，但这与Excel"开始"选项卡下的"删除"工具功能不同。如图3-33所示，"删除"工具用于删除单元格本身，而不仅仅是清除其中的内容，这可能会导致相邻单元格中的数据移动或被删除。因此，在执行删除操作时，应谨慎选择使用Delete键还是"删除"工具。

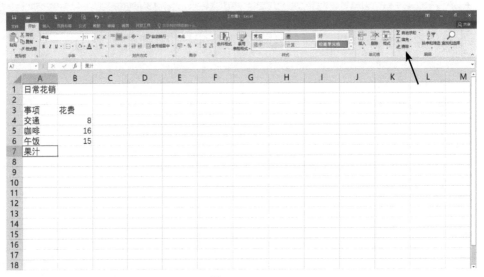

图3-33

3. 编辑数据（修改数据）

（1）若在数据输入完成后发现"交通"这一项的名称不全，需要添加内容，应先单击其所在的单元格A4。

①第一种修改方式是使用编辑栏，如图3-34所示。

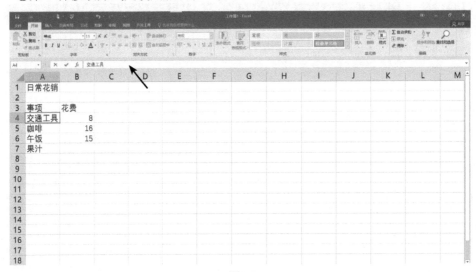

图3-34

如果编辑栏中已经添加了"工具"，但又不想添加新内容，按Esc键即可快速恢复。

②第二种修改方式是直接双击A4单元格，当光标在"交通"后闪烁时，即可添加新内容，再按Enter键，或者使用快捷键F2完成输入，如图3-35所示。

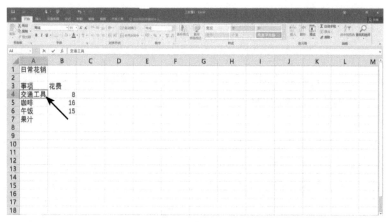

图3-35

（2）如果发现已经输入的数据有错误，如"交通"的花费实际上是"12"，则可先单击其所在单元格B4，然后直接输入新的数据，即可覆盖之前的数据，如图3-36所示。

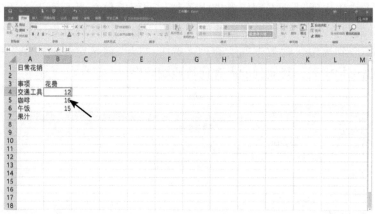

图3-36

（3）最后，在总标题的右侧单元格B2中输入记录数据的日期。需要注意输入日期的单元格数据类型会更改变成"日期"格式，如图3-37所示。

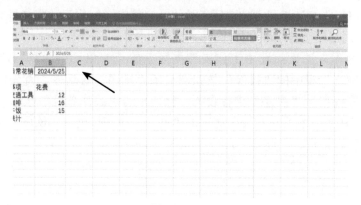

图3-37

## ■3.2.2 数据排序与筛选

### 1. 数据排序

数据排序是数据管理与分析中一个重要的手段，通过数据排序可以了解数据的变化规律及某一数据在数据序列中所处的位置。Excel支持对工作表进行单条件排序和多条件排序两种排序方法。

（1）单条件排序。"单条件排序"是指将工作表中的各行依据某列数值的大小按升序或降序重新排列，如对学生成绩表按总分进行降序排序。在排序时，可以使用两个排序按钮 和 进行快速排序：升序 表示数据按递增顺序排列，使最小值位于列的顶端；降序 表示数据按递减顺序排列，使最大值位于列的顶端。

单条件排序最简单的方法是：选中排序依据列中的任一单元格为当前单元格，在"数据"选项卡下"排序与筛选"组中单击"升序"按钮或"降序"按钮，即可实现数据排序，如图3-38所示。排序完成后可以看到整个单元格区域的顺序都发生了变化，而不是单独的一列。

如果在工作表中通过单击列标号选中了某列，而后单击"升序"按钮或"降序"按钮，将显示如图3-39所示的"排序提醒"对话框。选中"扩展选定区域"单选按钮，可将所选区域扩展到周边包含数据的所有列；选中"以当前选定区域排序"单选按钮，则只对该列数据进行排列，其他列的内容保持原始顺序。

图3-38                                  图3-39

（2）多条件排序。所谓"多条件排序"，是指将工作表中的各行按用户设定的多个条件进行排序。例如，要按员工综合考核的降序排序，综合考核相同则按销售业绩的降序排序，销售业绩又相同则按请假天数的升序排序（请假天数多者排名靠后）；若这3个条件都相同，则按自然顺序排序。

具体的操作方法为：选中工作表数据区中的任一单元格，单击"数据"选项卡下"排序与筛选"组中的"排序"按钮，显示"排序"对话框，首先对主要关键字的"列""排序依据""次序"进行设置。然后单击"添加条件"按钮，添加次要关键字，如图3-40所示。然后对次要关键字的"列""排序依据""次序"进行设置。设置完成后，单击"确定"按钮即可。

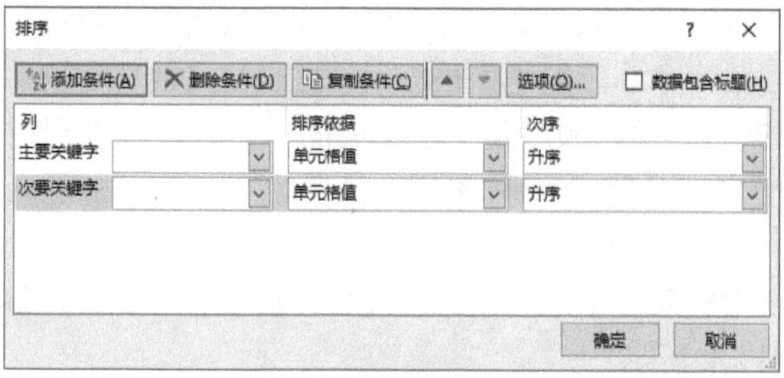

图3-40

在"排序"对话框中可以构造多个条件，系统会一次性根据多个条件进行排序。每一个条件由列、排序依据和次序3部分构成，各部分功能描述如下：

● **列**：排序的列有两种，分别为"主要关键字"和"次要关键字"。"主要关键字"只有一个并且一定是第1个条件，"次要关键字"可以单击上方的"添加条件"按钮或"复制条件"按钮，添加多个条件。如果设置了多个条件，Excel将首先按照"主要关键字"进行排序，如果"主要关键字"相同，则按照第一"次要关键字"排序，如果第一"次要关键字"也相同，则按照第二"次要关键字"排序，以此类推。排序条件最多可以支持64个关键字。

● **排序依据**：包括单元格值、单元格颜色、字体颜色和单元格图标4个选项。如果需要按照文本、数字或日期和时间进行排序，可选择"单元格值"选项。默认选择"单元格值"选项。

● **次序**：包含升序、降序和自定义序列3个选项。默认选择"升序"选项。

● **数据包含标题**：对单元格区域进行排序时，"数据包含标题"用于设置是否将标题（所选择的单元格区域的首行）纳入排序范围。

● **选项**：用于设置排序时是否需要"区分大小写"；排序方向是"按列排序"还是"按行排序"；在有汉字参与排序时，排序的方法是按"字母排序"还是按"笔划排序"，如图3-41所示。默认情况为不选中"区分大小写"复选框，方向为"按列排序"，方法为按"字母排序"。但当中文字符的拼音字母组成完全相同时，Excel就会自动依据笔划方式进一步对这些拼音相同的字符再次进行排序。如果笔划数也相同，Excel则按照其内码顺序进行排序。

图3-41

提示：如果排序关键字是中文，则按汉语拼音执行排序。排序时首先比较第1个字母，若第1个字母相同，再比较第2个字母，以此类推。此外，若选中"排序"对话框中的"数据包含标题"复选框，则系统自动将首行认定为列标题行，使其不参加排序。

（3）自定义序列排序。Excel默认可以作为排序依据的有数值类型、数据大小、文本的字母顺序或笔划数大小等，但是如果想用一些自定义的特定规律来排序，如职务高低等，则按照Excel默认的排序顺序是无法完成的。此时，可以利用"自定义序列"创建一个特殊的排序顺序，并使Excel按照这个排序顺序对单元格进行排序，具体的操作步骤如下。

①在单元格中依次输入一个序列的每个项目，如主管、综合员等，然后选中该序列的所有单元格，如图3-42所示。

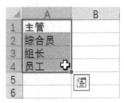

图3-42

②单击"文件"选项卡，在列表中执行"选项"命令，在打开的"Excel选项"对话框中切换到"高级"选项，并在"常规"选区中，单击"编辑自定义列表"按钮，如图3-43所示。

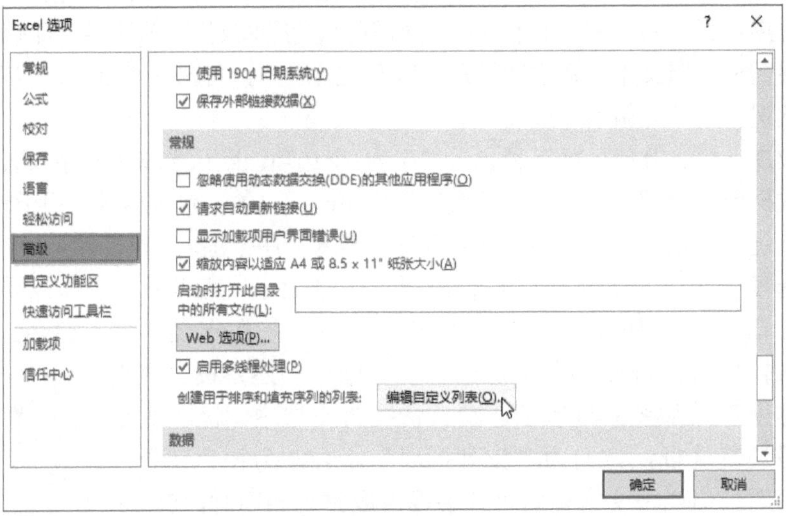

图3-43

③在弹出的"自定义序列"对话框中单击右下角的"导入"按钮，上一步选中的单元格区域内的序列将被导入"自定义序列"中，如图3-44所示。单击"确定"按钮，返回到"Excel选项"对话框，再次单击"确定"按钮，即可完成自定义序列的创建。

图3-44

④选中要进行排序的表格中的任意一个单元格，单击"数据"选项卡下"排序和筛选"组中的"排序"按钮，打开"排序"对话框，在"次序"列表中选择"自定义序列"选项，如图3-45所示。

图3-45

⑤打开"自定义序列"对话框，选择之前定义好的自定义序列，完成后单击"确定"按钮，如图3-46所示。

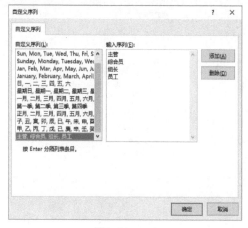

图3-46

⑥返回到"排序"对话框中，在"次序"列表中可以看到新定义的序列，选择需要的序列进行排序即可，如图3-47所示。

图3-47

## 2. 数据筛选

在Excel中，排序是对数据按照某种顺序进行重新排列，以方便用户查看，但是如果当用户只想查看某一部分符合要求的数据时，使用筛选功能则更为方便。

（1）自动筛选。Excel的自动筛选功能非常强大，可以筛选文本、数字、日期或时间、最大值或最小值、平均值以上或以下的数字、空值或非空值，也可以按选中内容或按单元格的颜色、字体颜色或用图标集筛选。其中，文本筛选还可以实现对文本型数据的模糊查询。配合搜索框的使用，Excel自动筛选功能基本可以满足用户对大部分数据查询的需要。

选中数据区域中的任意单元格，单击"数据"选项卡下"排序和筛选"组中的"筛选"按钮。工作表自动进入筛选状态，每列的标题下面出现一个下三角按钮，单击列标题中的下三角按钮，在弹出的下拉列表中可选择或清除一个或多个要作为筛选依据的值。值列表最多可以达到10 000。如果值列表很大，则取消选中"（全选）"复选框，然后选择要作为筛选依据的值（如图3-48所示），单击"确定"按钮即可完成筛选。

图3-48

如果要恢复筛选前的状态，可以再次单击该列标题上的筛选按钮，在弹出的下拉列表中选择"从'Column Name'中清除筛选"选项，或在"数据"选项卡下"排序和筛选"组中单击"清除"按钮。

提示：可以按多个列进行筛选。筛选器是累加的，这意味着每个追加的筛选器都基于当前筛选器，从而减少了数据的子集。

（2）自定义筛选。对于自动筛选和多列筛选，每列只能使用一个筛选条件。如果要在同一列上使用多个筛选条件，则需要使用自定义筛选功能。在使用"自动筛选"命令筛选数据时，还可以利用"自定义筛选"功能来限定一个或多个筛选条件，以便将更接近条件的数据显示出来。

选中要进行数据筛选的单元格区域或表，在"数据"选项卡下"排序和筛选"组中单击"筛选"按钮。单击列标题中的下三角按钮，将指针指向"文本筛选""数字筛选"或"日期筛选"选项，然后选择一个比较运算符或"自定义筛选"选项，如图3-49所示。

图3-49

在打开的"自定义自动筛选方式"对话框中，在左侧框中选择比较运算符，在右侧框中输入文本、数字、日期、时间或从列表中选择相应的文本或值，如图3-50所示。

若要按多个条件进行筛选，可选择"与"或"或"，然后在第2个条目中的左侧框选择比较运算符，在右侧框中输入或从列表中选择相应的文本或值。

● 若对表列和选择内容进行筛选，两个条件都必须为True，则选择"与"。

● 若筛选表列或选择内容，两个条件中的任意一个或者两个都可以为True，则选择"或"。

自定义自动筛选方式
?
显示行:
产品型号
等于
与(A)
或(O)
可用 ? 代表单个字符
用 * 代表任意多个字符
确定
取消

图3-50

（3）高级筛选。与前面介绍过的自动筛选不同，执行高级筛选操作时需要在工作表中建立一个单独的条件区域，并在其中输入高级筛选条件。Excel将“高级筛选”对话框中的单独条件区域用作高级条件的源。

高级筛选时，首先把当前单元格设置到工作表的数据区中，然后单击“数据”选项卡下“排序与筛选”组中的“高级”按钮。

高级筛选
?
方式
在原有区域显示筛选结果(F)
将筛选结果复制到其他位置(O)
列表区域(L):
$A$2:$F$14
条件区域(C):
复制到(T):
选择不重复的记录(R)
确定
取消

图3-51

打开“高级筛选”对话框（如图3-51所示），在“方式”选项组中，可选择将筛选结果放置在原有区域还是将其放置在其他位置。若选择其他位置，“复制到”参数框会变得可用，单击其右侧的折叠对话框按钮，在工作表中单击希望显示到的位置的左上角单元格即可。

“列表区域”指的是工作表中的数据区（包括列标题栏）；“条件区域”指的是独立于数据区的、由用户输入筛选条件的区域。条件区域可以放置在独立于列表区域的任何地方，只要不与列表区域重叠。

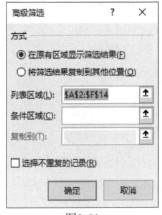

如果单击“高级”按钮时，已将当前单元格设置到列表区域中任一单元格，则系统会自动推荐一个用闪烁的虚线框框起来的列表区域。接受系统的推荐，则可继续操作，否则要用鼠标重新“拖”出一个正确的列表区域，列表区域的地址引用将会显示到“列表区域”栏中。

单击“条件区域”参数框右侧的折叠对话框按钮，从对话框返回到工作表，拖动鼠标选择“条件区域”。选中条件区域后，单击展开对话框按钮。注意，选择条件区域时应同时选择“列标题”和“条件”。条件区域中写在相同行中的条件为需要同时满足的条件，写在相同列中的条件为满足其一即可的条件。

## ■3.2.3　应用条件格式

在日常使用中，经常会遇到需要对不同的数据设置不同外观的情况。Excel提供了“条件格式”功能，可根据条件的满足情况更改单元格区域的外观。通过设置条件格式，可以使用单元格格式（数字显示格式、字体、边框、填充）突出显示所关注的单元格或单元格区域的取值情况。若需强调异常值，还可使用数据条、色阶和图标集等特殊标记直观显示数据，以便于预测趋势或分析当前数据。

### 1. 设置条件格式

条件格式是使数据在满足不同的条件时，显示不同的底纹、字体或颜色等格式。条件格式基于不同的条件来确定单元格的外观。例如，可将所选区域中所有学生成绩小于60的数据采用红色字体显示，以便直观地显示出不及格学生的情况。

选中要设置条件格式的单元格或单元格区域，在"开始"选项卡下"样式"组中单击"条件格式"按钮，显示下拉列表（如图3-52所示），各选项的含义如下：

- **突出显示单元格规则**：如果单元格数据满足某条件（大于、小于、介于、等于……），则将单元格数据和背景设置为指定颜色。

图3-52

- **最前/最后规则**：从所有数据中挑选出满足某条件的若干项，并显示为指定的前景色和背景色。供选的条件有值最大的若干项、值最大的百分之若干项、值最小的若干项、值最小的百分之若干项、高于平均值的项和低于平均值的项等。

- **数据条**：为单元格数据添加一个表示大小的数据条，数据条的长短可直观地表示数据的大小。数据条可使用渐变色或实心填充样式。

- **色阶**：根据单元格数据的大小为其添加一个不同的背景色，背景色的色阶值可直观地表示数据的大小。例如，选择由绿色到红色的色阶变化，则数值大的背景设置为绿色，随着数值的减小逐步过渡到红色。

- **图标集**：将所选区域中单元格的值按大小分为3～5个级别，每个级别使用不同的图标来表示。

提示：若要取消单元格或单元格区域中的条件格式设置，可在选中单元格或单元格区域后，在"开始"选项卡下"样式"组中单击"条件格式"按钮，指向"清除规则"，然后按需执行其下级子菜单中的"清除所选单元格的规则"或"清除整个工作表的规则"命令。

### 2. 自定义条件格式

条件格式是基于条件更改单元格区域的外观。如果条件为True，就会基于该条件设置单元格区域的外观；如果条件为False，则不改变单元格区域的外观。若用户想设置特殊效果的单元格区域外观，可以通过新建条件格式规则来实现。

　　首先选中要设置条件格式的单元格或表格列，在"开始"选项卡下"样式"组中单击"条件格式"按钮，在弹出的下拉列表中执行"新建规则"命令。打开"新建格式规则"对话框，在"选择规则类型"列表框中选择需要设置格式的条件类型，在"只为满足以下条件的单元格设置格式"下选择突出显示选项（此处以大于或等于10 000为例），单击"格式"按钮，如图3-53所示。

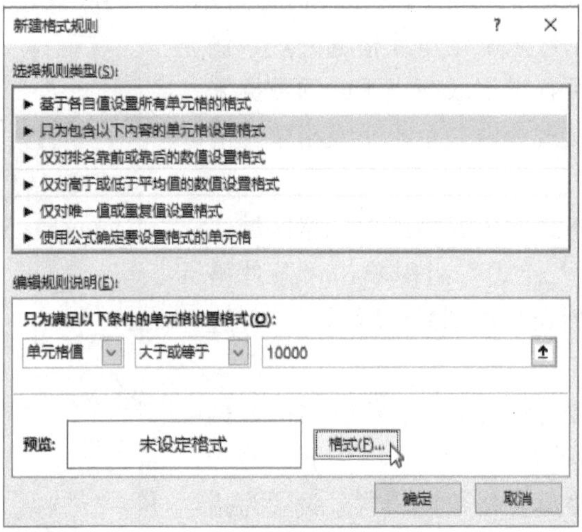

图3-53

　　在打开的"设置单元格格式"对话框中，可自行设置一种需要的格式效果。例如，在"数字"选项卡下设置单元格格式，在"字体"选项卡下设置字体、字形、字号、下划线及颜色和特殊效果，在"边框"选项卡下设置单元格的边框样式和颜色，在"填充"选项卡下设置单元格的填充颜色、渐变效果及图案样式等。

　　在"新建格式规则"对话框的"选择规则类型"列表框中，可根据使用需要选择不同的规则类型，下面对各项规则类型分别进行说明。

● **基于各自值设置所有单元格的格式：** 对所选单元格或单元格区域根据各单元格的值设置单元格格式，格式的样式可以为双色刻度、三色刻度、数据条和图标集。这些样式可以根据所选单元格区域的值进行设置，也可以单独设置。所有选择的单元格都会被要求设置格式。

● **只为包含以下内容的单元格设置格式：** 所选单元格只有满足特定条件的才会被更改格式。这些特定条件可以是单元格值小于、小于或等于、大于、大于或等于、等于、不等于某个值，或介于、未介于某个区间；特定文本包含、不包含、始于、止于某些文本子字符串；发生日期为昨天、今天、明天、最近7天、上周、本周、下周、上月、本月、下月；单元格为空值、无空值、错误、无错误。

● **仅对排名靠前或靠后的数值设置格式：** 根据所选单元格区域的所有值，确定一个排名，只对排名靠前或靠后的数值所在的单元格设置格式。

● **仅对高于或低于平均值的数值设置格式：** 根据所选单元格区域的所有值，确定平均值，对高于、低于、等于或高于、等于或低于平均值所在的单元格设置格式。

● **仅对唯一值或重复值设置格式**：在选中的单元格区域中，只对具有重复值或唯一值的单元格设置格式。

● **使用公式确定要设置格式的单元格**：对所选单元格使用逻辑公式来指定格式设置条件，如对每个奇数行设置格式。

## ■3.2.4 分类汇总

分类汇总是指按照指定的分类字段对相同类别的数据进行汇总统计，也就是将同类别的数据放在一起，再对各类数据进行求和、计数、取平均值等汇总操作，以便对数据进行分析。分类字段和汇总方式均由用户设定。分级显示汇总项和明细数据，便于快速创建各类汇总报告。分级显示可以通过折叠或展开的方式来完成。

### 1.创建分类汇总

要创建分类汇总，需先确定数据清单中的分类字段，然后按该字段的值进行分类。分类字段一般为文本字段，并且该字段中具有多个相同的字段值。在分类汇总之前，用户必须对数据清单按照要分类的字段进行排序，以便将具有相同字段值的记录排列在一起。然后在要进行分类汇总的数据清单中选中任意一个单元格，再单击"数据"选项卡下"分级显示"组中的"分类汇总"按钮（如图3-54所示），在打开的"分类汇总"对话框中选择"分类字段""汇总方式""选定汇总项"等选项。在选定汇总项时，需要配合不同的汇总方式进行，除"计数"外，对应其他汇总方式，一般都选择数值字段。

（1）选中该区域的某个单元格，首先对构成组的列排序。然后在"数据"选项卡下"分级显示"组中单击"分类汇总"按钮，打开"分类汇总"对话框，如图3-55所示。

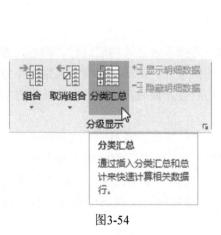

图3-54

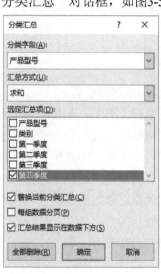

图3-55

（2）在"分类汇总"对话框中设置各项参数，各选项含义如下。

● **分类字段**：分类汇总的依据。将具有相同分类字段值的记录作为一组进行统计，在下拉列表中列出了所有可选分类字段。分类字段必须是已经排好序的。

● **汇总方式**：该下拉列表中列出了Excel中所有可以使用的汇总方式，包括求和、计数、平均值、最大值、最小值等常用统计方法。

● **选定汇总项**：需要进行统计的数据项。该列表框中列出了所有的列标题，列的数据类型必须与汇总方式相符。

● **选择汇总数据的保存方式**：共有3种方式。选中"替换当前分类汇总"复选框表示当前的分类汇总将覆盖之前的分类汇总；选中"每组数据分页"复选框表示将每组数据及其汇总项单独打印在一页上；选中"汇总结果显示在数据下方"复选框表示使每类数据的分类汇总结果插在每类数据组的下一行。

（3）单击"确定"按钮，即可完成分类汇总操作。重复以上步骤，可以再次执行"分类汇总"命令，以便使用不同汇总函数添加更多分类汇总。若要避免覆盖现有分类汇总，需取消选中"替换当前分类汇总"复选框。

**2. 删除分类汇总**

删除分类汇总时，Excel会将与分类汇总一起插入列表中的分级显示和所有分页符一并删除。单击列表中包含分类汇总的单元格，在"数据"选项卡下"分级显示"组中单击"分类汇总"按钮，打开"分类汇总"对话框，单击"全部删除"按钮即可。

**3. 分级显示**

对数据清单使用分类汇总功能后，在工作表的左边会出现分级显示区，其中列出了一些分级显示按钮，使用它们可以控制数据的显示。若未出现分级显示符号，则可以在"Excel选项"对话框中选择"高级"选项，选中"此工作表的显示选项"选区中的"如果应用了分级显示，则显示分级显示符号"复选框。

创建分类汇总时会自动创建行的分级显示。此外，利用Excel的分级显示功能还可以创建列的分级显示，以及同时创建行和列的分级显示。但在一个数据列表中最多只能创建一个分级显示，一个分级显示最多可以有8个级别。建立分级显示有如下两种方法。

（1）自动建立分级显示。

**插入汇总行（列）**：在每组明细行的下方插入带公式的汇总行。同理，若按列分级显示，则在每组明细列的右方插入带公式的汇总列。例如，在每个类别的下方插入一行作为汇总行，统计每个类别所有商品的平均售价，最后在所有数据区域下方插入一行，用于显示所有明细数据的总平均值。

**用公式计算汇总数据**：用公式在汇总行上计算每类商品的平均售价，再计算最后一行所有商品的平均售价。汇总行或列上包含的公式必须引用该组中每个明细的单元格。

**自动建立分级显示**：选中数据区域中的任意一个单元格，单击"数据"选项卡下"分级显示"组中的"组合"下拉按钮，在弹出的下拉列表中执行"自动建立分级显示"命令即可。

单击分级显示区中的 1 2 3 按钮，可对相应级分级汇总数据进行查看，例如，单击"2"按钮，便可对2级分级汇总数据进行查看。

（2）自定义分级显示。当数据层次关系比较清晰时，可以执行"自动建立分级显示"命令。但在有些情况下，数据层次关系并不清晰，没有汇总行，或者汇总行与明细数据的逻辑关系不能用数学公式计算得出，此时就需要自定义分级显示。

现在试着将图3-56所示的目录进行分级显示，具体操作步骤如下：

**指定摘要行或列的显示位置**：在目录中，摘要行位于明细的上方。在"数据"选项卡下"分级显示"功能组中单击右下角的"对话框启动器"按钮，弹出"设置"对话框，取消选中"明细数据的下方"复选框（如图3-57所示），单击"确定"按钮，这样就可以指定摘要行位于明细数据的右侧了。

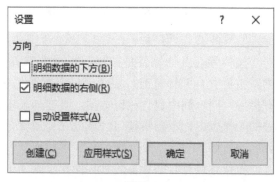

图3-56                            图3-57

**分级显示外部组**：在本例中，最外部的组的摘要行是第1行，即第1行是第2～8行所有数据的摘要行。选中第2～8行，单击"数据"选项卡下"分级显示"功能组中的"组合"下拉按钮，在弹出的下拉列表中执行"组合"命令，即可建立第2级分级显示，如图3-58所示。

**分级显示内部组**：由外向内，依次建立分级显示。对于本例，第2行是第3、4行的摘要行，第6行是第7、8行的摘要行，因此要把第3、4行选定组合，再把第7、8行选定组合，方法同上，直至创建了分级显示需要的所有级别为止。结果如图3-59所示。单击分级显示区的加号按钮，即可查看摘要行下面的明细。

图3-58                            图3-59

提示：若想取消部分组合，可选中相应的行或列，单击"数据"选项卡下"分级显示"组中的"取消组合"下拉按钮，在弹出的下拉列表中执行"取消组合"命令。如果想删除整张工作表的分级显示，可在"取消组合"下拉列表中执行"清除分级显示"命令。

## ■3.2.5　合并计算

合并计算就是把多个数据源区域中的数据进行汇总并建立合并计算表。在合并计算中，把存放合并计算结果的工作表称为目标工作表，存放合并数据的区域称为目标区域，被合并计算的各个工作表称为源工作表，被合并计算的数据区域称为源区域。源工作表与目标工作表既可以在同一个工作表中，也可以在不同的工作表中；几个源区域既可以在同一个工作表中，也可以在不同的工作表中。Excel提供了两种合并计算的方法：按位置合并计算和按类别合并计算。

### 1. 按位置合并计算

按位置合并计算就是按相同顺序排列所有工作表中的数据并将它们放在同一位置中。按位置合并计算前，要确保每个数据区域都采用列表格式：第1行中的每一列都具有标签，同一列中包含相似数据，且在列表中没有空行或空列。将每个区域分别置于单独的工作表中，不要将任何区域放在要放置合并的工作表中，并且确保每个区域都具有相同的布局。

按位置进行合并计算的具体操作步骤如下：

（1）在包含要显示在主工作表中的合并数据的单元格区域中单击左上方的单元格，在"数据"选项卡下"数据工具"组中单击"合并计算"按钮，如图3-60所示。

（2）打开如图3-61所示的"合并计算"对话框，在"函数"下拉列表框中选择用来对数据进行合并计算的汇总函数。

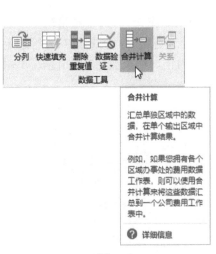

图3-60

图3-61

（3）在"引用位置"文本框中输入源引用位置，或单击"压缩对话框"按钮进行单元格区域引用。如果工作表在另一个工作簿中，则单击"浏览"按钮找到文件，然后单击"确定"按钮以关闭"浏览"对话框。

（4）选定引用位置后，单击"添加"按钮，将位置添加到"所有引用位置"。对每个区域重复这一步骤。

（5）单击"确定"按钮，完成按位置合并计算。

提示：按位置合并的结果只显示合并后的数据内容，并不包含列标题和行标题。也就是说，在按位置合并的方式中，Excel不关心多个数据源的列标题是否相同，而只是将源数据区域相同位置上的数据进行简单合并计算。这种合并计算适用于数据源结构完全相同的数据。若让Excel根据行或列标题的内容智能识别分类数据并按分类进行汇总计算，则可使用按类别合并的方式。

如果要在源区域的数据发生更改时能够自动更新合并计算的结果，可以在"合并计算"对话框中选中"创建指向源数据的链接"复选框。但要注意的是，当源区域和目标区域在同一张工作表上时不能建立链接。

在"合并计算"对话框中如果不选中"标签位置"列表框中的"首行""最左列"复选框，则在合并计算时将不会把源区域中的首行和列标签复制到目标区域中。如果在合并计算时需要同时建立行和列标签，则源区域的选取应包含行和列标签所在的区域，并选中"标签位置"列表框中的"首行"和"最左列"复选框。

### 2. 按类别合并计算

按类别合并计算就是以不同的方式组织单独工作表中的数据，但是使用相同的行标签和列标签，以便能够与主工作表中的数据匹配。按类别合并计算前，除了要确保每个数据区域都采用列表格式，将每个区域分别置于单独的工作表中，还要确保要合并的列或行的标签具有相同的拼写和大小写，例如，标签Annual Avg.和Annual Average是不同的，不能对它们进行合并计算。按类别进行合并计算的具体操作步骤如下：

（1）在包含要显示在主工作表中的合并数据的单元格区域中，单击左上方的单元格，在"数据"选项卡下"数据工具"组中单击"合并计算"按钮。

（2）打开"合并计算"对话框，在"函数"下拉列表框中选择用来对数据进行合并计算的汇总函数。

（3）在"引用位置"框中输入源引用位置，或单击"压缩对话框"按钮进行单元格区域引用。如果工作表在另一个工作簿中，则单击"浏览"按钮找到文件，然后单击"确定"按钮以关闭"浏览"对话框。

（4）选定引用位置后，单击"添加"按钮，将位置添加到"所有引用位置"。对每个区域重复这一步骤。

（5）在"标签位置"选项区域选中指示标签在源区域中位置的复选框："首行""最左列"或两者都选。单击"确定"按钮，完成按分类合并计算。

当源数据区域的数据排列顺序不同时，需要使用按类别合并计算的方式。在计算过程中，Excel会自动根据数据记录的"首行"或"最左列"的分类情况合并相同类别中的数据内容，合并的方式可以在"合并计算"对话框的"函数"下拉列表中选择，如求和、计数、平均值、最大值、最小值等。

要注意的是，在按类别合并计算数据时，必须包含行或列标志。如果分类标志在顶端行，应选中"合并计算"对话框中的"首行"复选框；如果分类标志在最左列，应选中"最左列"复选框；也可以同时选中这两个复选框。

如果需要删除合并计算中的源区域，可在"合并计算"对话框的"所有引用位置"列表框中选取要删除的源区域，单击"删除"按钮。

## ■3.2.6 数据分列

使用Excel分列工具可将一个单元格的内容分配到相邻列中，即可以划分单元格的内容，并将构成部分分配到多个相邻的单元格中。例如，如果工作表包含列全名，则可以将该列拆分为两列："名字"列和"姓氏"列。具体操作步骤如下：

（1）选中包含要拆分的文本值的单元格、范围或整个列，在"数据"选项卡下"数据工具"组中单击"分列"按钮。

（2）打开"文本分列向导"对话框（如图3-62所示），按照"文本分列向导"中的说明，指定如何将文本拆分为单独的列。在"文本分列向导 - 第1步，共3步"对话框中的"请选择最合适的文件类型"下选择一种文件类型，数字类或日期类数据一般选用"分隔符号"，而文本类数据没有明显区分，一般选择"固定宽度"。完成后单击"下一步"按钮（此处以选择"分隔符号"为例）。

（3）在"文本分列向导 - 第2步，共3步"对话框中，选择分隔符号或输入分隔符号，如图3-63所示。在"分隔符号"区域中选择"Tab键""分号""逗号""空格"实现分隔；如果分隔符不在选项中，可自行正确填写，选中"其他"复选框，在其后面的文本框中输入与单元格中文本值相同的分隔符号（注意是在中文还是在英文状态下输入）。分隔符正确，在下方的"数据预览"区域中可看到分隔效果，完成后单击"下一步"按钮。

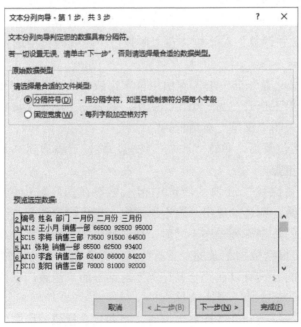

图3-62

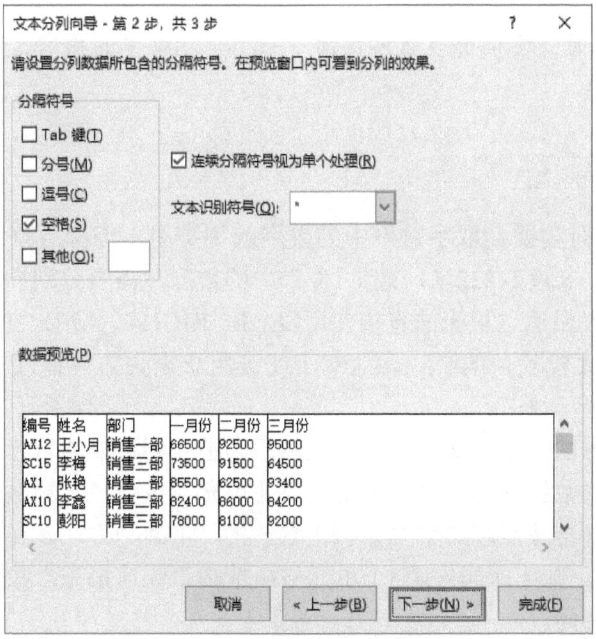

图3-63

（4）在"文本分列向导－第3步，共3步"对话框中，选择列数据格式和目标区域，如图3-64所示。在"列数据格式"区域中选择新列的数据格式。默认情况下，列作为原始单元格具有相同的数据格式。在"目标区域"文本框中选择目标区域，选取要输入数据的行。如果不选择，默认源数据所在行为新数据的首行。如需保留源数据，用于对照查看，则需要重新选择目标列的首行，完成后单击"完成"按钮，分隔完毕。

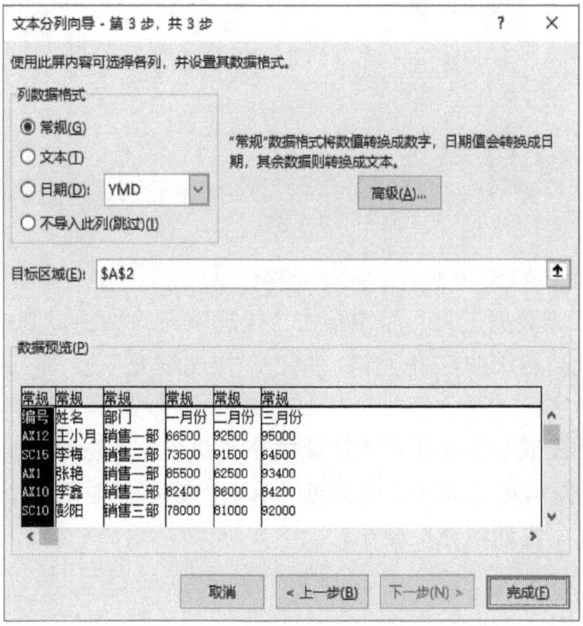

图3-64

提示：拆分内容时，它们会覆盖右侧的下一个单元格中的内容，因此应在该处留有空白区域。

## ■3.2.7 快速填充

在Excel中，有时需要提取字符串中的数字或字符串，但源数据往往缺乏规律，例如，“规格：10号，长度24232米，数量1件”中的数据，需要分别提取规格、长度、数量等变化的数字，很显然这里无法直接使用LEFT、RIGHT、MID、FIND等文本函数提取，需要使用一些比较复杂的公式，这对于初级用户来说难度比较大。使用“快速填充”功能则相对简单了很多。

如果按常规的方法，手动输入“10”，然后选中需要填充的目标单元格，接下来在“数据”选项卡下“数据工具”组中单击“快速填充”按钮，将无法在后续单元格得到正确的提取结果，只会按照起始字符显示相应结果。正确的方法是在前面两个单元格连续手动提取2个数字，接下来再在第3个单元格中单击“快速填充”按钮，提取长度、数量的方法与此完全相同。

快速填充在感知到模式时可自动填充数据。例如，可以使用快速填充将单列中的名字和姓氏分开或将不同的两列中的名字和姓氏进行合并。假设A列包含全名，想要将全名分开，填充B列和C列，如图3-65所示。如果通过在列B、列C中键入姓氏、名字建立模式，Excel的“快速填充”功能将根据提供的模式填充其余内容，具体的操作步骤如下。

| | A | B | C | D |
|---|---|---|---|---|
| 1 | 全 名 | 姓 氏 | 名 字 | |
| 2 | 王 雪 | | | |
| 3 | 李 梅 | | | |
| 4 | 郭 欢 | | | |
| 5 | 曹 丽 | | | |
| 6 | 张 艳 | | | |
| 7 | 段 月 | | | |
| 8 | 刘 阳 | | | |
| 9 | | | | |

图3-65

在单元格B2中输入姓氏（王），在单元格C2中输入名字（雪）。选中B3单元格，在“数据”选项卡下“数据工具”组中单击“快速填充”按钮，则B3:B8单元格中将自动填充相对应的姓氏。再选中C3单元格，单击“快速填充”按钮，则C3:C8单元格中将自动填充相对应的名字。

如果输入一个姓氏或名字，执行“快速填充”命令，无法得到结果时，系统会弹出“Microsoft Excel”提示对话框（如图3-66所示），提示再输入几个示例。此时需要手动提取结果，再执行“快速填充”操作。

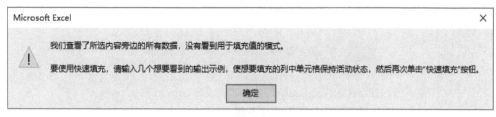

图3-66

提示：快速填充除了提取内容，还可实现添加前后缀、放大缩小数字、大小写转换等功能。

## ■3.2.8 删除重复值

重复值是行中的所有值与另一个行中的所有值完全匹配的值。筛选唯一值时，将临时隐藏重复的值，但删除重复值时，则会永久删除重复值。最好先筛选唯一值或对其应用条件格式，以便在删除重复值之前确认结果是所需的。

删除重复值时，仅在所选单元格区域或表中的值会受到影响，未改变或移动单元格区域或表之外的任何其他值。因为要永久删除数据，最好在删除重复值之前将原始单元格区域或表复制到另一个工作表或工作簿。删除重复项后，将保留列表中值的第1个匹配项，但将删除其他相同的值。具体的操作步骤如下：

（1）选中单元格区域或确保活动单元格位于表格中，在"数据"选项卡下"数据工具"组中单击"删除重复值"按钮。

（2）打开"删除重复值"对话框（如图3-67所示），根据需要选中一个或多个引用的表中列的复选框，单击"确定"按钮。

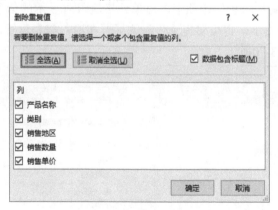

图3-67

提示：如果单元格区域或表包含多列，想要仅选择几个列，可单击"取消全选"按钮，然后选择所需的列。若要快速选择所有列，单击"全选"按钮即可。

（3）此时将显示一条消息，提示删除了多少个重复值或保留了多少个唯一值，单击"确定"按钮关闭即可，如图3-68所示。

图3-68

## ■3.2.9 数据验证

### 1. 普通数据验证

在数据的录入过程中，对于人工录入或通过一定方式导入的数据，难免会出现一些偏差。对于少量数据，可以通过人工校对的方式进行检验，但是对于大量数据，人工检验的方式效率较低。Excel提供了"数据验证"的功能，可以通过设置数据的限定范围或限定类型来检验数据是否有效。具体的操作步骤如下：

（1）选中要进行"数据验证"的区域，在"数据"选项卡下"数据工具"组中单击"数据验证"下拉按钮，在弹出的下拉列表中执行"数据验证"命令，打开"数据验证"对话框。

（2）在"数据验证"对话框中，选择"设置"选项卡，对验证条件进行设置。首先是对单元格的格式进行限制，在"允许"下拉列表中可设置单元格的格式为任何值、整数、小数、序列、日期、时间、文本长度或自定义；其次可对数据的范围进行限制，可以选择介于、未介于、等于、不等于、大于、小于、大于或等于、小于或等于，并在其下的文本框中对数值的输入范围进行限制；最后单击"确定"按钮完成设置，如图3-69所示。

（3）切换到"输入信息"选项卡，对单元格输入时显示的信息进行设置。可设置是否显示输入信息的提示，也可对提示信息的标题和输入信息进行设置。单击"确定"按钮完成设置，如图3-70所示。

图3-69

图3-70

（4）切换到"出错警告"选项卡，对在单元格中输入无效数据时显示的出错警告进行设置。可设置是否显示出错警告，出错警告的"样式""标题"和"错误信息"。单击"确定"按钮完成设置，如图3-71所示。

图3-71

2. 序列数据验证

除了可以在输入数据时对输入的数据范围进行提示，还可以在输入数据时只给出一个序列，使得用户只能在这个序列中选择其中的一个选项进行输入。例如，在输入商品的名称、品牌、类别等信息时，进行输入的序列应是一些有限的数据，并且还可能因为某些原因导致输入的数据在字面意思上一样，但是实际名称却不太一样。例如，"电视机"与"电视"或"冰箱"与"电冰箱"。

在Excel中，"序列"数据是以下拉列表框的形式给出的，用户在输入时只需要从中选择一项数据，即可完成数据输入功能。

（1）直接定义。

首先对要进行"数据验证"设置的区域进行选择，然后在"数据"选项卡下"数据工具"组中单击"数据验证"下拉按钮，在弹出的下拉列表中执行"数据验证"命令，打开"数据验证"对话框，在"设置"选项卡中的"允许"下拉列表中选择"序列"选项。对于序列输入，直接在文本框中输入即可。在"来源"文本框中输入要进行定义的序列，并在不同的序列之间用英文半角逗号分隔。设置完成后，单击"确定"按钮，完成序列设置，如图3-72所示。

设置完成后，单击要进行输入的单元格右侧的下拉小箭头，便可以对"输入序列"进行选择了，如图3-73所示。

图3-72

图3-73

（2）单元格引用输入。首先对要进行"数据验证"设置的区域进行选择，然后在"数据"选项卡下"数据工具"组中单击"数据验证"下拉按钮，在弹出的下拉列表中执行"数据验证"命令，打开"数据验证"对话框，在"设置"选项卡中的"允许"下拉列表中选择"序列"选项。在序列输入中，如果序列较多不方便一个一个进行输入，可以从已有单元格中进行选择。单击"来源"文本框右侧的折叠按钮，"数据验证"对话框将变为如图3-74所示的样子，这时就可以在Excel工作簿中选择要进行定义的数据了，选择完成后单击右侧的展开按钮即可返回。

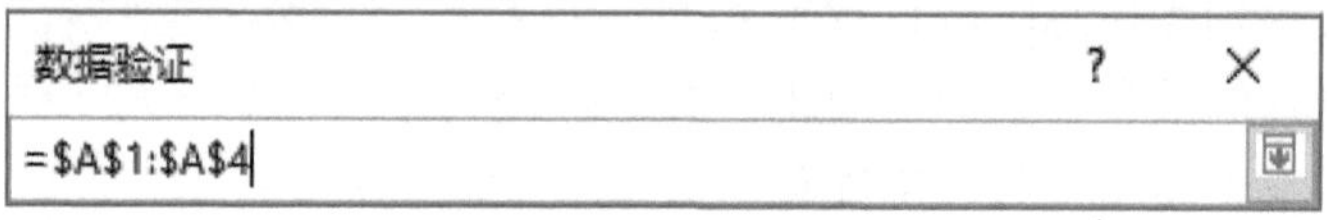

| 数据验证 | ? | × |
| --- | --- | --- |
| =$A$1:$A$4 | | |

图3-74

此时，单击"确定"按钮完成序列设置，单击要进行输入的单元格右侧的下拉小箭头，便可以对"输入序列"进行选择了。

## ■3.2.10  应用迷你图

与普通图表和数据透视图的不同之处在于，迷你图是限制在工作表单元格中的一个微型图表背景，提供数据的直观表示。使用迷你图，可以快速查看一系列数值的趋势。当迷你图的数据源发生更改时，在迷你图中也可以立即反映出相应的变化。

与传统图表相比，迷你图具有以下特点：

● 迷你图是一个嵌入在单元格中的微型图表，可以在单元格中输入文本并使用迷你图作为其背景，除此之外，用户可以像编辑普通单元格一样对嵌入了迷你图的单元格进行填充色、边框、字体格式等的设置。

- 迷你图图形简洁，没有纵坐标轴、图表标题、图例、数据标志、网格线等图表元素，主要体现数据的变化趋势或数据的对比情况，也可以根据需要突出显示最大值和最小值。
- 迷你图仅提供3种常用的图表类型：折线迷你图、柱形迷你图、盈亏迷你图，并且不能制作2种以上图表类型的组合图。
- 迷你图提供了36种常用样式，并可以根据需要自定义颜色和线条。
- 一个单元格中的迷你图通常由一行或一列数据创建，但可以通过选择与基本数据相对应的多个单元格来同时创建若干个迷你图，还可以像填充公式一样通过在包含迷你图的相邻单元格上使用填充柄创建一组迷你图。
- 迷你图占用空间小，可以方便地进行页面设置和打印。

### 1. 创建迷你图

**为工作表中的一行数据创建一个迷你图：** 选中要插入迷你图的单元格，在"插入"选项卡下"迷你图"组中单击需要创建的迷你图类型按钮，共3种类型：折线迷你图、柱形迷你图、盈亏迷你图，如图3-75所示。

打开"创建迷你图"对话框，如图3-76所示，在"选择所需的数据"区域的"数据范围"文本框中选择或输入单元格区域作为数据范围，在"选择放置迷你图的位置"区域的"位置范围"文本框中设置其放置的位置单元格，单击"确定"按钮，即可在所选单元格中创建一个迷你图，显示其前面几个单元格中数据的变化情况。

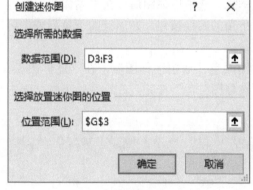

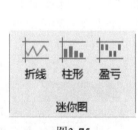

图3-75                                     图3-76

**创建迷你组图：** 与Excel公式填充一样，用户可以通过在包含迷你图的相邻单元格上使用填充柄创建一组迷你图。选中已创建好迷你图的单元格，拖动右下角的填充柄至表格最后一个单元格，即可完成迷你图的填充。

### 2. 为迷你图设计格式

选中任意一个迷你图单元格，在"迷你图工具"的"设计"选项卡下设有"迷你图""类型""显示""样式""分组"组，使用这些命令可以对创建好的迷你图进行设计。

**更改类型：** 如果要对Excel工作表中已插入的迷你图修改类型，只需在"迷你图工具"的"设计"选项卡下"类型"组中单击需要更改的类型。

**显示标记：** 在"迷你图工具"的"设计"选项卡下的"显示"组中，可选择各标记在迷你图中以其他的颜色显示出来，默认情况下颜色为红色，选中其标记点的复选框即可，如图3-77所示。

**标记颜色：** 迷你图中各标记点的颜色均可设置，在"迷你图工具"的"设计"选项卡下"样式"组中单击"标记颜色"按钮，在展开的下拉列表中即可设置各标记的颜色，如图3-78所示。

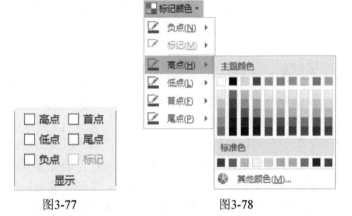

图3-77 图3-78

**外观样式：** 选中迷你图后，在"迷你图工具"的"设计"选项卡下"样式"组中单击样式右下角的其他按钮，在展开的下拉列表中可以按照效果需要选择样式，如图3-79所示。

**迷你图颜色：** 选中迷你图后，在"迷你图工具"的"设计"选项卡下"样式"组中单击"迷你图颜色"按钮，在展开的下拉列表中选择一个需要的颜色即可，如图3-80所示。

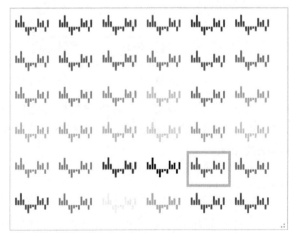 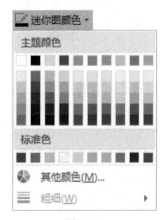

图3-79 图3-80

### 3. 清除迷你图

**右键清除：**右击迷你图所在的单元格，在弹出的快捷菜单上执行"迷你图"→"清除所选的迷你图"命令，即可清除所选的迷你图。若想清除所选的迷你图所在的迷你图组，则执行"清除所选的迷你图组"命令。

**菜单清除：**选中迷你图所在的单元格，在"迷你图工具"的"设计"选项卡下"分级"功能组中单击"清除"下拉按钮，执行"清除所选的迷你图"或"清除所选的迷你图组"命令，也可清除迷你图，如图3-81所示。

图3-81

## ■3.2.11 创建与应用数据透视表和数据透视图

数据透视表是一种高效的交互式报表工具，专门用于对大量数据进行快速的分类和汇总。它允许用户通过改变行和列的组合方式来观察数据的不同汇总视图，同时，用户还可以利用筛选功能，通过选择不同的页、行或列来精细地查看特定数据。

数据透视表有效地整合了数据分析的多种工具，包括数据排序、筛选和分类汇总等，使其能够方便地调整数据的分类和汇总方式。这种灵活性使得数据透视表能以多种不同的方式展示数据的特征，成为Excel中常用的数据分析工具之一。

### 1. 创建数据透视表

用户可以从以下几种数据源中获取数据并创建数据透视表。

**工作表数据：**可将Excel工作表中的数据可以作为创建数据透视表的基础。这些数据需要以列表或表格形式组织，其中列标签应置于首行，且每个后续单元格必须与各自的列标题相匹配。数据中不应包含空白行或列，以避免错误。Excel会识别这些列标签，并将它们用作数据透视表内的字段名称。采用表格格式的优势在于，它支持动态数据源，可随着数据变化自动更新数据透视表的内容。

**外部数据源：**可从数据库、联机分析处理（OLAP）、多维数据集或文本文件等Excel外部数据源检索数据并创建数据透视表。

**多重合并数据区域：**可使用结构完全相同的多个工作表中的数据来创建单一的数据透视表。这些工作表可以位于同一工作簿内，也可以来自不同的工作簿。若要创建数据透视表，必须连接到一个数据源，并输入报表的位置。具体操作步骤如下：

（1）选中单元格区域中的一个单元格，或者将插入点放在一个Excel表中，同时确保单元格区域具有列标题。在"插入"选项卡下"表格"组中单击"数据透视表"按钮（如图3-82所示），打开"创建数据透视表"对话框，从这里可以开始设置数据透视表的参数并创建报表，如图3-83所示。

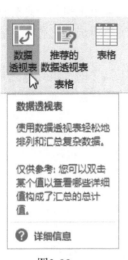

图3-82                 图3-83

（2）选择需要分析的数据，选中"选择一个表或区域"单选按钮，在"表/区域"文本框中输入单元格区域或表名引用，如"==QuarterlyProfits"，或者使用对话中的"压缩对话框"按钮来选择和确认单元格区域。如果在启动向导之前选中了单元格区域中的一个单元格或者插入点位于表中，Excel会在"表/区域"文本框中显示单元格区域或表名引用。也可单击"压缩对话框"按钮  进行单元格区域引用。

（3）选择放置数据透视表的位置。

- 若要将数据透视表放在新工作表中，并以单元格A1为起始位置，可选中"新工作表"单选按钮。

- 若要将数据透视表放在现有工作表中，可选中"现有工作表"单选按钮，然后指定要放置数据透视表的单元格区域的第1个单元格，或者单击"压缩对话框"按钮 进行单元格区域引用。

（4）单击"确定"按钮，Excel会将空的数据透视表添加至指定位置并显示数据透视表字段列表，可以从中添加字段、创建布局以及自定义数据透视表，如图3-84所示。

（5）创建数据透视表后，可以使用数据透视表字段列表来添加字段。如果要更改数据透视表，可以使用该字段列表来重新排列和删除字段。默认情况下，数据透视表字段列表显示两部分：上方的字段部分用于添加和删除字段，下方的布局部分用于重新排列和重新定位字段。可以将数据透视表字段列表停靠在窗口的任意一侧，然后沿水平方向调整其大小；也可以取消停靠数据透视表字段列表，此时既可以沿垂直方向，也可以沿水平方向调整其大小，如图3-85所示。

图3-84

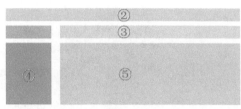

图3-85

从数据透视表选择字段。"数据透视表字段"包括字段列表框和区域选区，其中区域选区包括筛选器、列、行和值4个区域。在字段列表框中，字段可以通过直接勾选和拖动复选框两种方式放至区域选区的4个局部区域中。

4个局部区域的具体含义如下：

● **筛选器**：Excel将按照拖动到"筛选器"中的字段的数据项对透视表进行筛选。

● **行**：放至"行"字段的每一个数据项将组成数据透视表的行区域。

● **列**：与"行"对应，放至"列"字段中的每一个数据项将组成数据透视表的列区域。

● **值**：放至"值"区域的字段会将其数据进行相应的计算或汇总，然后组成数据透视表中的数值区域，在数据透视表中称为"数据字段"或"值字段"。"数据字段"对于数值类型数据的默认汇总方式为"求和"，对于文本类型数据的默认汇总方式为"计数"。

若需要修改值字段默认的汇总方式，可在"值"区域中选择相应的值字段，在弹出的下拉列表中执行"值字段设置"命令，在弹出的"值字段设置"对话框中选择要采用的汇总方式，如"平均值""最大值""最小值"等，如图3-86所示。

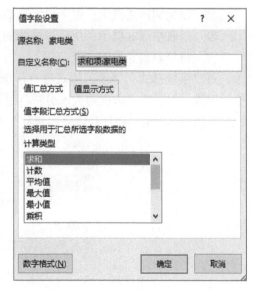

图3-86

## 2. 编辑数据透视表

创建数据透视表并添加字段后，可能还需要增强报表的布局和格式，以提高可读性，使其更具吸引力。

（1）更改窗体布局和字段排列。

若要对报表的布局和格式进行重大更改，可以将整个报表组织为压缩、大纲或表格，也可以添加、重新组织和删除字段，以获得所需的最终结果。

**更改数据透视表形式**：数据透视表的形式有压缩、大纲和表格3种。要更改数据透视表的形式，先选择数据透视表，然后在"设计"选项卡下"布局"组中单击"报表布局"按钮，弹出如图3-87所示的菜单。

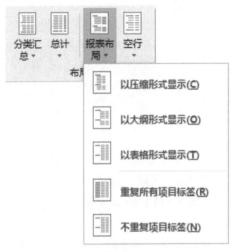

图3-87

- **以压缩形式显示**：用于使有关数据在屏幕上水平折叠并帮助最小化滚动。侧面的开始字段包含在一个列中，并且缩进以显示嵌套的列关系。
- **以大纲形式显示**：用于以经典数据透视表样式显示数据大纲。
- **以表格形式显示**：用于以传统的表格格式查看所有数据，并且可方便地将单元格复制到其他工作表。

**更改字段形式**：字段的形式也有压缩、大纲和表格3种。要更改字段的形式，先选中行字段，然后在"数据透视表分析"选项卡下"活动字段"组中单击"字段设置"按钮（如图3-88所示），打开"字段设置"对话框。

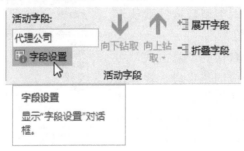

图3-88

单击"布局和打印"选项卡，在"布局"区域下，若以大纲形式显示字段项，选中"以大纲形式显示项目标签"单选按钮即可；若以压缩形式显示或隐藏同一列中下一字段的标签，先选中"以大纲形式显示项目标签"单选按钮，然后选中"在同一列中显示下一字段的标签（压缩表单）"复选框；若以类似于表格的形式显示字段项，则选中"以表格形式显示项目标签"单选按钮，如图3-89所示。

（2）更改列、行和分类汇总的布局。

若要进一步优化数据透视表的布局，会直接影响列、行和分类汇总的更改，例如，在行上方显示分类汇总或关闭列标题，或是重新排列一行或一列中的各项。

**打开或关闭列和行字段标题**：选择数据透视表，若要在显示和隐藏字段标题之间切换，可在"数据透视表分析"选项卡下"显示"组中单击"字段标题"按钮，如图3-90所示。

**在行的上方或下方显示分类汇总**：选择行字段，然后在"数据透视表分析"选项卡下"活动字段"组中单击"字段设置"按钮，打开"字段设置"对话框。单击"分类汇总和筛选"选项卡，在"小计"区域选中"自动"或"自定义"

图3-89

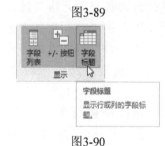

图3-90

单选按钮，如图3-91所示。

在"布局和打印"选项卡的"布局"区域，选中"以大纲形式显示项目标签"单选按钮。若要在已分类汇总的行上方显示分类汇总，需选中"在每个组顶端显示分类汇总"复选框；若要在已分类汇总的行下方显示分类汇总，则取消选中该复选框。

**更改行或列项的顺序**：右击行和列标签或标签中的项，在弹出的快捷菜单中执行"移动"命令，即可移动该项。选择"将<字段名称>移至行"或"将<字段名称>移至列"选项，可以将列移动到行标签区域中，或将行移动到列标签区域中。

也可以选择行或列标签项，然后将鼠标指针指向单元格的底部边框，当指针变为箭头形状时，按住鼠标左键，将该项目移动到新位置时松开鼠标。

图3-91

**合并或取消合并外部行和列项的单元格：**在数据透视表中，可以合并行和列项的单元格，以便将项水平和垂直居中；也可以取消合并单元格，以便向左调整项目组顶部的外部行和列字段中的项。

选择数据透视表，在"数据透视表分析"选项卡下"数据透视表"组中单击"选项"按钮（如图3-92所示），打开"数据透视表选项"对话框。

图3-92

若要合并或取消合并外部行和列项（项：数据透视表和数据透视图中字段的子分类。例如，"月份"字段可能有"一月""二月"等）的单元格，在"布局和格式"选项卡的"布局"选项区域，选中或取消选中"合并且居中排列带标签的单元格"复选框即可，如图3-93所示。

（3）更改空单元格、空白行和错误的显示方式。

有时，数据中可能含有空单元格、空白行或错误，可以调整报表的默认行为。

**更改错误和空单元格的显示方式：**选择数据透视表，在"数据透视表分析"选项卡下"数据透视表"组中单击"选项"按钮，打开"数据透视表选项"对话框，在"格式"区域下：

- **更改错误显示：**选中"对于错误值，显示"复选框，然后在其后的文本框中输入要替代错误显示的值。若将错误显示为空单元格，则删除文本框中的所有字符。
- **更改空单元格显示：**选中"对于空单元格，显示"复选框，然后在其后的文本框中输入要在空单元格中

图3-93

显示的值。若显示空白单元格，则删除文本框中的所有字符。若显示0，则取消选中该复选框。

**显示或隐藏空白行：**在数据透视表里，可以在行或项后显示或隐藏空白行。

在行后显示或隐藏空白行，需要选择行字段，然后在"数据透视表分析"选项卡下"活动字段"组中单击"字段设置"按钮，打开"字段设置"对话框。要添加或删除空白行，在"布局和打印"选项卡的"布局"选项区域下，选中或取消选中"在每个项目标签后插入空行"复选框即可。

在项后显示或隐藏空白行，需要在数据透视表中选择项，在"设计"选项卡下"布局"组中单击"空行"按钮，然后执行"在每个项目后插入空行"或"删除每个项目后的空行"命令即可，如图3-94所示。

（4）更改数据透视表的格式样式。Excel提供了大量可用于快速设置数据透视表格式的预定义表样式，通过使用样式库可以轻松更改数据透视表的样式。

图3-94

**更改数据透视表的格式样式**：选择数据透视表，在"设计"选项卡下"数据透视表样式"组中单击"可见样式"按钮，浏览样式库；若要查看所有可用样式，只需单击滚动条底部的"其他"按钮，在展开的样式库中进行选择；单击库底部的"清除"按钮，可以删除数据透视表中的所有格式设置，如图3-95所示。

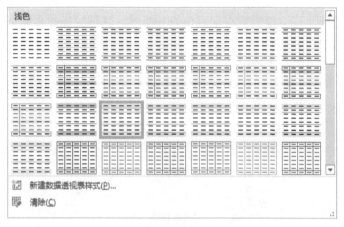

图3-95

如果已经显示了所有可用样式并且希望创建自己的自定义数据透视表样式，可以执行库底部的"新建数据透视表样式"命令，打开"新建数据透视表样式"对话框，在其中可自定义设置透视表的格式样式，如图3-96所示。

图3-96

**更改字段的数字格式：** 在数据透视表中选择指定字段，在"数据透视表分析"选项卡下"活动字段"组中单击"字段设置"按钮，在打开的"字段设置"对话框中，单击底部的"数字格式"按钮。打开"设置单元格格式"对话框，在"分类"列表中单击指定的格式类别，选择所需的格式选项，然后两次单击"确定"按钮。也可以右击值字段，然后单击"数字格式"按钮。

### 3. 利用透视表创建透视图

数据透视图建立在数据透视表的基础上，以图形的方式展示数据，使得数据透视表的结果更加生动、形象。与数据透视表相对应，数据透视图包括报表筛选字段、数据字段、坐标轴字段和图例字段。其中，坐标轴字段（分类）对应于数据透视表中的"行字段"，图例字段（系列）对应于数据透视表中的"列字段"，图表区按数据透视表中显示的最低一级的行、列字段的数据字段值进行绘制。具体的操作步骤如下：

（1）选中数据透视表中的任意一个单元格，在"数据透视表工具"的"分析"选项卡下"工具"组中单击"数据透视图"按钮，如图3-97所示。

（2）打开"插入图表"对话框（如图3-98所示），从中可为要创建的数据透视图选择一种图表类型，单击"确定"按钮，即可生成数据透视图。

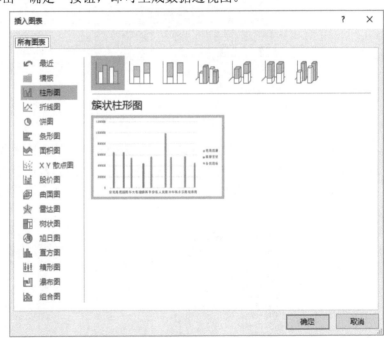

图3-97                    图3-98

除了以数据透视表作为数据源创建数据透视图，还可以在创建数据表的同时创建数据透视图。首先选中数据源工作表中的任意一个单元格，再单击"插入"选项卡下"图表"组的"数据透视图"下拉按钮，如图3-99所示，在弹出的下拉列表中执行"数据透视图和数据透视表"命令，在弹出的对话框中设置数据源区域和放置位置，最后单击"确定"按钮，即可同时生成数据透视图和数据透视表。

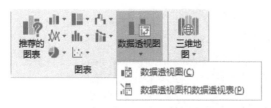

图3-99

在默认情况下,生成的数据透视图和数据透视表被放在同一张工作表中。如果希望将数据透视图单独存放在一张工作表中,可右击数据透视图,在弹出的快捷菜单中执行"移动图表"命令,弹出"移动图表"对话框(如图3-100所示),选中"新工作表"单选按钮,即可将新创建的数据透视图放到一张新的工作表中。

图3-100

在创建数据透视图后,可以像使用数据透视表一样,修改数据透视图的布局、对各字段进行排序、筛选各字段数据项、更改数据显示方式等,对数据透视图的操作会对数据透视表做出相应修改。反之,对数据透视表做出的任何修改也会反映到数据透视图上。

此外,像普通图表一样,创建好的数据透视图也可以更改图表类型、图表样式及图表的大小等。操作方法与图表的操作方法基本相同,请参照下一节"图表的运用"中的有关步骤进行设置。

## 3.3 图表的运用

数据分析是指使用适当的统计分析方法对收集来的大量数据进行分析,提取有用信息和形成结论而对数据加以详细研究和概括总结的过程。Excel作为常用的分析工具,可实现基本的分析工作。在Excel中使用图表可以清楚地表达数据的变化关系,并且还可以根据分析数据得出的规律进行预测。

### ■3.3.1 创建图表

创建图表的快捷方法:选中包含要分析数据的单元格区域,单击显示在选定数据区域右下方的"快速分析"按钮。在打开的"快速分析"库中选择"图表"选项卡,从中选择要使用的图表类型,即可快速创建图表,如图3-101所示。

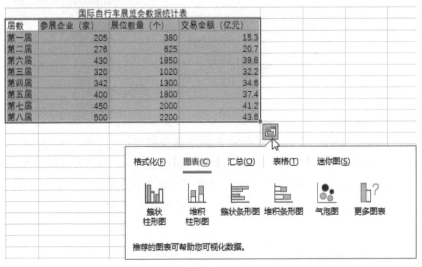

图3-101

创建图表的常规方法：在工作表中选择要创建图表的数据，在"插入"选项卡下"图表"组中选择需要创建的图表类型，如图3-102所示。

图3-102

选择并单击想要创建的图表类型按钮，在弹出的菜单中可以选择更加详细的图表类型，如图3-103所示。

如果在"图表"组中没有找到合适的图表类型，单击该组右下角的"查看所有图表"启动按钮，即可在弹出的"插入图表"对话框的"所有图表"选项卡下按需选择合适的图表，如图3-104所示。

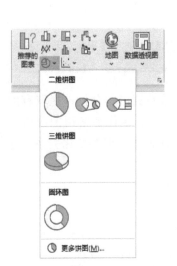

图3-103

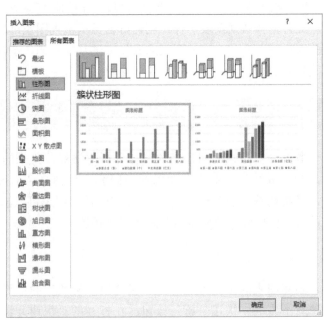

图3-104

Excel 2016提供了图表推荐功能，可以针对选择的数据推荐合适的图表。用户只需要选择数据区域后，单击"插入"选项卡下"图表"组中的"推荐的图表"按钮，在弹出的对话框中通过快速预览查看选择的数据在不同图表中的显示方式，然后从中选择能够展示想要呈现的效果的图表，如图3-105所示。

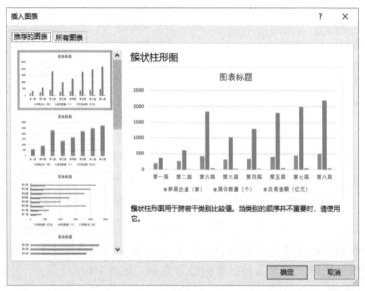

图3-105

## ■3.3.2 图表的基本操作

### 1. 添加图表元素

图表中包含许多元素，默认情况下会显示其中一部分元素，而其他元素可以根据需要添加。

（1）添加图表标题及坐标轴标题。为了使图表更易于理解，可以添加图表标题和坐标轴标题。坐标轴标题通常用于能够在图表中显示的所有坐标轴，包括三维图表中的竖（系列）坐标轴。有些图表类型（如雷达图）有坐标轴，但不能显示坐标轴标题。没有坐标轴的图表类型（如饼图和圆环图）也不能显示坐标轴标题。

选中要为其添加标题的图表，在"图表工具"的"设计"选项卡下"图表布局"组中单击"添加图表元素"按钮，在打开的下拉列表中单击"图表标题"选项，在展开的列表（如图3-106所示）中选择"图表上方"或"居中覆盖"，即可为其添加图表标题区域，然后在图表中显示的"图表标题"文本框中键入所需的标题文本。如要删除图表标题，选择"无"即可。若要快速删除标题，可单击它，然后按Delete键。

选中要为其添加坐标轴标题的图表，在"图表工具"的"设计"选项卡下"图表布局"组中单击"添加图表元素"按钮，在打开的下拉列表中单击"坐标轴标题"选项，在展开的列表（如图3-107所示）中执行"主要横坐标轴"或"主要纵坐标轴"命令，然后在图表中显示的"坐标轴标题"文本框中键入所需的文本即可。

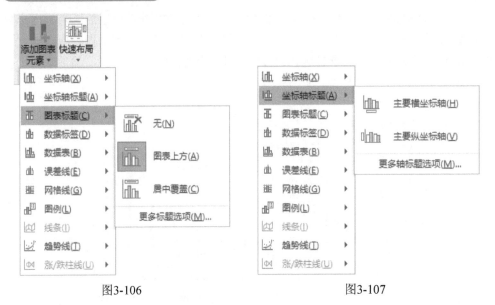

图3-106                                                    图3-107

（2）添加坐标轴。选中要为其添加坐标轴的图表，在"图表工具"的"设计"选项卡下"图表布局"组中单击"添加图表元素"按钮，在打开的下拉列表中执行"坐标轴"→"主要横坐标轴"或"主要纵坐标轴"命令（如图3-108所示），图表中即可显示横坐标轴和纵坐标轴。

（3）添加数据标签。选中要为其添加数据标签的图表，在"图表工具"的"设计"选项卡下"图表布局"组中单击"添加图表元素"按钮，在打开的下拉列表中单击"数据标签"选项，在展开的列表（如图3-109所示）中选择数据标签的放置位置，图表中的每个数据系列上即可显示相应的数值。

图3-108                                                    图3-109

提示：如果选中了整个图表，数据标签将应用到所有数据系列。如果选中了单个数据点，则数据标签将只应用于选中的数据系列或数据点。

（4）添加图例。选中要为其添加图例的图表，在"图表工具"的"设计"选项卡下"图表布局"组中单击"添加图表元素"按钮，在打开的下拉列表中单击"图例"选项，在展开的列表中选择图例的放置位置（如图3-110所示），图表中即可在相应位置显示图例。

### 2. 修改图表数据

当图表建立好之后，有时需要修改图表的源数据（如增加数据系列或数据点）。工作表中的图表源数据与图表之间存在着链接关系。因此，当修改了工作表中的数据后，不必重新创建图表，图表会随之调整，以反映源数据的变化。

如果向数据源中添加了一些行，由于数据源区域在设计图表时已经设置好，因此新行添加后图表

图3-110

不会自动更新来表现这些新行。向图表中添加新的数据行的方法为：在图表中单击选择图形区，将鼠标指针靠近框线的右下角，当鼠标指针变成双向斜箭头样式↖时，按住鼠标左键不放，向下拖动鼠标使框线扩展到新的数据行，松开鼠标，即可将新行数据添加到图表中，如图3-111所示。

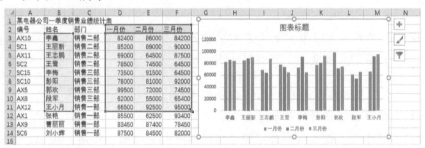

图3-111

## ■3.3.3 图表的修饰

### 1. 更改图表元素的文字格式

单击要更改文字格式的图表或图表元素，或者单击图表内的任意位置以显示"图表工具"，在"格式"选项卡下"当前所选内容"组中单击"图表元素"框旁边的箭头，然后选择所需的图表元素。更改图表元素的文字格式，既可以使用设置格式的任务窗格，也可以使用功能区上的设置按钮。

**方法1**：若要为选择的任意图表元素设置文字格式，可在"当前所选内容"组中单击"设置所选内容格式"（如图

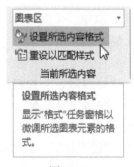

图3-112

3-112所示），然后选择需要的格式选项。

　　例如：选择"图表标题"，单击"设置所选内容格式"，打开"设置图表标题格式"任务窗格，可设置图表标题的文本填充颜色、文本轮廓、阴影、映像、发光、柔化边缘、三维格式、三维旋转、对齐方式、文字方向等，如图3-113所示。

图3-113

　　**方法2**：在"格式"选项卡下"艺术字样式"组中设置图表元素的文本格式，如图3-114所示。

艺术字样式

图3-114

　　提示：在应用艺术字样式后，无法删除艺术字格式。如果不需要已经应用的艺术字样式，可以选择另一种艺术字样式，也可以单击"快速访问工具栏"上的"撤消"按钮，恢复原来的文本格式。

　　**方法3**：若要使用常规文本格式为图表元素中的文本设置格式，可以右击或选中该文本，然后在浮动工具栏上设置需要的格式，也可以使用"开始"选项卡下"字体"组上的格式设置按钮。

### 2. 更改图表颜色

　　创建图表后，用户可以快速向图表应用预定义主题颜色来更改它的外观。Excel提供了多种预定义的主题颜色，供用户选择。

　　**"更改颜色"按钮**：选中图表后，在"图表工具"的"设计"选项卡下"图表样式"组中单击"更改颜色"按钮，在弹出的下拉列表中选择所需的配色方案颜色，如图3-115所示。

　　**"图表样式"快捷按钮**：选中图表后，图表的右上角旁边处即可出现三个快捷按钮，单击"图表样式"按钮，在展开的列表中，在"颜色"选项卡下选择所需的配色方案颜色，如图3-116所示。

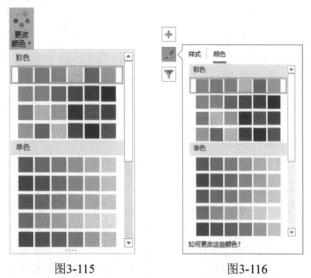

图3-115 图3-116

### 3. 更改图表元素的形状填充、轮廓或效果

利用预定义的形状样式，可立即更改图表元素外观（如图表区域、绘图区、数据标记、图表中的标题、网格线、坐标轴、刻度线、趋势线、误差线或三维图表中的坐标轴），也可为这些图表元素应用不同的形状填充、形状轮廓和形状效果。

（1）应用预定义的形状或线条样式。在图表上单击要更改的图表元素，在"图表工具"的"格式"选项卡下"形状样式"组中单击"其他"按钮 ，在打开的库中选择一种预定义的形状样式或线条样式，如图3-117所示。

图3-117

（2）应用其他形状填充。可使用纯色、渐变色、图片或纹理填充所选的形状（如数据标记、标题、数据标签或图例），不能使用形状填充设置图表中线条的格式（如网格线、坐标轴、趋势线或误差线）。

**纯色填充**：在图表上单击要更改的图表元素，在"图表工具"的"格式"选项卡下"形状样式"组中单击"形状填充"下拉按钮，在弹出的下拉列表中，可在"主题颜色"和"标准色"区域中选择一种需要的颜色。

如没有需要的颜色，可执行"其他填充颜色"命令，打开"颜色"对话框，在"标准"选项卡下选择其中的一种颜色；或在"自定义"选项卡下，在"颜色模式"下拉列表框中选择"RGB"，在"红色""绿色""蓝色"文本框中输入颜色的RGB值。

**图片填充**：在图表上单击要更改的图表元素，在"图表工具"的"格式"选项卡下"形状样式"组中单击"形状填充"下拉按钮，在弹出的下拉列表中选择"图片"选项，打开"插入图片"对话框，在该对话框中，可以选择计算机中的图片，也可以从互联网上下载图片，如图3-118所示。

单击"从文件浏览"选项，可打开"插入图片"对话框，在指定的位置选择一张图片作为元素背景图片填充，单击"插入"按钮，即可将指定的图片设置为元素的背景。或在"必应图像搜索"输入框内单击，进入文字输入模式，输入关键词后按Enter键（如搜索"绿色"主题的图片），Excel会自动搜索出相应主题的图片，寻找一张适合的图片作为元素的背景，单击选中该图片后，单击"插入"按钮即可。

**渐变填充**：在图表上单击要更改的图表元素，在"图表工具"的"格式"选项卡下"形状样式"组中单击"形状填充"下拉按钮，在弹出的下拉列表中，将鼠标指针移动到"渐变"选项上，即可展开渐变列表框，然后在"变体"下单击要使用的渐变样式作为元素的背景颜色，如图3-119所示。对于其他渐变样式，可在下拉列表中执行"其他渐变"命令，然后在"填充"类别中单击要使用的渐变选项。

图3-118

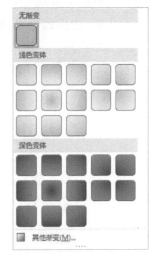

图3-119

**纹理填充**：在图表上单击要更改的图表元素，在"图表工具"的"格式"选项卡下"形状样式"组中单击"形状填充"下拉按钮，在弹出的下拉列表中，将鼠标指针移动到"纹理"选项上，即可展开纹理列表框，然后在其中选择一种纹理图片作为元素的背景颜色，如图3-120所示。

提示：应用纯色、渐变色或纹理之前，可快速预览该颜色对图表的影响。将鼠标指针指向可能要使用的颜色、渐变色或纹理时，图表中所选图表元素将显示为该颜色、渐变色或纹理。若要删除所选图表元素的颜色，请选择"无填充"选项。

（3）应用其他形状轮廓。可更改图表中线条（如网格线、坐标轴、趋势线或误差线）的颜色、宽度和线条样式，也可为数据标记、标题、数据标签或图例等所选形状创建自定义边框。

在图表上单击要更改的图表元素，在"图表工具"的"格式"选项卡下"形状样式"组中单击"形状轮廓"下拉按钮，在弹出的下拉列表中可对轮廓的颜色、线条粗细、虚线类型和箭头样式进行设置。

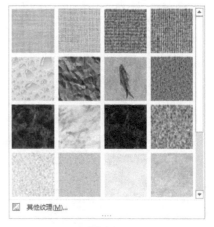

图3-120

（4）应用其他形状效果。可将阴影、发光或棱台效果等视觉效果应用到所选形状（数据标记、标题、数据标签或图例等）和线条（网格线、坐标轴、趋势线或误差线等）上。

在图表上单击要更改的图表元素，在"图表工具"的"格式"选项卡下"形状样式"组中单击"形状效果"下拉按钮，在弹出的下拉列表中可为元素设置阴影、映像、发光、柔化边缘、棱台、三维旋转等效果，如图3-121所示。

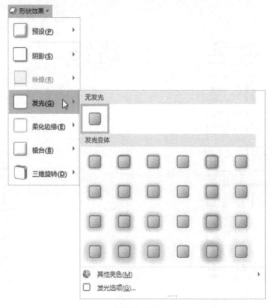

图3-121

提示：可用形状效果取决于所选图表元素，并非所有图表元素都适用预设、映像和棱台效果。

### ■3.3.4 多个工作表的联动操作

在Excel表格中处理数据的时候，如果需要在两个表格中进行关联，可以使用Vlookup函数。

（1）首先，打开两个需要关联的表格，如图3-122和图3-123所示。

| | A | B | C |
|---|---|---|---|
| | 姓名 | 年龄 | 生日 |
| | 张三 | 7 | 11.22 |
| | 李四 | 6 | 6.26 |
| | 王五 | 4 | 3.9 |
| | 花花 | 8 | 7.26 |
| | 小明 | 7 | 5.28 |
| | 佳佳 | 6 | 8.12 |

图3-122

| | A | B |
|---|---|---|
| | 姓名 | 班级 |
| | 张三 | 1 |
| | 李四 | 2 |
| | 王五 | 2 |
| | 花花 | 1 |
| | 小明 | 2 |
| | 佳佳 | 2 |

图3-123

（2）将光标置于第1个工作表的D2单元格，使用VLOOKUP函数将第2个工作表的B列数据关联到第1个工作表的D列。选择"插入函数"，在函数列表中选择VLOOKUP函数，如图3-124所示。

图3-124

（3）数据选择如图3-125所示，查找值选择第1个工作表中的A2单元格，数据表选择第2个工作表中的数据。注意，列序数应为2，匹配条件为0，这两个参数通常是固定的。

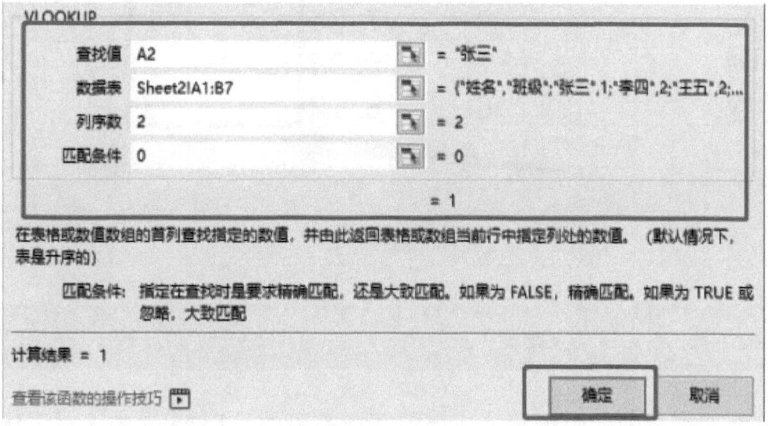

图3-125

（4）单击"确定"按钮后，D2单元格将显示第2个工作表中关联到的数据，如图3-126所示。

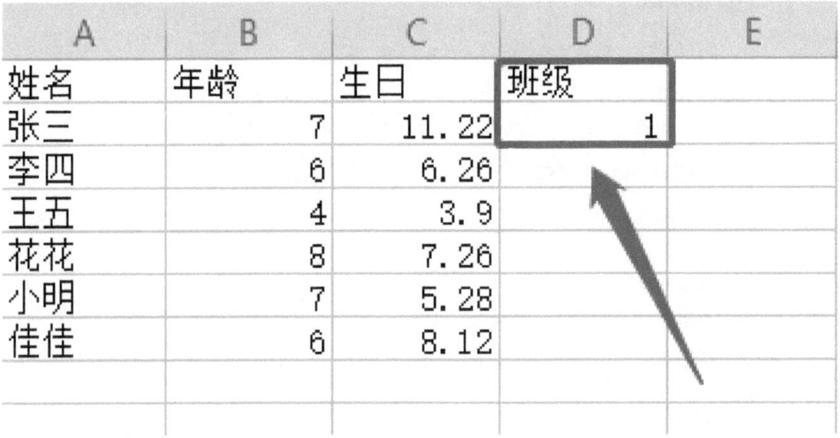

| | A | B | C | D | E |
|---|---|---|---|---|---|
| | 姓名 | 年龄 | 生日 | 班级 | |
| | 张三 | 7 | 11.22 | 1 | |
| | 李四 | 6 | 6.26 | | |
| | 王五 | 4 | 3.9 | | |
| | 花花 | 8 | 7.26 | | |
| | 小明 | 7 | 5.28 | | |
| | 佳佳 | 6 | 8.12 | | |

图3-126

（5）使用自动填充功能后，第2个工作表中的班级将自动关联到第1个工作表中。若在第2个工作表中进行修改，第1个工作表中的数据也会随之自动更新，因为这两个工作表已经建立了关联，如图3-127所示。

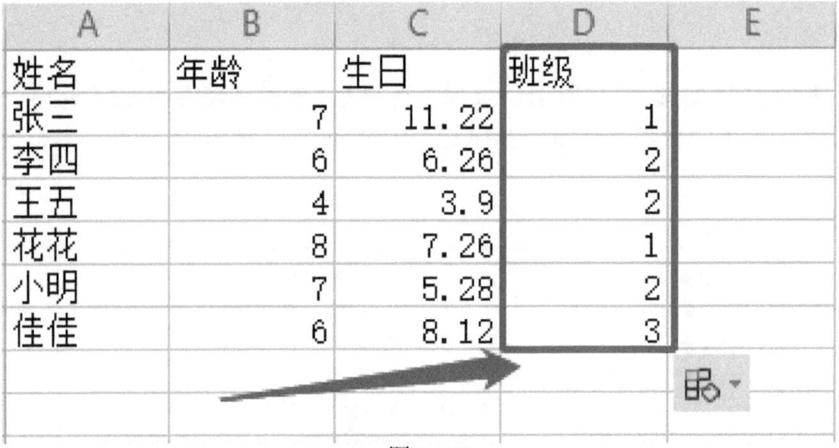

| | A | B | C | D | E |
|---|---|---|---|---|---|
| | 姓名 | 年龄 | 生日 | 班级 | |
| | 张三 | 7 | 11.22 | 1 | |
| | 李四 | 6 | 6.26 | 2 | |
| | 王五 | 4 | 3.9 | 2 | |
| | 花花 | 8 | 7.26 | 1 | |
| | 小明 | 7 | 5.28 | 2 | |
| | 佳佳 | 6 | 8.12 | 3 | |

图3-127

# 3.4 数据文档的保护

为了防止工作表中的数据和公式被泄露或被篡改，Excel提供了对工作簿、工作表和单元格的各种保护措施来确保报表的安全。Excel对工作簿的保护分为以下4个层次。

**文件级保护**：主要是使用密码来阻止其他人打开或修改工作簿。

**工作簿级保护**：主要是针对工作簿的结构和窗口的保护。Excel可以锁定工作簿的结构，以禁止用户添加、删除工作表或显示隐藏的工作表，同时还可以禁止用户更改工作表窗口的大小或位置。对工作簿结构和窗口的保护措施可以被应用于整个工作簿。

**工作表级保护**：通过指定可以更改的信息，避免对工作表中的数据进行不必要的更改。在默认情况下，在进行工作表保护时该工作表中的所有单元格都会被锁定，用户不能对锁定的单元格进行任何更改。

**单元格级保护**：如果只想保护特定的工作表元素而不是整张工作表，例如，特定的单元格，特定的行、列或隐藏公式，则可实施单元格级保护。

## ■3.4.1 保护电子表格文件

### 1. 设置打开文件密码

为Excel电子表格文件设置打开或修改工作簿的密码有两种途径。第1种途径是在"文件"选项卡中设置"用密码进行加密"，具体操作步骤如下：

（1）在打开的电子表格中，单击"文件"选项卡，在列表中执行"信息"命令，在右侧单击"保护工作簿"下拉按钮，在弹出的下拉列表中单击"用密码进行加密"选项（如图3-128所示），弹出"加密文档"对话框。

（2）在"加密文档"对话框中输入密码，单击"确定"按钮（如图3-129所示），弹出"确认密码"对话框。

（3）在"确认密码"对话框中输入与首次相同的密码，单击"确定"按钮（如图3-130所示），即可完成对打开Excel电子表格文件的密码设置。

关闭表格之后再次打开，就需要用户输入密码。需要注意的是，

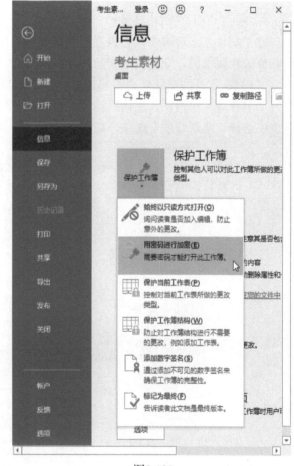

图3-128

Excel不能恢复丢失或忘记的密码，因此用户应牢记密码，或者将密码和相应文件名的列表存放在安全的地方。

如果想要取消或更换密码，需要输入密码打开文件后重复第1步操作。如果是取消密码，则将原有密码删除后，单击"确定"按钮即可。如果是更换密码，则直接输入后重复第2步和第3步操作即可。

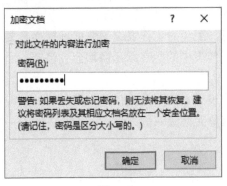

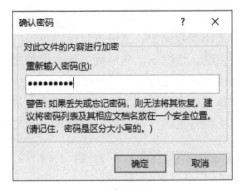

图3-129 图3-130

### 2. 设置打开、修改权限密码

在"文件"选项卡中只能设置"打开文件"的密码，如果需要同时设置打开权限密码和修改权限密码，则需要用到第2种途径，即"另存为"。具体操作步骤如下：

（1）在打开的电子表格中单击"文件"选项卡，在列表中执行"另存为"命令，打开"另存为"对话框，在该对话框中单击右下角的"工具"下拉按钮，在弹出的下拉列表中选择"常规选项"选项，如图3-131所示。

图3-131

（2）弹出"常规选项"对话框，在该对话框中输入"打开权限密码"和"修改权限密码"，单击"确定"按钮，如图3-132所示。

（3）弹出"确认密码"对话框，重新输入打开权限密码（如图3-133所示），单击"确定"按钮，再次弹出"确认密码"对话框，重新输入修改权限密码，单击"确定"

按钮，如图3-134所示。返回"另存为"对话框，单击"保存"按钮，即可完成打开和修改电子表格文件的密码设置。

图3-132

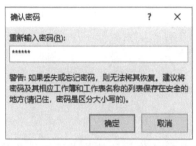

图3-133

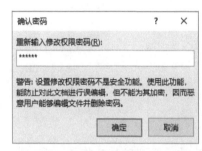

图3-134

关闭表格之后再次打开，必须先输入密码。如果同时设置了修改权限密码，还会弹出另外一个"密码"对话框，在该对话框中可以不用输入密码，选择以"只读"方式打开并查看工作簿，而如果需要修改文件就必须输入"修改权限密码"，如图3-135所示。

以"只读"方式打开后修改文件内容，在保存时就会提示只能保存副本，原有的工作表不会被改动。

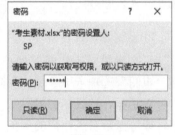

图3-135

## ■3.4.2 保护工作簿的结构、窗口

保护工作簿是对工作簿的结构和窗口大小进行保护。如果一个工作簿被设置了"保护"，就不能对其工作表进行插入、删除、移动、隐藏、取消隐藏和重命名操作，也不能对窗口进行移动和调整大小的操作。

### 1. 设置工作簿保护

打开想要进行保护的工作簿，单击"审阅"选项卡下"保护"组中的"保护工作簿"按钮，如图3-136所示，打开"保护结构和窗口"对话框，如图3-137所示。

在"保护结构和窗口"对话框中，对保护项"结构"和"窗口"进行选择，含义如下。

● **结构**：工作簿中的工作表将不能被移动、复制、删除、隐藏、取消隐藏或重命名，也不能在此工作簿中插入新工作表或图表工作表。

● **窗口**：工作簿中的窗口不能被移动、缩放、隐藏、取消隐藏和关闭，重排窗口命令、冻结窗格命令也对此工作簿不再有效。

在"密码"文本框中输入密码，以防止其他用户删除对工作簿的保护。密码可以是字母、数字、空格及符号的任意组合，字母区分大小写。密码是可选的，如果没有使用密码，则任何用户都可以取消对工作簿的保护并更改受保护的元素。单击"确定"按钮，弹出"确认密码"对话框，再次输入密码，确保与上一次输入的密码一致，单击"确定"按钮，保护功能即可生效。

图3-136

图3-137

提示：设置好"保护工作簿"后，当其他人对工作簿的结构或窗口进行编辑时，系统就会发出警告。

### 2. 撤销工作簿保护

只有撤销对工作簿的保护，才能恢复对工作簿的操作。对工作簿进行保护以后，在"审阅"选项卡下"保护"功能组中单击"保护工作簿"按钮，弹出"撤消工作簿保护"对话框，如图3-138所示。在"密码"文本框中输入正确的密码，单击"确定"按钮，即可撤销对工作簿的保护。

图3-138

## ■3.4.3　保护工作表的内容、对象

对工作表的保护可以限制用户对工作表进行操作，以保护工作表的格式、内容和其中的对象。一旦工作表被保护，则对单元格的保护也会生效。

### 1. 设置工作表保护

（1）选择想要进行保护的工作表，单击"审阅"选项卡中"保护"组中的"保护工作表"按钮；或者单击"开始"选项卡中"单元格"组中的"格式"下拉按钮，在弹出的下拉列表中执行"保护工作表"命令；或者右击要保护的工作表的标签，在弹出的快捷菜单中执行"保护工作表"命令，打开"保护工作表"对话框。

（2）在"保护工作表"对话框中，选中"保护工作表及锁定的单元格内容"复选框，在"取消工作表保护时使用的密码"文本框中输入密码，以防止非授权用户删除对工作表的保护。密码可以是字母、数字、空格及符号的任意组合，字母区分大小写，密码是可选的。如果没有使用密码，则任何用户都可以取消对工作表的保护并更改受保护的元素。在"允许此工作表的所有用户进行"列表框中，选中允许用户进行操作的复选框，单击"确定"按钮，如图3-139所示。

（3）弹出"确认密码"对话框，再次输入密码，确保与上一次输入的密码一致，单击"确定"按钮，当前工作表即处于一定的保护状态。

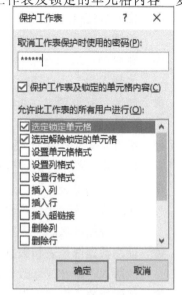

图3-139

提示：设置好"保护工作表"后，"审阅"选项卡中"保护"组中的"保护工作表"按钮将自动变成"撤消工作表保护"按钮。另外，设置好"保护工作表"后，当用户编辑该工作表时，系统就会发出警告。

### 2. 工作表中可保护的元素

当保护工作表或图表工作表时，可在"允许此工作表的所有用户进行"列表框中通过取消选中或选中某个元素的复选框来设置或取消对该元素的保护。在默认设置下，列表框中的前两项是被选中的，后面的复选框都未被选中，表示当工作表处于被保护状态时，允许用户进行前两项操作，而后面所列的相关操作都不可以被执行。用户可以根据需要重新勾选。各复选框的含义如下：

● **选定锁定单元格**：取消选中此项时，可以防止用户将单元格指针指向在"设置单元格格式"对话框中"保护"选项卡下的"锁定"复选框中已选定的单元格，否则可以指向但不能进行删除、清除、移动、编辑和格式化等操作。

● **选定解除锁定的单元格**：取消选中此项时，可以防止用户将单元格指针指向在"设置单元格格式"对话框中"保护"选项卡上的"锁定"复选框中已清除的单元格。

● **设置单元格格式**：取消选中此项时，可以防止用户更改"设置单元格格式"或"条件格式"对话框中的任何选项。如果在保护工作表之前应用了条件格式且解除了单元格锁定，则输入满足不同条件的数值时，该格式将继续变化。

● **设置列格式**：取消选中此项时，可以防止用户使用"格式"下拉按钮中的有关"列"的任何选项，包括更改列宽或隐藏列。

● **设置行格式**：取消选中此项时，可以防止用户使用"格式"下拉按钮中的有关"行"的任何选项，包括更改行高或隐藏行。

● **插入列**：取消选中此项时，可以防止用户插入列。

● **插入行：** 取消选中此项时，可以防止用户插入行。

● **插入超链接：** 取消选中此项时，可以防止用户插入新的超链接，即使是在已解除锁定的单元格中也不能插入。

● **删除列：** 取消选中此项时，可以防止用户删除列。如果"删除列"被保护而"插入列"并未同时被保护，那么用户可以插入一些其本人不能删除的列。

● **删除行：** 取消选中此项时，可以防止用户删除行。如果"删除行"被保护而"插入行"并未同时被保护，那么用户可以插入一些其本人不能删除的行。

● **排序：** 取消选中此项时，可以防止用户使用"排序"选项。无论是否设置此项，用户都不能对被保护的工作表中包含锁定单元格的区域进行排序。

● **使用自动筛选：** 取消选中此项时，可以防止用户在自动筛选区域中使用下拉箭头更改筛选。无论是否设置此项，用户都不能在被保护的工作表中创建或清除自动筛选区域。

● **使用数据透视表和数据透视图：** 取消选中此项时，可以防止用户设置格式、更改版式、刷新或修改数据透视表，或新建工作表。

● **编辑对象：** 取消选中此项时，可以防止用户修改保护工作表之前未解除锁定的图形对象，也可以防止用户对嵌入的图表进行任何更改，还可以防止用户添加或编辑批注。

● **编辑方案：** 取消选中此项时，可以防止用户查看已隐藏的方案、更改已设为不可更改的方案，以及删除这些方案。如果未对可变单元格实施保护，用户可以编辑这些单元格中的数据，并且可以添加新方案。

### 3. 撤销工作表保护

**方法1：** 选择要撤销保护的工作表，单击"审阅"选项卡中"保护"组中的"撤消工作表保护"按钮，打开"撤消工作表保护"对话框，在"密码"文本框中输入正确的密码，单击"确定"按钮，即可解除保护。

**方法2：** 单击"开始"选项卡中"单元格"组中的"格式"下拉按钮，在弹出的下拉列表中执行"撤消工作表保护"命令；或者右击要撤销保护的工作表的标签，在弹出的快捷菜单中执行"撤消工作表保护"命令，也可打开"撤消工作表保护"对话框。

## ■3.4.4  保护单元格元素

单元格保护是对单元格的内容进行"锁定"和"隐藏"，可以保护全部或部分单元格的内容。单元格一旦被锁定，就不能被删除、清除、移动、编辑和格式化等。隐藏是指隐藏单元格中的公式，使选中该单元格时在编辑栏中不显示公式。

单元格保护要生效，必须使工作表被保护，而工作表一旦被保护，就不能进行单元格的保护操作。所以，要使单元格保护生效，必须先进行对单元格的保护操作，然后再进行对工作表的保护操作。

在默认情况下，所有单元格的保护设置都是"锁定"状态，所以要想在工作表保护状态下对某些单元格进行操作，需要先取消这些单元格的"锁定"状态，然后再对工作表设置保护。

### 1. 设置单元格保护

（1）单击工作表左上角的三角按钮或按Ctrl+A组合键，选中整张工作表。单击"开始"选项卡中"单元格"组中的"格式"下拉按钮，在弹出的下拉列表中执行"设置单元格格式"命令，打开"设置单元格格式"对话框。

（2）在该对话框中切换到"保护"选项卡，取消选中"锁定"复选框，然后单击"确定"按钮，如图3-140所示。

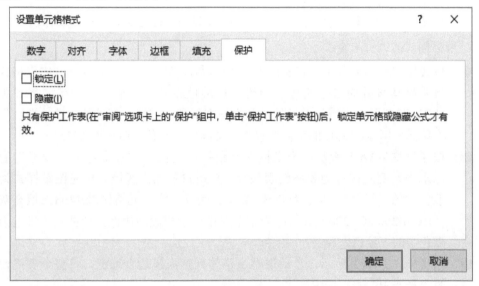

图3-140

（3）选择要保护的单元格或单元格区域，再次打开"设置单元格格式"对话框，切换到"保护"选项卡，勾选"锁定"和"隐藏"复选框，然后单击"确定"按钮。单击"审阅"选项卡下"保护"组中的"保护工作表"按钮，打开"保护工作表"对话框，单击"确定"按钮，使单元格保护生效。

### 2. 撤销单元格保护

（1）首先撤销工作表保护，然后选择要撤销保护的单元格或单元格区域，单击"开始"选项卡下"单元格"组中的"格式"下拉按钮，在弹出的下拉列表中执行"设置单元格格式"命令，打开"设置单元格格式"对话框。

（2）在对话框中切换到"保护"选项卡，取消选中"锁定"和"隐藏"复选框，单击"确定"按钮，即可完成撤销单元格保护操作。若只是撤销部分区域，则接下来再设置工作表保护。

# 练一练

练习1

【操作要求】

在Excel中打开文档A3.xlsx，进行如下操作。

1. 表格环境的设置与修改

● 按【样文3-1A】所示，在Sheet1工作表中表格标题行的下方插入一空行，在表格A列的左侧插入一空列。

● 按【样文3-1A】所示，将单元格区域B1:G2的名称定义为"业绩表标题"。

2. 表格格式的编排与修改

● 按【样文3-1A】所示，将表格中标题区域B1:G2设置为"合并后居中"格式；将其字体设置为方正姚体、18磅、标准色中的"深蓝"、加粗。将表头行（B3:G3单元格区域）的字体设置为华文新魏、14磅、标准色中的"深红"。将单元格区域B4:G15的字体设置为华文细黑、蓝色（RGB:0,0,255）。

● 按【样文3-1A】所示，为表格的标题行填充白色和标准色中"浅绿"的双色水平渐变底纹；为表格的表头行（B3:G3单元格区域）填充图案样式为标准色中的"橙色""细 对角线 条纹"底纹；为单元格区域B4:G15填充灰色（RGB:200,200,200）底纹；为整个表格添加粗虚线边框，边框颜色设置为标准色中的"紫色"。

● 按【样文3-1A】所示，自动调整表格的列宽为最适合列宽，将整个表格设置为水平居中、垂直居中格式。

3. 数据的管理与分析

● 按【样文3-1B】所示，在Sheet2工作表中，将第1列文本进行分列操作，共拆分为六列文本。

● 按【样文3-1B】所示，在Sheet2工作表中，运用函数公式分别计算出1~3月份的"最高业绩""最低业绩"及"平均业绩"。

● 按【样文3-1B】所示，在Sheet2工作表中，对相关数据以"编号"为主要关键字进行升序排序，并筛选出部门为"销售三部"的相关数据。

● 按【样文3-1B】所示，在Sheet2工作表中，利用每一行的数据，在该行最后一个单元格中插入折线迷你图，设置"高点"颜色为标准色中的"紫色"，而"低点"颜色为标准色中的"红色"。

4. 图表的运用

按【样文3-1C】所示，利用Sheet3工作表中相应的数据，在该工作表中创建一个三维簇状柱形图，设置坐标轴的最小值为"50000"，调整图表的大小为高8厘米、宽15厘米，并录入图表标题文字，为图表套用"样式7"图表样式和"强烈效果 - 灰色，强调颜色3"形状样式（第6行第4列）。

## 5. 数据文档的修订与保护

保护A3.xlsx工作簿的结构，密码为"gjks4-1"。

【样文3-1A】

| 某电器公司一季度销售业绩统计表 | | | | | |
|---|---|---|---|---|---|
| 编号 | 姓名 | 部门 | 一月份 | 二月份 | 三月份 |
| AX12 | 王小月 | 销售一部 | 66500 | 92500 | 95000 |
| SC15 | 李梅 | 销售三部 | 73500 | 91500 | 64500 |
| AX1 | 张艳 | 销售一部 | 85500 | 62500 | 93400 |
| AX10 | 李鑫 | 销售二部 | 82400 | 86000 | 84200 |
| SC10 | 彭阳 | 销售三部 | 78000 | 81000 | 92000 |
| SC1 | 王丽新 | 销售二部 | 85200 | 89000 | 90000 |
| AX9 | 曹丽丽 | 销售一部 | 83450 | 87400 | 78450 |
| AX5 | 郭欢 | 销售三部 | 99500 | 72000 | 74500 |
| AX11 | 王志鹏 | 销售二部 | 69000 | 64500 | 87500 |
| AX8 | 段军 | 销售三部 | 62000 | 55000 | 65400 |
| SC6 | 刘小辉 | 销售一部 | 87500 | 84500 | 82000 |
| SC2 | 王雪 | 销售二部 | 78500 | 74500 | 64500 |

【样文3-1B】

| 某电器公司一季度销售业绩统计表 | | | | | | |
|---|---|---|---|---|---|---|
| 编号 | 姓名 | 部门 | 一月份 | 二月份 | 三月份 | |
| AX5 | 郭欢 | 销售三部 | 99500 | 72000 | 74500 | |
| AX8 | 段军 | 销售三部 | 62000 | 55000 | 65400 | |
| SC10 | 彭阳 | 销售三部 | 78000 | 81000 | 92000 | |
| SC15 | 李梅 | 销售三部 | 73500 | 91500 | 64500 | |
| 最高业绩 | | | 99500 | 92500 | 95000 | |
| 最低业绩 | | | 62000 | 55000 | 64500 | |
| 平均业绩 | | | 79254 | 78367 | 80954 | |

【样文3-1C】

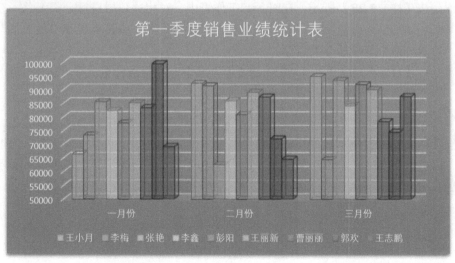

练习2

【操作要求】

在Excel中打开文档A3.xlsx，进行如下操作。

1. 表格环境的设置与修改

● 按【样文3-2A】所示，在Sheet1工作表中表格标题行的下方插入一空行，设置行高为20，在表格A列的左侧插入一空列，列宽为10。

● 按【样文3-2A】所示，将B1单元格的名称定义为"销售情况统计"。

2. 表格格式的编排与修改

● 按【样文3-2A】所示，将表格中标题区域B1:F2设置为"合并后居中"格式；将其字体设置为华文彩云、20磅、标准色中的"深红"、加粗。将表头行（B3:F3单元格区域）自动套用"适中"单元格样式，并设置字体为隶书、16磅。

● 按【样文3-2A】所示，为表格的标题行（单元格区域B1:F2）填充图案样式为"12.5%灰色"底纹，颜色为标准色中的"浅蓝"；为表格中"商场名称"和"地理位置"两列（单元格区域B4:C11）填充由白色到标准色中"浅绿"的水平渐变底纹，为另外三列（单元格区域D4:F11）填充淡紫色（RGB:255,204,255）底纹；为整个表格添加标准色中的"紫色"粗虚线外边框线，标准色中的"红色"粗虚线内部网格线。

● 按【样文3-2A】所示，自动调整表格的列宽为最适合列宽，将整个表格设置为水平居中、垂直居中格式。

3. 数据的管理与分析

● 按【样文3-2B】所示，在Sheet2工作表中，使用原数据中的内容，利用快速填充命令将"平阳市主要商场销售情况统计表"下面的内容补充完整。

● 按【样文3-2B】所示，在Sheet2工作表中，运用函数公式计算出各商场销售数据的"最大值"。

● 按【样文3-2B】所示，在Sheet2工作表中，对相关数据进行分类汇总，以"商场名称"为分类字段，对"家电类""百货类""服装类"和"最大值"进行求"最小值"的分类汇总。

● 按【样文3-2B】所示，在Sheet2工作表中，利用条件格式中"3个三角形"图标集来突出显示统计表中的相关数据。

4. 图表的运用

按【样文3-2C】所示，利用Sheet3工作表中相应的数据，以"地理位置"为报表筛选项，以"商场名称"为轴（类别），为"家电类""百货类"和"服装类"显示"求和"的汇总方式，从A14单元格起建立数据透视图；调整数据透视图的大小为高8厘米、宽14厘米，并为其套用"样式3"图表样式。

5. 数据文档的修订与保护

对文件A3.xlsx的内容进行加密，设置打开此工作簿的密码为"gjks4-2"。

【样文3-2A】

| 商场名称 | 地理位置 | 家电类 | 百货类 | 服装类 |
|---|---|---|---|---|
| 花花商厦 | 兴华街 | 56000 | 90000 | 95000 |
| 为学百货 | 花园路 | 65000 | 68000 | 65000 |
| 务民商场 | 祝寿路 | 45000 | 65000 | 62000 |
| 华新商厦 | 平安街 | 57000 | 87000 | 40000 |
| 永康商场 | 人民路 | 99000 | 80000 | 62000 |
| 泰隆百货 | 健康街 | 45000 | 98000 | 54000 |
| 政通百货 | 安民路 | 65000 | 65000 | 64000 |
| 永乐商场 | 永乐路 | 57000 | 55000 | 66000 |

平阳市主要商场销售情况统计表

【样文3-2B】

平阳市主要商场销售情况统计表

| 商场名称 | 地理位置 | 家电类 | 百货类 | 服装类 | 最大值 |
|---|---|---|---|---|---|
| 花花商厦 最小值 | | ▼ 55000 | ▲ 87000 | ▼ 40000 | ▲ 87000 |
| 泰隆百货 最小值 | | ▼ 45000 | ▬ 65000 | ▼ 54000 | ▬ 65000 |
| 务民商场 最小值 | | ▼ 45000 | ▼ 55000 | ▬ 62000 | ▬ 65000 |
| 总计最小值 | | ▼ 45000 | ▼ 55000 | ▼ 40000 | ▬ 65000 |

【样文3-2C】

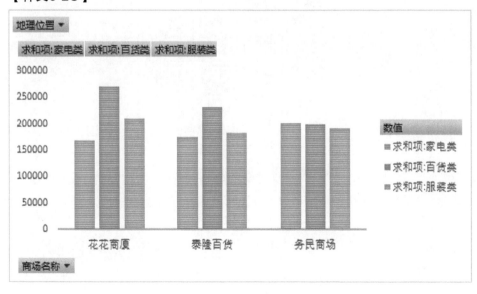

# 模块4 数据表格处理的综合操作

**知识要点**

- 图表的扩展应用。
- 工作簿间的链接。
- 函数和公式的高级运用。
- 高级数据分析。

## 4.1 图表的扩展应用

### ■4.1.1 设置图表的格式

#### 1. 更改图表的布局或样式

创建图表后，可以快速向图表应用预定义布局和样式来更改它的外观，而无须手动添加或更改图表元素或设置图表格式。Excel提供了多种预定义布局和样式供用户选择。

（1）应用图表布局。选中图表，在"图表工具"的"设计"选项卡下"图表布局"组中单击"快速布局"按钮，可在打开的库中选择需要的图表布局，如图4-1所示。

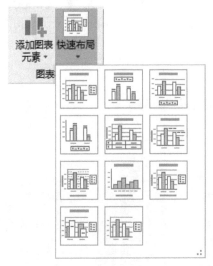

图4-1

（2）应用图表样式。选中图表，在"图表工具"的"设计"选项卡下"图表样式"组中单击"其他"按钮，可在打开的库中选择需要的图表样式，如图4-2所示。

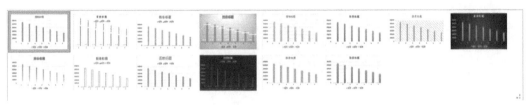

图4-2

### 2. 图表形状格式

将数据创建为需要的图表后，为使图表更美观、数据更清晰，还可以对图表进行适当的美化，即为图表的相应部分设置适当的格式，如更改形状样式、形状填充、形状轮廓、形状效果等。

（1）更改图表区的形状样式。选中图表，在"图表工具"的"格式"选项卡下"形状样式"组（如图4-3所示）中单击"其他"按钮，在打开的库中选择需要的形状样式。如果库中没有满意的形状样式，可以单击"形状填充"按钮，在弹出的下拉列表中为图表区设置纯色填充、图片填充、渐变填充和纹理填充效果。

还可以为设置好的形状样式更改轮廓样式和形状效果：单击"形状轮廓"按钮，在弹出的下拉列表中可设置轮廓颜色、粗细和线型样式；单击"形状效果"按钮，在弹出的下拉列表中可设置阴影、映像、发光、柔化边缘、棱台和三维旋转效果。

图4-3

在"图表工具"的"格式"选项卡下"形状样式"组中单击右下角的"对话框启动器"按钮，打开"设置图表区格式"任务窗格，在此可以对"填充与线条"和"形状效果"进行设置，如图4-4所示。

（2）更改坐标轴的形状样式。选中坐标轴，在"图表工具"的"格式"选项卡下"形状样式"组中单击"其他"按钮，在打开的库中选择需要的形状样式。还可以在"形状填充""形状轮廓"和"形状效果"下拉列表中进行其他设置，方法与"更改图表区的形状样式"相同，如图4-5所示。

图4-4

图4-5

使用以上方法，还可以更改数据系列、图例、绘图区的形状样式。在图表中大量使用的线条元素和形状元素，以及各部分线条和形状轮廓的样式，均可自行进行设置和调整，以美化或个性化图表外观。

### 3. 修改图表中的数据

创建图表后，如果数据值有误或需要更改，可在表格中选中需要更改数据的单元格并输入新的数值，图表的数据标签会有相应改变。

在创建的图表中，右击选中已更改的数据点，在打开的快捷菜单中执行"添加数据标签"→"添加数据标注"命令即可。

选中该数据标注，在"开始"选项卡下"字体"组中设置字体、字号和颜色，即可将数据在图表中醒目地标注出来。

### 4. 调整图表的大小

单击图表，然后拖动尺寸控点，将其调整为所需大小。也可以在"图表工具"的"格式"选项卡下"大小"组的"高度"和"宽度"文本框中输入数值。

若要获得更多选项，可在"格式"选项卡下"大小"组中单击右下角的"对话框启动器"按钮 ，打开"设置图表区格式"任务窗格，在"大小与属性"选项卡下的"大小"区域中（如图4-6所示），可以选择用来调整图表大小、旋转或缩放图表的选项。展开"属性"区域，从中可以指定所希望的图表与工作表上的单元格一同移动或调整大小的方式。

### 5. 设置坐标轴单位

在图表中选中垂直轴数据，右击，在打开的快捷菜单中执行"设置坐标轴格式"命令。打开"设置坐标轴格式"任务窗格，在"坐标轴选项"下"边界"区域中设置坐标轴的起点最小值和终点最大值，在"单位"区域设置坐标轴上每个刻度间的数值，如图4-7所示。

图4-6                    图4-7

## ■4.1.2  数据图表的扩展应用

### 1. 为图表添加外部数据

创建图表后，可以根据需要用"图表工具"的"设计"选项卡下"数据"组调整图表中的数据。

（1）切换行/列。选中嵌入的图表，在"图表工具"的"设计"选组中单击"切换行/列"按钮（如图4-8所示），就可以交换坐标轴上的数据，标在x轴上的数据将移到y轴上。反之亦然。

（2）选择数据。选中嵌入的图表，在"图表工具"的"设计"选项卡下"数据"组中单击"选择数据"按钮，可以更改图表中包含的数据区域。

打开"选择数据源"对话框，在"图表数据区域"框中可以重新选择数据区域，替换所列系列窗格中的所有系列，如图4-9所示。

图4-8

在"选择数据源"对话框的"图例项（系列）"区域，可以添加、编辑和删除图例。单击"编辑"按钮，打开"编辑数据系列"对话框（如图4-10所示），从中可以更改图例的名称和值，单击右侧的折叠按钮，可进行单元格区域引用。

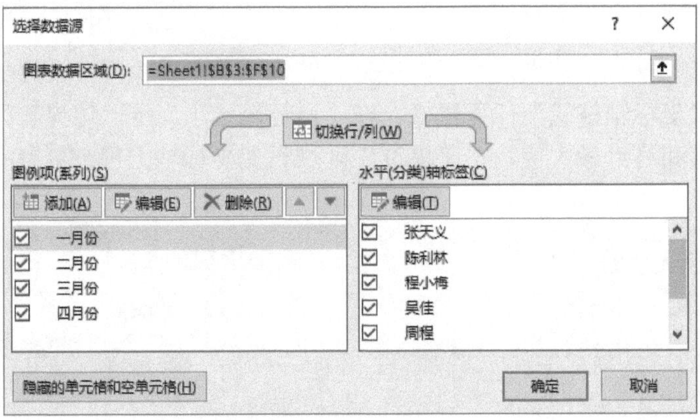

图4-9

在"选择数据源"对话框的"水平（分类）轴标签"区域，可以编辑水平轴标签区域。单击"编辑"按钮，打开"轴标签"对话框（如图4-11所示），可以修改轴标签，单击右侧的折叠按钮⬆，可进行单元格区域引用。

图4-10

图4-11

（3）添加外部数据。若需要为已创建好的图表增加新的数据系列，可使用的操作方法有如下两种。

**方法1：**选中创建的图表，在"图表工具"的"设计"选项卡下"数据"组中单击"选择数据"按钮。弹出"选择数据源"对话框，单击"图例项（系列）"区域的"添加"按钮，弹出"编辑数据系列"对话框。在该对话框中单击"系列名称"后的折叠按钮⬆，选择需要添加到图表中数据的系列名称单元格，返回至"编辑数据系列"对话框。单击"系列值"后的折叠按钮⬆，选择需要添加到图表中的数据单元格，返回至"编辑数据系列"对话框，单击"确定"按钮。此时在"图例项（系列）"区域下的列表框中出现已添加的数据项，单击"确定"按钮即可。

**方法2：**选择需要添加到图表中的数据单元格区域，右击，在弹出的快捷菜单中执行"复制"命令，将内容暂时存放在剪贴板上。切换到图表数据中，选中要放置数据的单元格区域，右击，在弹出的快捷菜单中执行"粘贴选项"下的"粘贴"命令。选中图表，在"图表工具"的"设计"选项卡下"数据"组中单击"选择数据"按钮，打开"选择数据源"对话框。单击"图表数据区域"文本框后面的折叠按钮⬆，选中已添加新数据的整个表格区域并返回，单击"确定"按钮即可。

### 2. 为图表添加趋势线

添加趋势线是用图形的方式显示数据的预测趋势并可用于预测分析，也称回归分析。利用回归分析的方法，可以在图表中扩展趋势线，根据实际数据预测未来数据。

（1）添加趋势线。单击要为其添加趋势线的数据系列，在"图表工具"的"设计"选项卡下"图表布局"组中单击"添加图表元素"按钮，在打开的下拉列表中单击"趋势线"选项，在展开的列表中单击所需选项，即可为其添加趋势线，如图4-12所示。

也可以选中整个图表，在"图表工具"的"设计"选项卡下"图表布局"组中单击"添加图表元素"按钮，在打开的下拉列表中执行"趋势线"→"其他趋势线选项"命令，弹出"添加趋势线"对话框，选择要添加趋势线的系列，单击"确定"按钮，如图4-13所示。

文档右侧将弹出"设置趋势线格式"任务窗格，选择"趋势线选项"，在"趋势线选项"列表中选中其中一种趋势线类型的单选按钮即可，如图4-14所示。

图4-12

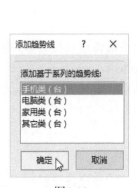

图4-13

图4-14

（2）设置趋势线格式。若要设置趋势线的格式，可以右击趋势线，在弹出的快捷菜单中执行"设置趋势线格式"，打开"设置趋势线格式"任务窗格。在"设置趋势线格式"设置栏中选择"填充与线条"选项，在"线条"列表中可以设置趋势线的线型、颜色、宽度、透明度和箭头样式等，如图4-15所示。

在"设置趋势线格式"任务窗格中选择"效果"选项，可为趋势线添加阴影、发光、柔化边缘效果，并为其设置需要的选项，如图4-16所示。

图4-15　　　　　　　　　　　　　　　图4-16

# 4.2　工作簿间的链接

## ■4.2.1　定义单元格名称

为单元格或者单元格区域定义名称，可以方便对该单元格或单元格区域进行查找和引用，在数据繁多的数据明细表中可以发挥很大作用。

给单元格定义名称，就相当于给人起一个名字。定义名称后即可引用数据，这样有助于提高办公效率，使得调用数据变得更加灵活。

### 1. 为单元格命名

为单元格命名时必须遵守以下几个规则：

（1）名称中的第1个字符必须是字母、汉字、下划线或反斜杠，其余字符可以是字母、汉字、数字、点和下划线。

（2）不能将"C"和"R"的大小写字母作为定义的名称。因为在名称框中输入这些字母时，Excel会将它们作为当前单元格选择行或列的表示法。例如，选中单元格A2，在名称框中输入"R"，按Enter键，光标将定位到工作表的第2行上。

（3）不允许使用单元格引用。名称不能与单元格引用相同。例如，不能将单元格命名为"Z12"或"R1C1"。如果将A2单元格命名为"Z12"，按Enter键，光标将定位到"Z12"单元格中。

（4）不允许使用空格。如果要将名称中的单词分开，可以使用下划线或句点作为分隔符。例如，选中一个单元格，在名称框中输入"单元 格"，按Enter键，会弹出错误提示框。

（5）一个名称最多可以包含255个字符。Excel名称不区分大小写字母。例如，为单元格A2定义了名称"Smase"，之后在单元格B2名称栏中输入"SMASE"，按Enter键后则会回到单元格A2中，而不能创建单元格B2的名称。

为单元格命名的操作方法为：选中要命名的单元格，在编辑栏的名称文本框中输入名称内容，按Enter键。

### 2. 为单元格区域命名

**方法1**：在名称栏中直接输入。

选中要命名的单元格区域，在编辑栏的名称文本框中输入名称内容，按Enter键即可。

**方法2**：使用"新建名称"对话框。

选中要命名的单元格区域，在"公式"选项卡下"定义的名称"组中单击"定义名称"按钮，如图4-17所示。

打开"新建名称"对话框，在"名称"文本框中输入名称内容，单击"确定"按钮即可，如图4-18所示。

图4-17

图4-18

**方法3**：用数据标签命名。

工作表（或选定区域）的首行或每行的最左列通常含有标签以描述数据。若一个表格本身没有行标题和列标题，则可将这些选定的行和列标签转换为名称。

图4-19

具体的操作方法为：选中要命名的单元格区域，在"公式"选项卡下"定义的名称"组中单击"根据所选内容创建"按钮，在弹出的"根据所选内容创建名称"对话框中，选中"首行"复选框，然后单击"确定"按钮，如图4-19所示。在名称框中输入名称内容，按Enter键，即可自动选中该单元格区域。

## ■4.2.2 工作簿间的链接使用

为单元格或单元格区域定义名称后，就可以在工作表中使用了。

**举例：** 将A5a.xlsx工作簿的Sheet1工作表中单元格区域B3:G9的名称定义为"第一季度"，将A5b.xlsx工作簿的Sheet1工作表中单元格区域B3:G9的名称定义为"第二季度"，再将A5a.xlsx和A5b.xlsx工作簿已定义单元格区域中的数据进行求和的合并计算，将结果链接到A5.xlsx工作簿Sheet1工作表的相应位置。

**操作步骤：** 在A5.xlsx工作簿的Sheet1工作表中选中B3单元格，单击"数据"选项卡下"数据工具"组中的"合并计算"按钮，如图4-20所示。

弹出"合并计算"对话框，在"函数"下拉列表中选择"求和"选项，单击"引用位置"文本框后面的折叠按钮，选定要进行合并计算的数据为A5a.xlsx工作簿的Sheet1工作表中的B3:G9单元格区域并返回，单击"添加"按钮，将其添加到"所有引用位置"下面的文本框中。再次单击"引用位置"文本框后面的折叠按钮，选定要进行合并计算的数据为A5b.xlsx工作簿的Sheet1工作表中的B3:G9单元格区域并返回，单击"添加"按钮，也将其添加到"所有引用位置"下面的文本框中（如图4-21所示），单击"确定"按钮，即可完成求和合并计算。

图4-20

图4-21

# 4.3 函数和公式的高级运用

## ■4.3.1 使用公式

Excel的公式以"="开头，由运算符、函数和单元格名称（也称"引用地址"或"地址"）组成。例如，在公式"=A2+B2"中，A2和B2表示两个单元格的名称；"+"表示"求和"运算符；整个公式表示计算A2和B2两个单元格的和，并将结果显示到当前单元格中。

### 1. 公式的输入方法

公式需要在选中要显示计算结果的单元格后，手动输入编辑栏或当前单元格中。在公式中输入单元格名称时，既可以手动输入（列标号不区分大小写），也可以使用鼠标单击单元格来选择。公式输入完毕后，按Enter键或单击编辑栏左侧的"输入"按钮✔均可。

操作完成后，在当前单元格中显示的是公式的计算结果，而在编辑栏中始终显示单元格中保存的公式或函数。按"Ctrl+!"组合键（其中的!为键盘左上角数字1上面的键），可使工作表在公式（或函数）和计算结果两种显示状态间切换。

例如，如果要计算如图4-22所示的"学生成绩表"中的"总评成绩"（平时成绩占30%，期中成绩占30%，期末成绩占40%），那么首先选中当前单元格为F3（第1个学生的总评成绩单元格），在单元格中输入公式"=C3*0.3+D3*0.3+E3*0.4"，按Enter键，在当前单元格中将得到公式的计算结果。

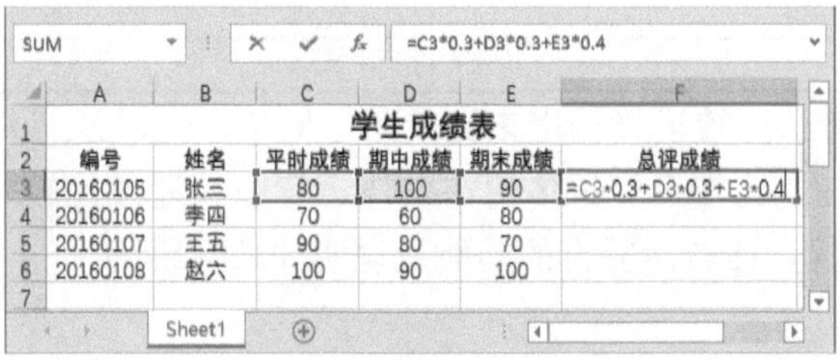

图4-22

其他学生的综合分计算可使用填充公式来处理，填充后的结果如图4-23所示。从图中可以看到单元格中显示的是计算结果，而编辑栏中始终显示公式或函数的内容。

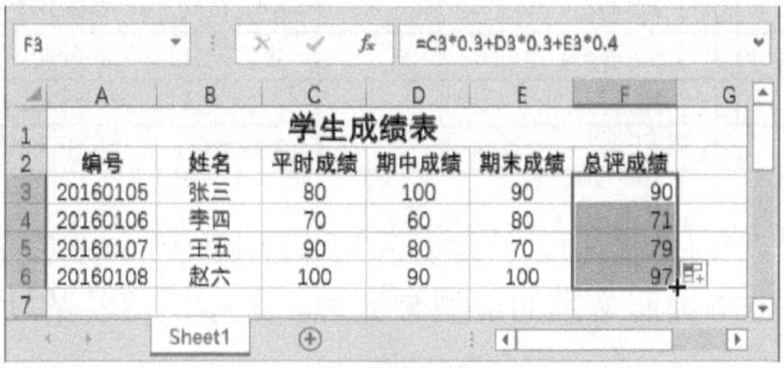

图4-23

### 2. 公式和数据的修改

如果要修改单元格中的公式，可先选中包含公式的单元格，然后在编辑栏中修改；也可以双击该单元格使之进入编辑状态（出现插入点光标），修改完成后按Enter键或单击"输入"按钮✔。

若修改了相关单元格中的数据，当按Enter键确认修改后，公式或函数所在单元格中的计算结果将自动更新，无须重新计算。

## ■4.3.2 公式中的运算符及其优先级

运算符就是用来阐明对运算对象进行了怎样的操作，它用于对公式中的数据进行特定类型的运算。通常将运算符分为四种类型。

（1）算术运算符。算术运算符用来进行基本的数学计算，如加、减、乘、除等，如表4-1所示。

**表4-1 算术运算符**

| 运算符号 | 运算符名称 |
|---|---|
| +或- | 加号或减号 |
| * | 乘号 |
| / | 除号 |
| % | 百分比 |
| ^ | 幂运算 |

（2）比较运算符。比较运算符用来比较两个数值，比较运算符的计算结果为逻辑值，即TRUE或FALSE。比较运算符多用在条件运算中，通过比较两个数据，再根据结果来决断下一步的计算。比较运算符的功能及说明如表4-2所示。

**表4-2 比较运算符的功能及说明**

| 运算符号 | 运算符名称 | 功能及说明 |
|---|---|---|
| = | 等号 | =A1=B1，判断A1是否与B1相等 |
| > | 大于号 | =A1>B1，判断A1是否大于B1 |
| < | 小于号 | =A1<B1，判断A1是否小于B1 |
| >= | 大于或等于 | = A1>=B1，判断A1是否大于或等于B1 |
| <= | 小于或等于 | = A1<=B1，判断A1是否小于或等于B1 |
| <> | 不等号 | =A1<>B1，判断A1是否不等于B1 |

（3）连接运算符。使用w敷衍连接运算符可以连接一个或多个文本字符串形成一串文本，所连接的内容也将按照文本的类型来处理。连接运算符的功能及说明如表4-3所示。

**表4-3 连接运算符的功能及说明**

| 运算符号 | 运算符名称 | 功能及说明 |
|---|---|---|
| & | 连接符号 | 将两个文本或多个文本连接在一起形成一个文本值，例如：= "学习"&"Office"，结果显示为"学习Office" |

（4）引用运算符。引用运算符是用于表示单元格在工作表中位置的坐标集，引用运算符为计算公式指明了引用单元格的位置。引用运算符的功能及说明如表4-4所示。

（5）运算符的优先级。运算公式中如果使用了多个运算符，那么将按照运算符的优先级由高到低进行运算。对于优先级相同的运算符将按从左到右的顺序进行运算，对于优先级不同的运算符则按优先级从高到低进行计算。运算符的具体优先级如表4-5所示。

表4-4 引用运算符的功能及说明

| 运算符号 | 运算符名称 | 功能及说明 |
| --- | --- | --- |
| : | 冒号 | 区域引用，包括两个引用单元格间的所有单元格，如A1:B4是指A1到B4间的所有单元格区域 |
| , | 逗号 | 联合引用，将多个区域联合为一个引用，如A1:B4,B5:C8是指A1:B4和B5:C8两块区域引用 |
| 空格 | 空格 | 交叉引用，取两个区域的公共单元格，如A1:B3 B1:C3是指对B1、B2、B3三个单元格的引用 |

表4-5 运算符的优先级

| 优先级 | 运算符号 | 运算符名称 |
| --- | --- | --- |
| 最高 | ^ | 幂运算 |
| 高 | *、/ | 乘除运算 |
| 中 | +、- | 加减运算 |
| 较低 | & | 连接运算 |
| 低 | =、>、< | 比较运算 |

## ■4.3.3 单元格的引用方式

单元格地址的作用在于唯一表示工作簿上的单元格或单元格区域。在公式中引入单元格地址，其目的在于指明所使用数据的存放位置，而不必关心该位置中存放的具体数据是什么。

如果某个单元格中的数据是通过公式或函数计算得到的，那么对该单元格进行移动或复制操作时，就不是简单的移动和复制了。当进行公式的移动或复制时，就会发现经过移动或复制后的公式有时会发生变化，这是由于单元格有相对引用和绝对引用的区分。因此，在移动或复制时，可以根据不同的情况使用不同的单元格引用方式。

当向工作表中插入、删除行或列时，受影响的所有引用都会相应地做出自动调整，不管它们是相对引用还是绝对引用。

### 1. 相对引用

单元格的相对引用是指在引用单元格时直接使用其名称的引用，如E2、A3等，这也是Excel默认的单元格引用方式。

若公式中使用了相对引用方式，则在移动或复制包含公式的单元格时，相对引用的地址将相对目的单元格自动进行调整。

例如，如图4-24所示，单元格F3中的公式为"=C3*0.3+D3*0.3+E3*0.4"，现将其复制到单元格G5后，其中的公式变化为"D5*0.3+E5*0.3+F5*0.4"。这是因为目的位置相对源位置发生了变化，导致参加运算的对象分别做出了相应的自动调整。也正是这种能进行自动调整的引用，才使得运用自动填充功能来简化计算操作成为可能。然而，自动调整引用也可能会造成错误。

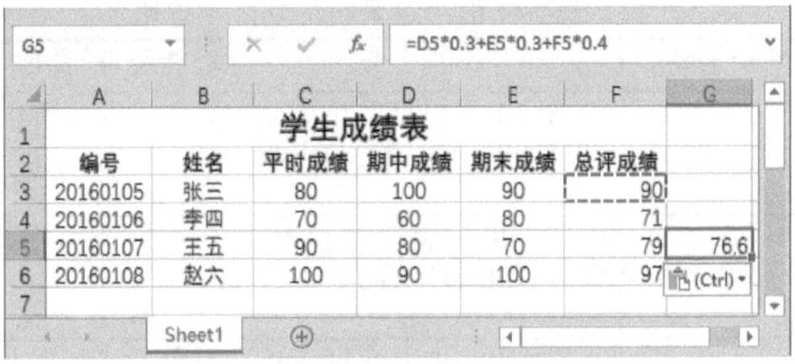
G5 =D5*0.3+E5*0.3+F5*0.4

| | A | B | C | D | E | F | G |
|---|---|---|---|---|---|---|---|
| 1 | 学生成绩表 | | | | | | |
| 2 | 编号 | 姓名 | 平时成绩 | 期中成绩 | 期末成绩 | 总评成绩 | |
| 3 | 20160105 | 张三 | 80 | 100 | 90 | 90 | |
| 4 | 20160106 | 李四 | 70 | 60 | 80 | 71 | |
| 5 | 20160107 | 王五 | 90 | 80 | 70 | 79 | 76.6 |
| 6 | 20160108 | 赵六 | 100 | 90 | 100 | 97 | |
| 7 | | | | | | | |

图4-24

2. 绝对引用

绝对引用表示单元格地址不随移动或复制的目的单元格的变化而变化，即表示某一单元格在工作表中的绝对位置。绝对引用地址的表示方法是在行号和列标前加一个“$”符号。

例如，把学生成绩表G5单元格中的公式改为“=$C$5*0.3+$D$5*0.3+$E$5*0.4”，然后将公式复制到G7单元格，复制后的公式没有发生任何变化，如图4-25所示。

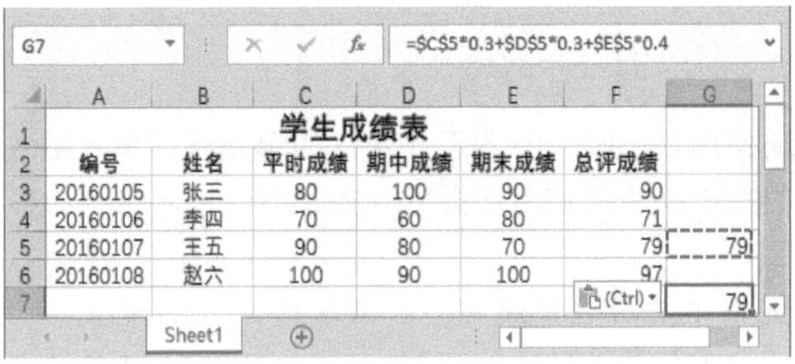
G7 =$C$5*0.3+$D$5*0.3+$E$5*0.4

| | A | B | C | D | E | F | G |
|---|---|---|---|---|---|---|---|
| 1 | 学生成绩表 | | | | | | |
| 2 | 编号 | 姓名 | 平时成绩 | 期中成绩 | 期末成绩 | 总评成绩 | |
| 3 | 20160105 | 张三 | 80 | 100 | 90 | 90 | |
| 4 | 20160106 | 李四 | 70 | 60 | 80 | 71 | |
| 5 | 20160107 | 王五 | 90 | 80 | 70 | 79 | 79 |
| 6 | 20160108 | 赵六 | 100 | 90 | 100 | 97 | |
| 7 | | | | | | | 79 |

图4-25

3. 混合引用

如果单元格引用地址一部分为绝对引用，另一部分为相对引用，如$A1或A$1，则这类地址称为混合引用地址。如果“$”符号在行号前，则表明该行位置是绝对不变的，而列位置仍随目的位置的变化做相应变化。反之，如果“$”符号在列名前，则表明该列位置是绝对不变的，而行位置仍随目的位置的变化做相应变化。

4. 引用其他工作表中的单元格

Excel允许在公式或函数中引用同一工作簿中其他工作表中的单元格，此时，单元格地址的一般书写形式为：工作表名!单元格地址。

例如，“=D6+E6-Sheet3!F6”公式表示计算当前工作表中D6和E6之和，再减去工作表Sheet3中F6单元格中的值，并将计算结果显示到当前单元格中。

## ■4.3.4 使用函数

函数是一种预先定义好的内置的公式。Excel提供了13类函数，每个类别中又包含了若干个函数。使用函数能省去输入公式的麻烦，提高效率。

### 1. 在单元格中插入函数

可以使用直接输入的方法在结果单元格中插入函数，这与前面介绍的公式的输入 方法相同。在单元格中输入"="，而后输入函数名称及所需参数，最后按Enter键即可。

由于Excel中包含众多功能各异的函数，为了便于用户记忆和使用，系统提供了一个专用的函数插入工具——"插入函数"按钮。该工具位于编辑栏的左侧，单击"插入函数"按钮，将显示 "插入函数"对话框，通过该对话框，用户可以搜索或按类别找到需要的函数。当用户在"选择函数"列表框中选择了某函数时，在"选择函数"列表框的下方将显示该函数 的功能及使用方法说明。

例如，在"选择函数"列表框中选择" FV"，下方将显示" FV(rate,nper, pmt, pv,type)"，其中，"FV"为函数名， "rate,nper,pmt,pv,type"为函数参数，如图4-26所示。

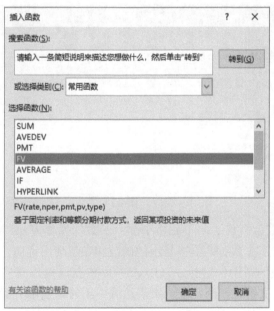

图4-26

单击"确定"按钮后将显示"函数参数"对话框（如图4-27所示），单击参数框右侧的折叠按钮，可将"函数参数"对话框折叠起来，以方便用户通过拖动鼠标来选择包含参与计算数据的单元格区域，选择完毕后单击参数框右侧的折叠按钮，可返回 "函数参数"对话框。参数选择完毕后，单击"确定"按钮，完成插入函数操作，即可在目标单元格中得到计算结果。

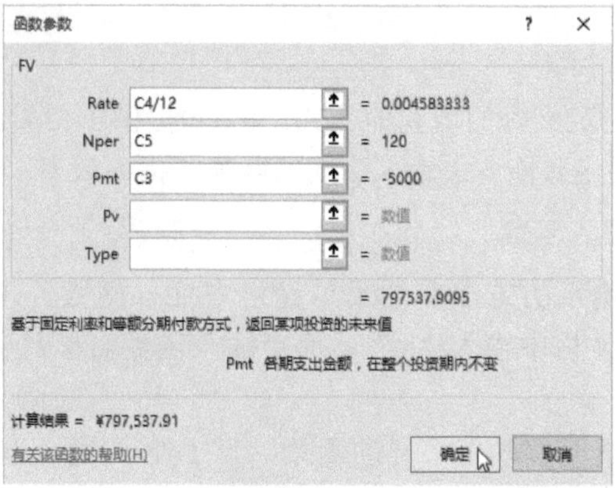

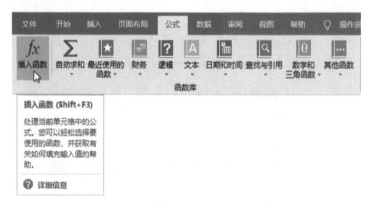

图4-27

提示：FV函数可简化为"FV=利率/12,存期,存款额"。PMT函数可简化为"PMT=年利率/12,存期,总额（贷）"。

在"公式"选项卡下"函数库"组中单击"插入函数"按钮，也可打开"插入函数"对话框，如图4-28所示。

图4-28

上面以FV函数为例说明向单元格中插入函数的操作方法，其他函数的操作方法均大同小异，使用时应注意对话框中显示的函数和参数使用说明。必要时可单击对话框左下角"有关该函数的帮助"链接，从Excel帮助中获取操作支持。在使用函数时所用到的所有符号都是英文符号，因为在函数表达式中不能识别中文标点。

2. 常用函数介绍

SUM(区域1,区域2,…)：计算若干个单元格区域中包含的所有单元格中值的和。区域1、区域2等参数可以是数值，也可以是单元格或单元格区域引用，参数最多为30个。

AVERAGE(区域1,区域2,…)：计算若干个单元格区域中包含的所有单元格中值的平均值。

MAX(区域1,区域2,…)：求若干个单元格区域中包含的所有单元格中值的最大值。

MIN(区域1,区域2,…)：求若干个单元格区域中包含的所有单元格中值的最小值。

COUNT(区域1,区域2,…)：统计若干个单元格区域中包含数字的单元格个数。

ROUND(单元格,小数点位数)：按指定的小数点位数，对单元格中数值进行四舍五入。

IF(P,T,F)：判断条件P是否满足，如果P为真，则取T表达式的值，否则取F表达式的值。例如，"=IF(Sheet2!A1='教授',600,300)"表示判断工作表Sheet2中A1单元格中的数据是否为"教授"；若是，则在当前单元格中输入600，否则输入300。

INT(单元格)：将单元格中的数值向下取整为最接近的整数。例如，"=INT(2.8)"得到的结果为"2"，而"=INT(-2.8)"得到的结果为"-3"。

ABS(单元格)：求单元格中数值的绝对值。

FV(rate,nper,pmt,pv,type)：基于固定利率和等额分期付款方式，返回某项投资的未来值。nper为该项投资（或贷款）的付款期总数。pmt为各期所应支付的金额，其数值在整个年金期间保持不变；通常pmt包括本金和利息，但不包括其他费用及税款；如果忽略pmt，则必须包含pv参数。pv为现值，即从该项投资开始计算时已经入账的款项，或一系列未来付款的当前值的累积和，也称为本金。

PMT(rate,nper,pv,fv,type)：PMT函数即年金函数，基于固定利率及等额分期付款方式，返回贷款的每期付款额。PMT返回的支付款项包括本金和利息，但不包括税款、保留支付或某些与贷款有关的费用。应确认所指定的rate和nper单位的一致性。例如，同样是四年期年利率为12%的贷款，如果按月支付，rate应为12%/12，nper应为4*12；如果按年支付，rate应为12%，nper为4。

rate为贷款利率（期利率）。nper为该项贷款的付款总期数（总年数或还租期数）。pv为现值（租赁本金），或一系列未来付款的当前值的累积和，也称为本金。fv为未来值（余值），或在最后一次付款后希望得到的现金余额；如果省略fv，则假设其值为0，也就是一笔贷款的未来值为0。type为数字0或1，用以指定各期的付款时间是在期初还是期末，1代表期初（先付：每期的第1天付），不输入或输入0代表期末（后付：每期的最后一天付）。

在函数名称后括号中的内容就是函数的参数，通常函数的结果取决于参数的使用方法，一个函数的参数可以有以下几种情况。

- 不带参数。
- 只有一个参数。
- 有固定数量的参数。
- 有不确定数量的参数。
- 可选参数。

作为函数参数的数据，可以使用名称作为参数，使用整行或整列作为参数，使用文本值作为参数，使用表达式作为参数，使用其他函数作为参数，以及使用数组或数值作为参数。

（1）使用名称作为参数。函数可以把单元格或范围的引用作为它们的参数。当Excel计算公式的时候，它可以简单地使用当前单元格中的内容或范围进行计算，这在之前学习名称的应用时已经介绍过，同样的道理，名称也可以作为函数的参数应用。

（2）使用整行或整列作为参数。在某些情况下，需要使用整行或整列作为函数参数，例如，下面的公式计算列B中所有值的总和：

SUM(B:B)

如果希望计算一定范围的变化总和，使用整行或整列引用特别有效。

（3）使用文本值作为参数。文本值包括直接输入的值或文本字符串，例如，下面的公式统计指定单元格区域中性别为"男"的人数：

SUM(B1:B240,"男")

（4）使用表达式作为参数。Excel也可以使用表达式作为参数，所谓表达式就是一个公式中的公式，当Excel遇到表达式作为函数参数时，会先计算这个表达式，然后使用结果作为参数值，例如：

SQRT((A1^2)+(A2^2))

此时，SQRT函数的参数为表达式(A1^2)+(A2^2)，当Excel计算此公式时，会先计算出表达式的值，然后再计算SQRT函数。

（5）使用其他函数作为参数。因为Excel可以将表达式作为参数，所以大家不会觉得奇怪，同样Excel也可以将其他的函数作为参数，这类情况通常称为"嵌套"函数，Excel首先计算最内层的嵌套函数或表达式，逐渐向外扩展。例如：

SIN(RADIANS(B1))

RADIANS函数会把角度转换成弧度，然后SIN再计算出对应的正弦值。

（6）使用数组或数值作为参数。函数也可以使用数组作为参数，一个数组就是一组数值，分别使用逗号和括号进行分隔。下面的公式使用了OR函数，该函数用数组作为参数，如果单元格A1中包含了1、2、3，则公式返回TRUE，否则返回FALSE。

OR(A1={1,2,3})

其中A1={1,2,3}即是一个常量数组。

## ■4.3.5 复制函数或公式

函数和公式以及其他工作表中的数据一样都可以进行复制粘贴，无论是复制函数还是公式，其效果是相同的：都将在目标单元格中直接显示计算结果。这不仅使得数据处理过程更加高效，而且帮助用户在不同的工作表之间保持一致性和准确性。

复制函数或公式一般有两种操作方式：直接使用复制粘贴和通过填充柄拖动复制。

## ■4.3.6 审核公式

在完成了公式和函数的输入后，还可以使用"公式"选项卡下"公式审核"组中的公式审核按钮来对工作表中的公式进行审核，检查公式的计算是否正确。"公式"选项卡下"公式审核"组如图4-29所示。

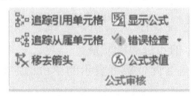

图4-29 "公式审核"组

### 1. 显示公式

默认情况下，单元格中显示的是公式运算的结果，而不是实际的公式代码。如果用户要查看某个单元格中的公式代码，只有选择该单元格时，公式代码才会显示在编辑栏中。如果用户想要查看当前工作表中哪个单元格应用了公式，可以使用显示公式功能。

在"公式审核"组中，单击"显示公式"按钮，工作表中所有包含公式的单元格会直接显示公式的代码，如图4-30所示。

| ▲ | A | B | C | D | E | F | G | H | I | J | K |
|---|---|---|---|---|---|---|---|---|---|---|---|
| 1 | 学号 | 姓名 | 班级 | 语文 | 数学 | 英语 | 生物 | 地理 | 历史 | 政治 | 总分 |
| 2 | 120305 | 包宏伟 | =MID(A2,4,1)&"班" | 91.5 | 89 | 94 | 92 | 91 | 86 | 86 | =SUM(D2:J2) |
| 3 | 120203 | 陈万地 | =MID(A3,4,1)&"班" | 93 | 99 | 92 | 86 | 86 | 73 | 92 | =SUM(D3:J3) |
| 4 | 120104 | 杜学江 | =MID(A4,4,1)&"班" | 102 | 116 | 113 | 78 | 88 | 86 | 73 | =SUM(D4:J4) |
| 5 | 120301 | 符合 | =MID(A5,4,1)&"班" | 99 | 98 | 101 | 95 | 91 | 95 | 78 | =SUM(D5:J5) |
| 6 | 120306 | 吉祥 | =MID(A6,4,1)&"班" | 101 | 94 | 99 | 90 | 87 | 95 | 93 | =SUM(D6:J6) |
| 7 | 120206 | 李北大 | =MID(A7,4,1)&"班" | 100.5 | 103 | 104 | 88 | 89 | 78 | 90 | =SUM(D7:J7) |

图4-30 "显示公式"效果

若要隐藏公式，显示公式运算结果，再次单击该按钮即可。

### 2. 公式与函数运算的常见错误解析

在应用公式和函数时，Excel能够使用一定的规则来检查其中出现的错误，用户可以根据实际情况设置Excel错误检查规则，以便更有效地识别和处理公式和函数中可能出现的错误。具体步骤如下：

（1）在Excel窗口单击"文件"菜单，从展开的下拉菜单中选择"选项"命令。

（2）在"Excel选项"对话框中，单击"公式"选项卡，在"错误检查规则"区域，用户可以根据自己的需要选择规则，如图4-31所示。

"错误检查规则"区域选项含义：

● 所含公式导致错误的单元格。

如果选中，Excel会对出现计算错误的单元格进行错误处理，并显示警告，错误的值包括：#DIV/0、#N/A、#NAME?、#NUM!、#REF!、#VALUE!。

● 表中不一致的计算列公式。

如果同一列数据的公式不一致，Excel会将其视为错误。

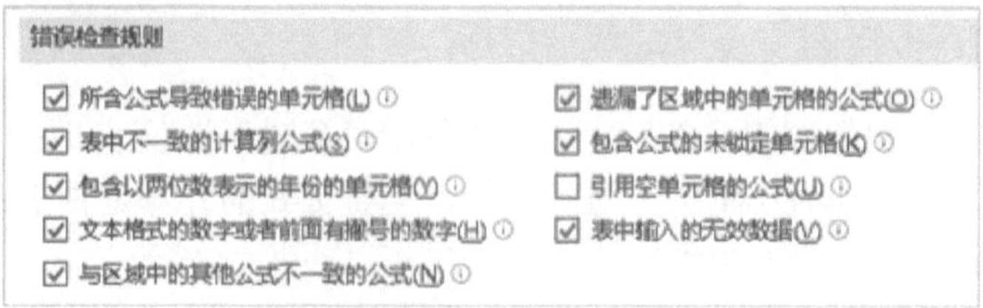

图4-31 "显示公式"效果

● 包含以两位数表示的年份的单元格。

如果选中，Excel将把包含两位数字表示的年份日期的单元格的公式视为错误，并显示警告。

● 文本格式的数字或者前面有撇号的数字。

如果选中，Excel将把设置为文本格式的数字视为错误，并显示警告。

● 遗漏了区域中的单元格的公式。

如果选中，Excel 在进行公式计算时能够检查并提示任何遗漏了区域中的单元格的公式。

● 包含公式的未锁定单元格。

如果选中，Excel在没有锁定公式对其进行保护时，将其中包含公式的未锁定单元格视为错误，并显示警告。

● 引用空单元格的公式。

如果选中，Excel将引用空单元格的公式视为错误，并显示警告。

● 表中输入的无效数据。

如果选中，Excel将超出有效性范围的单元格视为错误，并显示警告。

### 3. 错误值及其说明

在使用公式与函数进行运算时，有时会发现并不能得出正确的运算结果，相反会返回一个特殊的符号，这个特殊符号就是一个错误值，如表4-6所示。

表4-6　错误值及其说明

| 类别名称 | 功能 |
|---|---|
| #### | 该列宽不够，或者包含一个无效的时间或日期 |
| #DIV/0! | 该公式使用了0作为除数，或者公式中使用了一个空单元格 |
| #N/A | 公式中引用的数据对函数或公式不可用 |
| #NAME? | 公式中使用了Excel不能辨认的文本或名称 |
| #NULL! | 公式中使用了一种不允许交叉但却交叉了的两个区域 |
| #NUM! | 使用了无效的数字值 |
| #REF! | 公式中引用了一个无效的单元格 |
| #VALUE! | 函数中使用的变量或参数类型的错误 |

### 4. 追踪公式

在检查公式时，还可以使用Excel中的追踪功能来查看公式所在单元格的从属单元格或引用单元格。这里需要注意两个概念的区别，假如单元格B1中的公式包含对单元格A1的引用，单元格C1中的公式又包含对单元格B1的引用，则单元格A1称为单元格B1的引用单元格，单元格C1称为单元格B1的从属单元格。

下面以追踪单元格D7的引用单元格和从属单元格为例详细讲述追踪公式的方法。

（1）选择公式所在单元格D7，切换到"公式"选项卡。

（2）在"公式审核"组中单击"追踪引用单元格"按钮，此时工作表中将显示一个蓝色的区域和箭头，用于标识单元格D7的引用单元格，如图4-32所示。

（3）单击"公式审核"组中的"追踪从属单元格"按钮，此时工作表将以箭头标识显示单元格D7的从属单元格，如图4-33所示。

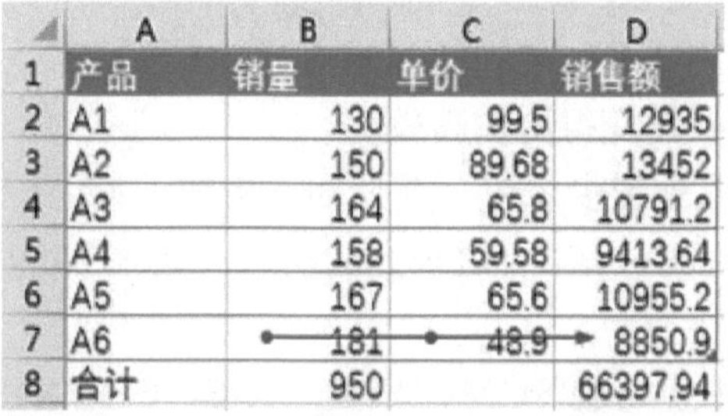

图4-32　追踪D7的引用单元格

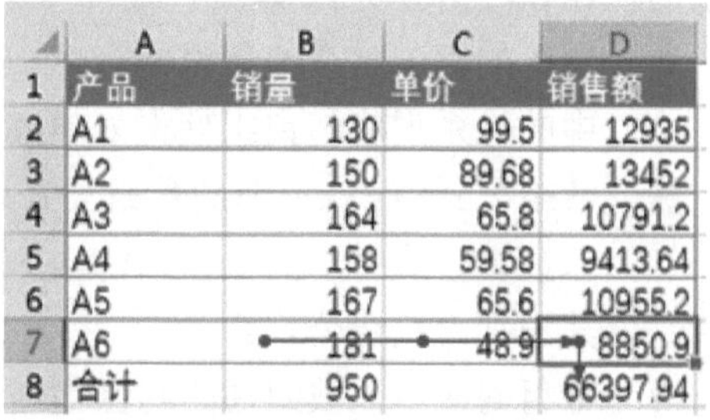

图4-33　追踪D7的从属单元格

5. 错误信息说明

如果输入的公式或函数无法得到正确的计算结果，Excel将会在单元格中显示一个表示错误类型的错误值。例如，#####、#DIV/0!、#N/A、#NAME?、#NULL!、#NUM!、#REF!和#VALUE!等。以下是常见错误值表示的错误产生原因和相应的解决方法。

- #####：当某列不足够宽而无法在单元格中显示所有字符时，或者单元格包含负的日期或时间值时，Excel将显示此错误值。例如，用过去的日期减去将来的日期的公式，如"=06/15/2017-07/01/2016"，将得到负的日期值。

- #DIV/0!：当一个数除以0或不包含任何值的单元格时，Excel将显示此错误值。

- #N/A：当某个值不可用于函数或公式时，Excel将显示此错误值。

- #NAME?：当Excel无法识别公式中的文本时，将显示此错误值，如区域名称或函数名称出现拼写错误时。

- #NULL!：当指定两个不相交的单元格区域的交集时，Excel将显示此错误值。交集运算符是分隔公式中的引用的空格字符。例如，单元格区域A1:A2和C3:C5不相交，因此，输入公式=SUM(A1:A2 C3:C5)，将返回#NULL!错误值。

- #NUM!：当公式或函数包含无效数值时，Excel将显示此错误值。

- #REF!：当单元格引用无效时，Excel将显示此错误值。例如，删除了其他公式所引用的单元格后，或将已移动的单元格粘贴到其他公式所引用的单元格上时。

- #VALUE!：如果公式所包含的单元格具有不同的数据类型，则Excel将显示此错误值。如果"智能标记"功能处于打开状态，则将鼠标指针移动到智能标记上时，屏幕会显示"公式中所用的某个值是错误的数据类型"。

## 4.4 数组的使用

### ■4.4.1 什么是数组

Excel中的数组是指一组按顺序存储在一起的单元或值的集合，它们可以用于执行复杂的计算和数据分析。

- 数组的概念：数组可以是一行、一列或多行多列的单元格范围，也可以是公式中的一系列值。数组使得处理大量数据变得更加高效。

- 数组公式：Excel中的数组公式可以处理多个值，并返回一个结果数组。当输入数组公式时，需要使用Ctrl+Shift+Enter组合键来完成输入，这样Excel会将其识别为数组公式。

- 数组的应用：数组通常与函数结合使用，如SUM、AVERAGE、COUNT等，可以对数组中的值进行批量计算。合理地使用数组公式和其他函数嵌套可以解决实际工作中的许多问题。

- 生成数组的函数：在Excel中，可以使用ROW、COLUMN函数生成一维数组，使用SEQUENCE函数则可以生成一维或二维数组。这些函数在需要创建序列数据时非常有用。

- 数组的维度：数组可以是单维的（一维数组），也可以是多维的（二维或三维数组）。单维数组可以是水平（一行多列）或垂直（一列多行）的，而多维数组则涉及更复杂的数据处理。

- 数组的逻辑运算：数组还可以用于进行逻辑运算，如AND、OR等，这些运算通常涉及二进制或布尔逻辑，可以帮助解决更复杂的条件判断问题。

在Excel中，数组是一种重要的工具，用于存储和操作一组数据。数组可以是一维的（即一行或一列数据），也可以是二维的（即表格形式的数据）。以下是一些Excel数组的使用方法和应用场景。

- 定义数组：在Excel中，可以使用左右大括号来定义一个数组。例如，{1,2,3,4,5}就是一个由1、2、3、4、5五个元素组成的一维数组。

- 使用数组进行计算：定义好数组后，可以使用Excel内置的函数（如Sum、Average等）对数组中的元素进行计算。例如，=SUM({1,2,3,4,5})可以计算数组中所有数的和。

- 使用数组进行筛选：可以使用Excel的Filter函数来过滤数组中的数据，只显示满足特定条件的数据。例如，可以使用Filter函数筛选出数组中所有大于0的元素。

- 数组公式的应用：在Excel中，可以使用数组公式来执行更复杂的计算。数组公式可以返回多个结果，这些结果将填充到一个单元格区域中。要输入数组公式，请先选择需要输入公式的单元格区域，然后在公式编辑栏中输入公式。在输入完成后，需要按下Ctrl+Shift+Enter组合键，而不是通常的Enter键，以便让Excel知道这是一个数组公式。

## ■4.4.2 数组的类型以及显示方式

Excel中经常用到的数组有以下两种。

1.一维数组

行数组：仅包含单行元素的数据集，每个元素以逗号隔开。

在B4单元格输入=B2:E2，然后选择公式，按F9使用公式得到如图4-34所示的结果。

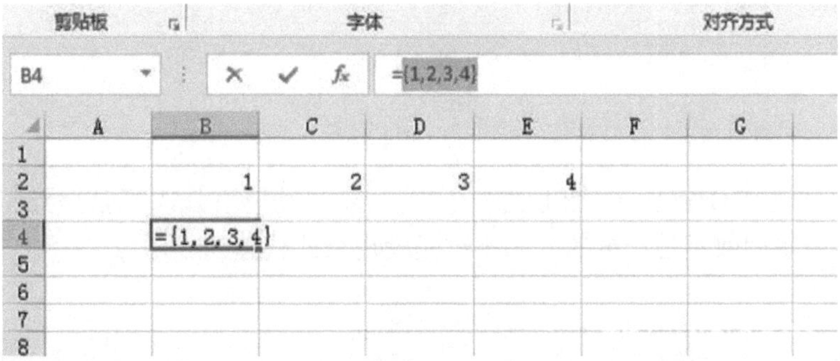

图4-34

列数组：仅包含单列元素的数据集，每个元素以分号隔开。

在D2单元格输入=B2:B9，然后选择公式，按F9键使用公式得到如图4-35所示的结果。

图4-35

2.二维数组

有多行多列元素的数据，显示方式为同行的元素从左到右以逗号分隔，当需要移到下一行时，使用分号来表示换行。这种结构化的数据显示格式使得多行多列数组非常适合表格式的数据输入和存储，如图4-36所示。

={1,1,1;2,2,2;3,3,3;4,4,4;5,5,5;6,6,6;7,7,7;8,8,8}是转换处理后得到的结果，当第一行排列完后向下进一行的时候以分号隔开，因为数据是二维的，而Excel只能显示一维，所以用分号代表换行。

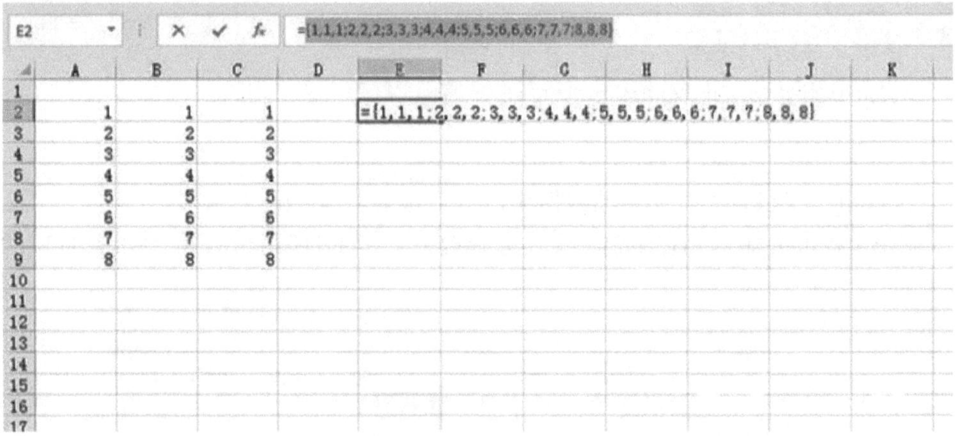

图4-36

输入公式=ROW(1:9)，然后选择公式，按F9键使用公式可以得到图4-37所示的结果，其实跟单列数组是一样的，只不过是使用公式构建的。

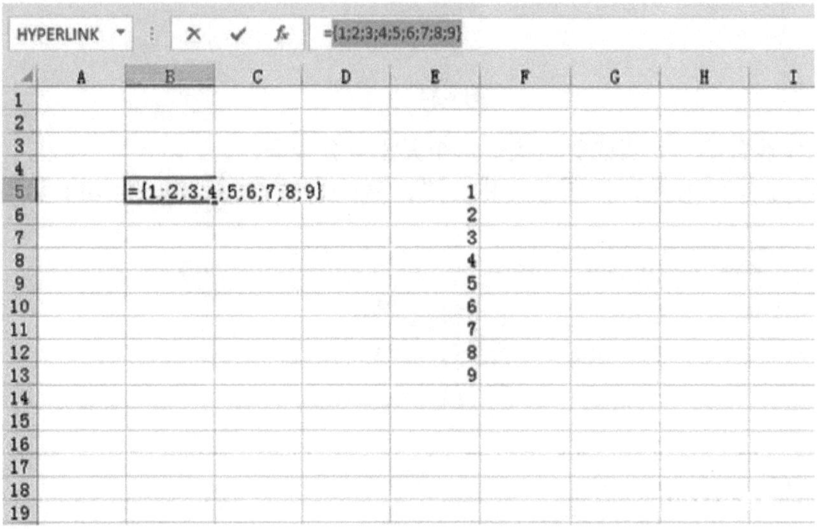

图4-37

## ■4.4.3 数组的运算

数组的运算分为四种情况。

### 1.数组与常量的计算

用一维列数组为列，选择A2:A9，然后对其加3就代表数组中的每一个元素分别加3，如图4-38所示。

只要是数组与一个常量进行运算，按照元素级别的运算规则，数组中的每个元素都会分别与该常量进行相应的运算，得到一个新的数组。

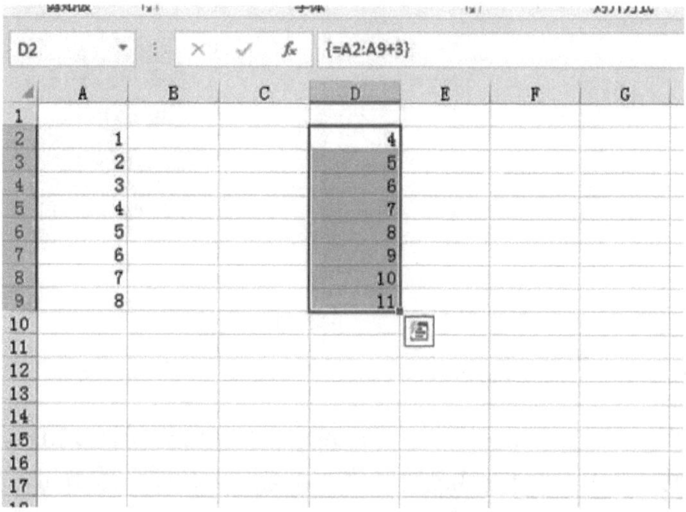

图4-38

2.一维数组与一维数组，二维数组与二维数组的运算

用A2:A9数组减去C2:C9数组得到的结果为0，这就说明当数组与数组进行计算的时候，是数组中的相对应的元素进行运算，如图4-39所示。

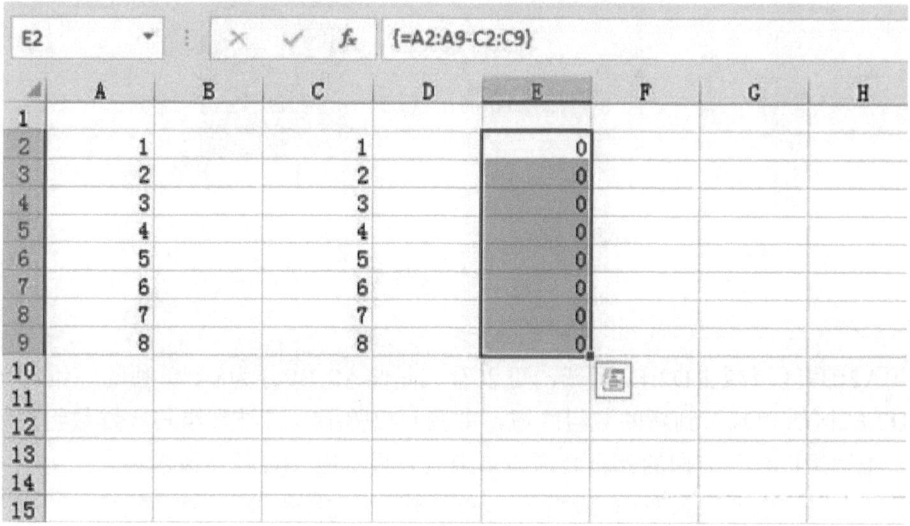

图4-39

用A2:B9数组减去D2:E9数组得到的数组结果为0，这就说明二维数组间的运算与一维数组运算是一样的，都是每个对应的元素分别运算，如图4-40所示。

但是还需要注意，当使用数组与数组进行运算时，两个数组的类型、元素数量以及二维数组的行列数必须相同。如果用一维行数组与一维列数组进行运算就会报错，因为类型不同。二维数组进行运算的时候行列必须相等。

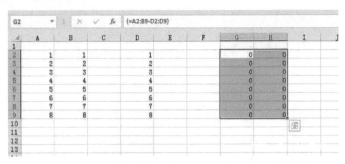

图4-40

### 3.二维数组与一维数组的运算

用A2:B9区域减去D2:D9区域，A2:B9是一个二维数组而D2:D9区域为一个一维数组，其结果同样为0，可以看成是将二维数组划分为两个一维数组，分别与D2:D9数组相减，如图4-41所示。

①A2:A9减去D2:D9。

②B2:B9减去D2:D9。

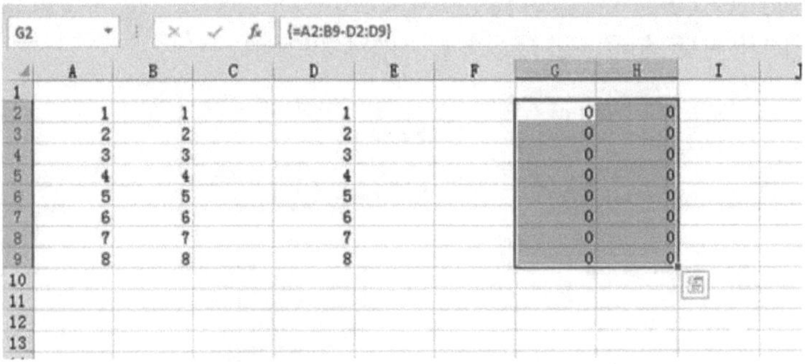

图4-41

### 4.二维数组与一维行数组的运算

用A2:B9区域减去D2:E2区域，可以看成是将A2:B9分为8个单独的一维行数组分别与D2:E2区域相减得到新的数组区域，如图4-42所示。二维数组与一维数组进行运算时，一维数组的行列方向的元素必须与二维数组相对应，否则会报错。

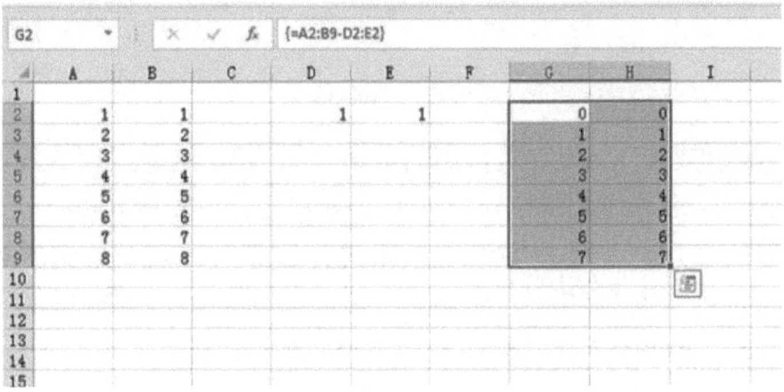

图4-42

# 4.5 高级数据分析

## ■4.5.1 数值格式设置

图4-43

通过应用不同的数值格式，可以只更改单元格内数字的外观而不更改数值。所以，使用数值格式只会使数值更易于表示，并不影响Excel用于执行计算的实际值。

"开始"选项卡下的"数字"组提供了一些常用的用于设置数值格式的工具按钮，如图4-43所示。"数字"组下方从左至右各按钮依次是"会计数字格式""百分比样式""千位分隔样式""增加小数位数"和"减少小数位数"。

Excel默认对数值应用"常规"格式。如果选中某个包含具体数据的单元格后，单击"常规"下拉列表框右侧的"数字格式"下拉按钮，展开的"数字格式"下拉列表显示了针对该数据的各种格式选项及当前格式选项，如图4-44所示。部分选项的说明如下。

● 常规：这是输入数字时的默认格式。大多数情况下，"常规"格式的数字以输入的方式显示。当单元格的宽度不够显示整个数字时，"常规"格式对较大的数字使用科学记数表示法。

图4-44                      图4-45

● 数字：这种格式用于数字的一般表示。在该格式下，用户可以指定要使用的小数位数、是否使用千位分隔符，以及如何显示负数等。

● 货币：此格式一般用于货币值并显示带有数字的默认货币符号。该格式也可以指定要使用的小数位数、是否使用千位分隔符，以及如何显示负数。

● 会计专用：这种格式也用于货币值，但是它会在一列中对齐货币符号和数字的小数点。

如果"数字"组中没有需要的数值格式，可以单击其右下角的"对话框启动器"按钮 ，或在"数字格式"下拉列表中执行"其他数字格式"命令，打开"设置单元格格式"对话框，在"数字"选项卡下对各种格式进行精确设置，如图4-45所示。

## ■4.5.2 单变量求解

单变量求解用于解决这样的问题：当你假定一个公式需要达到某个特定结果值时，需要找出使得该公式结果符合预期的变量（即引用单元格应该取什么值）。在Excel中，根据所提供的目标值，将引用单元格的值不断调整，直至达到所要求的公式的目标值时，变量的值才确定。

例如，如某职工的年终奖金是全年销售额的20%，前三个季度的销售额已经知道了，该职工想知道第四季度的销售额为多少时才能保证年终奖金为 1 000元。此时可以建立如图 4-46 所示的表格。其中，单元格 E2 中的公式为 "=(B2+B3+B4+B5)*20%"。

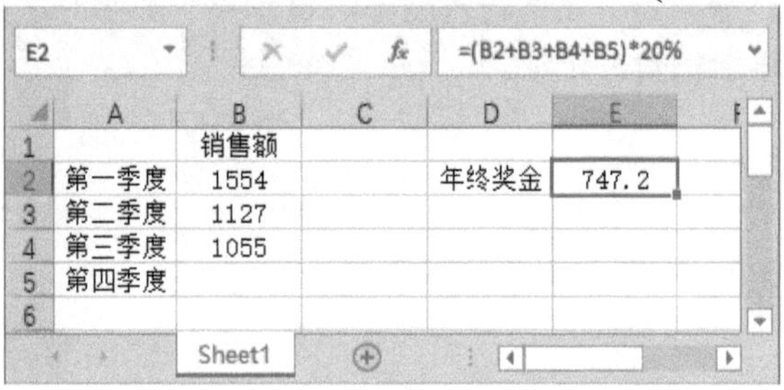

图4-46

用单变量求解的具体操作步骤如下：

（1）选中要保存产生特定数值的公式的目标单元格，如单元格E2。

（2）在"数据"选项卡下"预测"组中单击"模拟分析"按钮，在打开的下拉列表中执行"单变量求解"命令，弹出"单变量求解"对话框，如图4-47所示。此时，"目标单元格"框中含有刚才选中的单元格，在"目标值"框中输入想要的解，如输入"1000"，在"可变单元格"框中输入"$B$5"或"B5"，单击"确定"按钮。

（3）弹出"单变量求解状态"对话框。本例的计算结果"1264"将显示在单元格B5内。要保留这个值，单击"单变量求解状态"对话框中的"确定"按钮，如图4-48所示。

默认情况下，"单变量求解"命令在它执行100次求解并与指定目标值的差在0.001之内时停止计算。如果不需要这么高的精度，可在"文件"选项卡下执行"选项"命令，弹出"Excel选项"对话框，在左侧选择"公式"选项，在右侧的"计算选项"

区域选 中"启用迭代计算"复选框，在"最多迭代次数"和"最大误差"框中修改数值，如图 4-49所示。

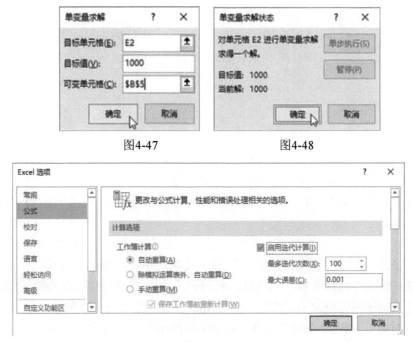

图4-47　　　　　　　　　　图4-48

图4-49

## ■4.5.3 单变量分析

单变量分析是数据分析中最简单的形式，其中被分析的数据只包含一个变量。因为它是一个单一的变量，它不处理原因或关系。单变量分析的主要目的是描述数据并找出其中存在的模式。

可以将变量视为数据所属的类别。例如，在单变量分析中，有一个变量是"年龄"，另一个变量是"高度"等。单变量分析不能同时观察这两个变量，也不能看它们之间的关系。

单变量数据中的发现模式有：查看平均值、模式、中位数、范围、方差、最大值、最小值、四分位数和标准偏差。此外，显示单变量数据的方法包括频率分布表、柱状图、直方图、频率多边形和饼状图。

单变量分析主要集中在单变量的描述和统计推断两个方面，在于用最简单的概括形式反映出大量样本资料所容纳的基本信息，描述样本数据中的集中或离散趋势。单变量统计推断则是从样本资料来推断总体的情况，主要包括区间估计和统计假设检验。描述单变量的样本集中趋势，常用的统计描述方式有均值、众数和中位数。区间估计是指在一定的置信度范围下对总体的取值区间的估计。统计假设是先对总体的某个参数做出假设，然后用样本统计量来验证假设，从而决定对假设的接受或拒绝。

单变量模拟运算表是指公式中有一个变量值，可以查看一个变量对一个或多个公式的影响。例如，贷款额为800 000元，年利率为6.50%，贷款期限为120个月，不同区域年利率变化不同，运用PMT函数求各区域的月偿还额，如图4-50所示。

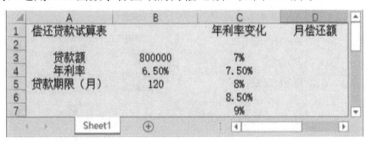

图4-50

创建单变量模拟运算表的具体操作步骤如下：

（1）选中D2单元格，在"公式"选项卡下"函数库"组中单击"插入函数"按钮。

（2）弹出"插入函数"对话框，在"或选择类别"下拉列表中选择"财务"选项，在"选择函数"列表框中选择"PMT"选项，单击"确定"按钮。

（3）弹出"函数参数"对话框，利用公式"PMT=年利率/12,存期,总额(贷)"，在"Rate"文本框中输入"B4/12"，在"Nper"文本框中输入"B5"，在"Pv"文本框中输入"B3"，单击"确定"按钮（如图4-51所示），即可求出结果。

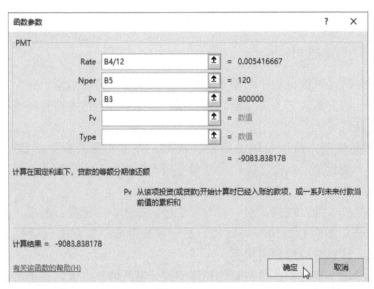

图4-51

（4）选中单元格区域C2:D7，在"数据"选项卡下"预测"组中单击"模拟分析"按钮，在打开的下拉列表中执行"模拟运算表"命令，如图4-52所示。

（5）弹出"模拟运算表"对话框，在"输入引用列的单元格"文本框中输入"B4"，单击"确定"按钮即可，如图4-53所示。

图4-52

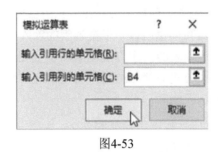

图4-53

## ■4.5.4 双变量分析

使用双变量分析来找出两个不同变量之间是否存在关系，在笛卡儿平面上将一个变量对另一个变量进行绘图，从而创建散点图（.plot），散点图有时可以让你洞悉数据试图告诉你的内容，如果数据似乎符合直线或曲线，那么这两个变量之间存在关系或相关性。

双变量分析目标是确定两个变量之间的相关性，测量它们之间的预测或解释的能力。双变量统计分析技术包括：相关分析和回归分析。使用双变量模拟运算表可以查看两个变量对公式的影响。

例如，存款期限为60个月时，求"每月应付款"随"贷款额"和"年利率"变化而相应变化的结果，如图4-54所示。创建双变量模拟运算表的具体步骤如下：

| | A | B | C | D | E |
|---|---|---|---|---|---|
| 1 | 还款计算表 | | | | |
| 2 | 根据贷款期限（60个月）以及贷款额、贷款年利率计算每月付款额 | | | | |
| 3 | | 4.50% | 4.00% | 3.50% | 3.00% |
| 4 | ￥550,000.00 | | | | |
| 5 | ￥500,000.00 | | | | |
| 6 | ￥450,000.00 | | | | |
| 7 | ￥400,000.00 | | | | |
| 8 | ￥350,000.00 | | | | |
| 9 | ￥300,000.00 | | | | |
| 10 | ￥250,000.00 | | | | |

图4-54

（1）选中A3单元格，输入公式"=PMT(F3/12,60,A11)"，按Enter键，可求出结果。

（2）选中单元格区域A3:E10，在"数据"选项卡下"预测"组中单击"模拟分析"按钮，在打开的下拉列表中执行"模拟运算表"命令。弹出"模拟运算表"对话框，在"输入引用行的单元格"文本框中输入"F3"，在"输入引用列的单元格"文本框中输入"A11"，单击"确定"按钮即可，如图4-55所示。

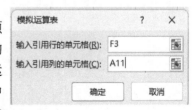

图4-55

## ■4.5.5 数据的模拟分析

模拟分析是指通过更改单元格中的值来查看这些更改对工作表中公式结果的影响的过程。Excel 中包含三种模拟分析工具：方案管理器、模拟运算表和单变量求解。

方案管理器和模拟运算表根据各组的输入值来确定可能的结果。单变量求解与方案管理器和模拟运算表的工作方式不同，它获取结果并确定生成该结果的可能的输入值，即如果已知单个公式的预测结果，而用于确定此公式结果的输入值未知，则可以使用单变量求解功能。

### 1.方案管理器

示例：在销售数量和成本固定的情况下，销售单价越高利润越大。可以建立多个方案，计算一下在不同的销售单价下利润是多少，如图4-56所示。

| | A | B | C | D |
|---|---|---|---|---|
| 1 | | 方案管理器 | | |
| 2 | 销售数量 | 销售单价 | 成本 | 利润 |
| 3 | 5000 | | 10000 | -10000 |

图4-56

（1）在D3单元格中输入公式"=A3*B3-C3"。

（2）执行 "数据"→"预测"→"模拟分析"→"方案管理器"命令，弹出"方案管理器"对话框。在"方案管理器"对话框中，单击"添加"按钮，如图4-57所示。

（3）在弹出的对话框中，输入方案名"销售单价25"，可变单元格就是B3，无须更改，单击"确定"按钮，如图4-58所示。

（4）在"方案变量值"对话框中，输入可变单元格的值即销售单价，然后单击"确定"按钮，如图4-59所示。

（5）返回到"方案管理器"对话框，可以看到添加了一个名为"销售单价25"的方案，用同样的方法可以继续添加其他方案，如图4-60所示。

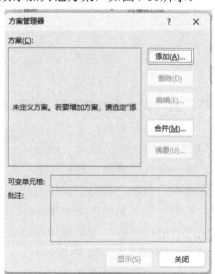

图4-57

图4-58                                    图4-59

（6）在"方案管理器"对话框中选择想要查看的方案名，然后单击"显示"按钮，如图4-61所示。

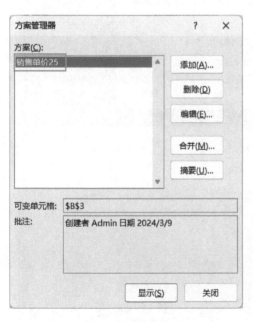

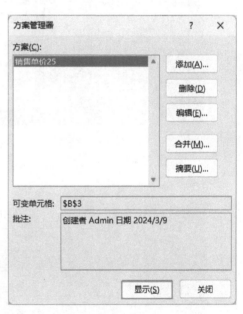

图4-60                                    图4-61

（7）在编辑窗口中，可看到销售单价为25的情况下，利润值为115000，如图4-62所示。

| | A | 方案管理器 | | |
|---|---|---|---|---|
| 1 | | 方案管理器 | | |
| 2 | 销售数量 | 销售单价 | 成本 | 利润 |
| 3 | 5000 | 25 | 10000 | 115000 |

图4-62

2.模拟运算表

（1）九九乘法表制作。

① 先随意在A1、A2单元格输入两个数字。

②在 A4单元格输入公式：=A1*A2。

③在B4:J4单元格输入1～9，A5:A13单元格输入1～9。

④选择A4:J13单元格区域，执行 "数据"→"预测"→"模拟分析"→"模拟运算表"命令。弹出"模拟运算表"对话框，选择图4-63所示的单元格，单击"确定"按钮。一个通过Excel模拟运算表制作的九九乘法表就做好了，如图4-64所示。

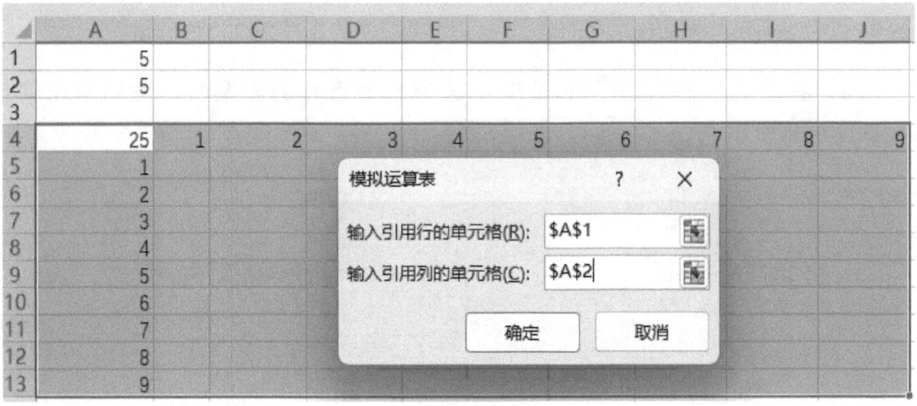

图4-63

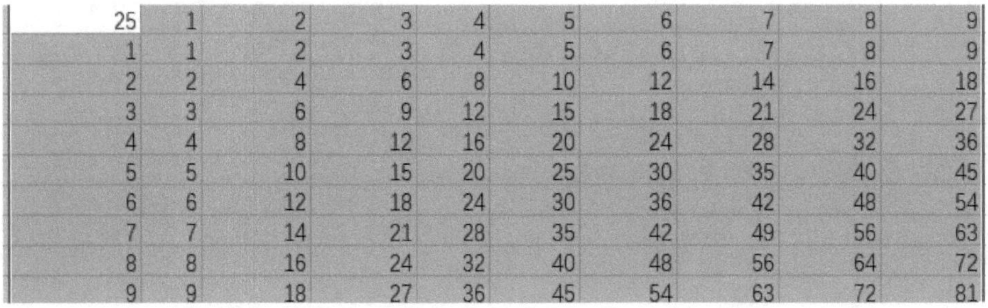

图4-64

（2）贷款利率计算。假设要贷一笔30年、金额200 000元的抵押贷款，利率6%～8.5%，每月需支付多少？

①在B2单元格输入公式：=PMT(A1/12,360,B1)。该函数的作用是计算在固定利率下，贷款的等额分期偿还额。

②选择A2:B8单元格区域，在"数据"选项卡的"预测"组中单击"模拟分析"按钮，从下拉列表中选择"模拟运算表"命令，弹出"模拟运算表"对话框。在输入引用列的单元格中，选择"A1"，单击"确定"按钮，如图4-65所示。

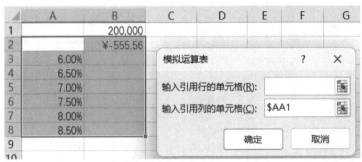

图4-65

（3）通过Excel模拟运算表功能制作的贷款利率计算，结果如图4-66所示。

|  | 200,000 |
| --- | --- |
|  | ¥555.56 |
| 6.00% | ¥1,199.10 |
| 6.50% | ¥1,264.14 |
| 7.00% | ¥1,330.60 |
| 7.50% | ¥1,398.43 |
| 8.00% | ¥1,398.43 |
| 8.50% | ¥1,398.43 |

图4-66

### 3.单变量求解

假设某公司产品成本价18元，售价25元，销售费用占到售价的15%，每月固定费用220 000元，计算保本即0利润、盈利50万元和盈利100万元三种利润表现分别需要销售的产品数量。

（1）建立产品数量和盈利之间的关系，在单元格B7中键入公式"=+B2*(B4-B3-B4*B5)-B6"，如图4-67所示。

| B7 | | × ✓ fx | =+B2*(B4-B3-B4*B5)-B6 | | | | |
| --- | --- | --- | --- | --- | --- | --- | --- |
|  | A | B | C | D | E | F | G | H |
| 1 | 方案一 |  |  | 方案二 |  |  | 方案三 |  |
| 2 | 产品数量： |  |  | 产品数量： |  |  | 产品数量： |  |
| 3 | 产品进价： | 18 |  | 产品进价： | 18 |  | 产品进价： | 18 |
| 4 | 产品售价： | 25 |  | 产品售价： | 25 |  | 产品售价： | 25 |
| 5 | 销售费用： | 15% |  | 销售费用： | 15% |  | 销售费用： | 15% |
| 6 | 固定费用： | 220,000 |  | 固定费用： | 220,000 |  | 固定费用： | 220,000 |
| 7 | 盈利： | -220,000 |  | 盈利： | 500,000 |  | 盈利： | -220,000 |

图4-67

（2）针对三种假设，分别打开"单变量求解"对话框，进行三次单变量求解，如图4-68～图4-70所示。

图4-68

图4-69

（3）确认之后，盈利和产品数量都填充了相应的数据，如图4-71所示。

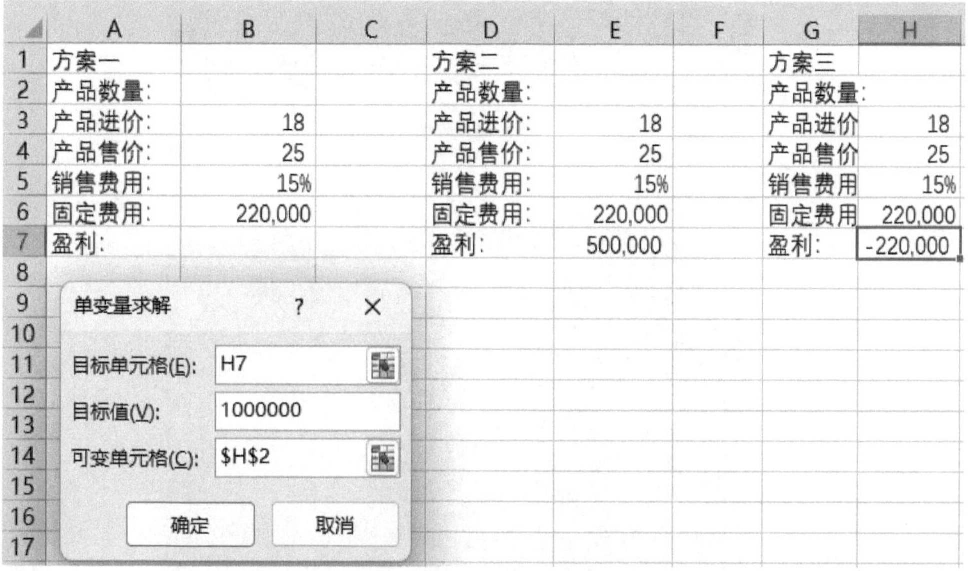

图4-70

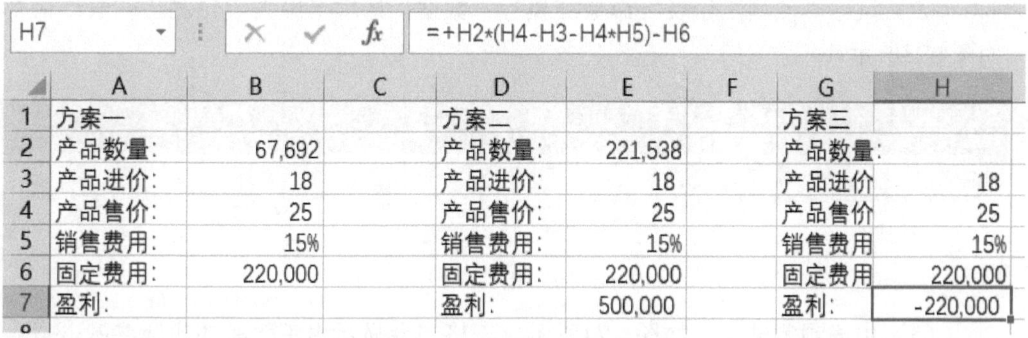

图4-71

## ■4.5.6 数据预测

在日常的办公过程中，除了可以使用Excel记录各种参数信息、票据表单，还可以利用其中的"预测工作表"命令，对未来数据的变化进行一定的预测。

### 1. Excel数据预测使用的办法

想要对Excel中的数据进行预测，主要是使用"数据"选项卡中的"预测工作表"命令。

（1）切换到"数据"选项卡。在这里，提前输入某产品一个月内的销量数据。随后，框选所有文本信息，并切换到"数据"选项卡，如图4-72所示。

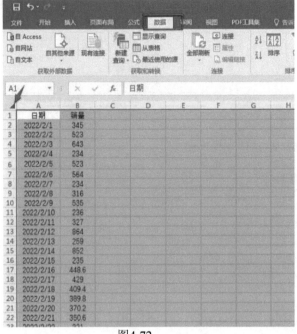

图4-72

（2）执行"预测工作表"命令。执行"数据"选项卡中的"预测工作表"命令，如图4-73所示。

图4-73

（3）生成预测结果。如图4-74所示，表格中会显示出销售额的实际参数，以及在未来一定期限内对产品销售状况的预测值。

（4）切换图表类型并设置预测结束时间。单击"创建柱形图"按钮，还可以将折线预测图转化为柱状预测图。通过底部的"预测结束"选项，可以调整数据预测的结束时间，如图4-75所示。

2. Excel预测精准度计算

如果想要计算前期预测值的精准度，可以将所有数据罗列出来，通过实际数据和预测数值之间的差值比例，换算出精准度。

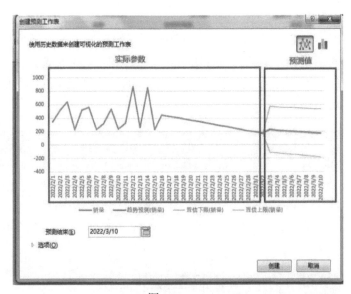

图4-74

图4-75

（1）输入预测所需数值并选定目标单元格。将实际发生的数值和前期预测所得的数值分别罗列出来，并选择"预测精准度"所在单元格作为目标单元格，如图4-76所示。

（2）输入公式。随后，在目标单元格中输入"=(B2-A2)/B2"的运算公式，即"预测数值-实际数值"再除以"预测数值"，如图4-77所示。

（3）单击"百分比样式"按钮。

设置完成后，按Enter键运行公式，单击"开始"选项卡"数值"组中的"百分比样式"按钮，将所得结果调整为百分比格式即可。剩下的数值通过拖动单元格右下角的绿色小点，进行一键同步就可以了，如图4-78所示。计算结果的绝对值越大，则精准度越差，反之则越精确。

图4-76

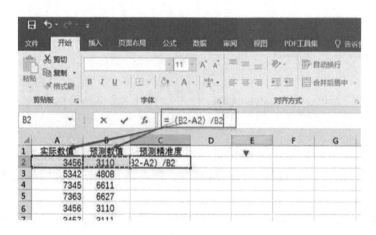

图4-77

### 3. 使用Excel制作数据分析图表

在Excel中，分析数据的方式多种多样。除了使用"预测工作表"命令，还可以将数据转化为对应的分析图表，通过图表中数据的起伏变化，推断出未来的发展趋势。

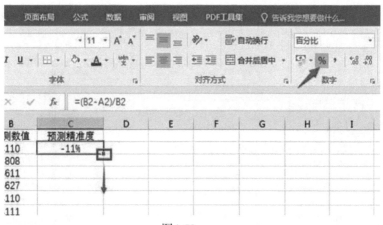

图4-78

（1）插入数据透视图。如图4-79所示，选择需要进行探究的数据信息，执行"插入"选项卡中的"数据透视图"命令。

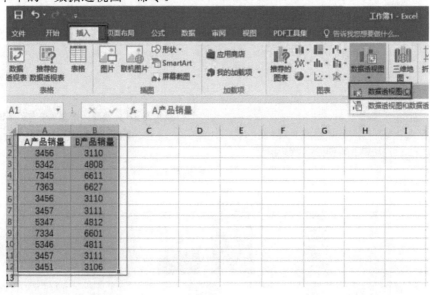

图4-79

（2）选取展示区域。在弹出的对话框中，分别对数据源和图表的放置区域进行一定的设置。选择完成后，单击底部的"确定"按钮，如图4-80所示，显示透视图的效果。

（3）汇总分析图表。如图4-81所示，通过汇总的信息图表，可以清晰地查看各产品在规定期间的总销量，以及两者之间的对比关系。

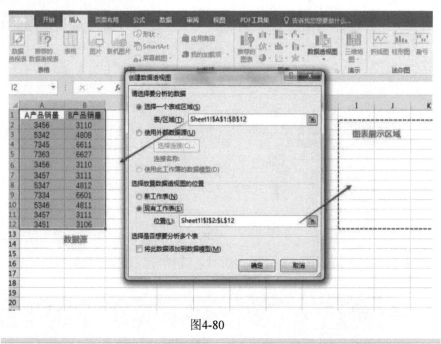

图4-80

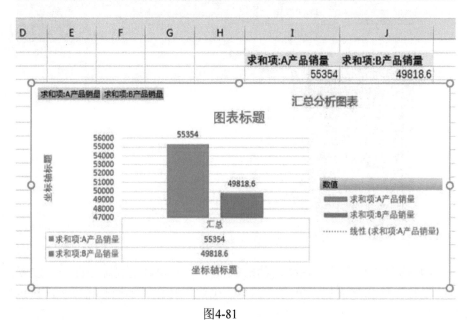

图4-81

（4）切换为折线图样式。除了数据透视图，还可以将表格中的数据参数转化为"折线图"的样式，如图4-82所示，这样可以更加清晰地表现出各项数值之间的起伏变化。

图4-82

（5）优化和调整图表。插入图表后，都可以切换到"设计"选项下，对图表的样式、色彩、显示元素等进行优化和调整，如图4-83所示。

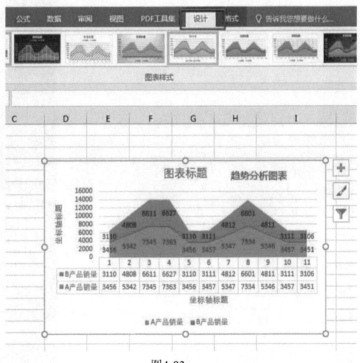

图4-83

## ■4.5.7 控件的简单应用

Excel控件是指在Excel表格中添加的一些功能性组件，可以方便用户进行数据输入、计算、图表绘制等操作。这些控件包括按钮、下拉框、复选框、滚动条、日期选择器等，可以大大提高Excel表格的交互性和用户体验。

除了常见的数据输入和计算，Excel控件还可以应用于数据可视化和报表制作。例如，利用图表控件可以快速绘制各种类型的图表，方便数据分析和呈现。利用复选框和滚动条控件可以实现交互式报表，用户可以根据需要选择不同的数据维度和筛选条件，实现数据的动态展示和分析。

此外，Excel控件还可以通过VBA编程实现更加复杂的功能。例如，利用按钮控件和VBA代码可以实现自动化数据处理和报表生成，大大提高了工作效率和数据准确性。

Excel中有两种控件，分别是窗体控件和ActiveX控件。

### 1. 添加"开发工具"选项卡

（1）默认情况下，Excel中不显示"开发工具"选项卡，需要手动添加。在菜单栏中，依次执行"文件"→"选项"命令，如图4-84所示。

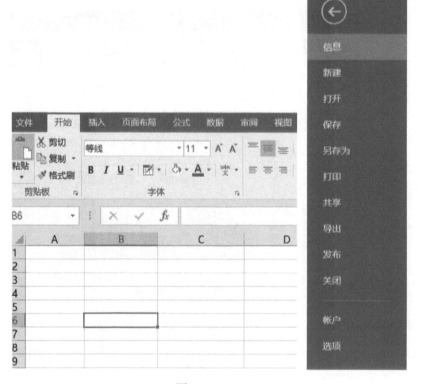

图4-84

（2）在弹出的"Excel选项"对话框中选择"自定义功能区"，在右侧的列表中，找到"开发工具"选项并勾选,如图4-85所示。

图4-85

(3)回到Excel中,可以看到功能区中出现了"开发工具"选项卡,如图4-86所示。

图4-86

(4)切换到"开发工具"选项卡,然后单击"插入"按钮,如图4-87所示。

图4-87

### 2. 控件

控件包括以下几种。

● 按钮。

● 标签。

● 组合框。

● 复选框。

● 选项按钮。

● 分组框。

● 列表框。

● 数值调节按钮。

● 滚动条。

（1）按钮。按钮是最简单的控件。单击图4-88所示的"按钮"图标，然后返回工作表中，在选定的位置按住鼠标左键，拖动鼠标，绘制按钮，松开鼠标后，弹出"指定宏"对话框，如图4-89所示。

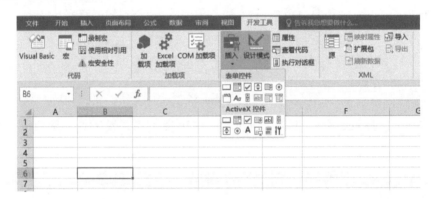

图4-88

图4-89

在这个对话框内指定单击按钮时运行的宏。

这就是按钮的功能：当单击按钮时运行指定的宏。

用户可以随时在按钮上右击，对按钮的属性进行修改，如图4-90所示。

图4-90

提示：不建议使用按钮控件。因为按钮的很多格式不能设置，比如按钮颜色。实际上，按钮的功能完全可以用自选图形中的矩形代替（自选图形可以指定宏），而自选图形的格式设置要灵活得多。

（2）标签。标签控件的作用是显示一段文本。可以单击图4-91所示的按钮绘制标签。

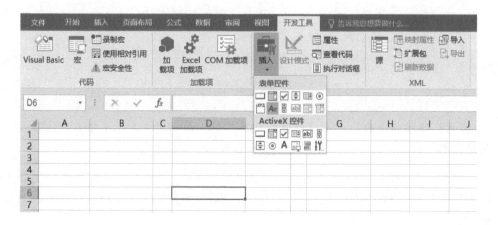

图4-91

实际上，除了外观不一样，标签跟按钮的作用完全相同。要设置标签，也可以右击标签，对其属性进行修改，如图4-92所示。

图4-92

标签和按钮还可以显示其他单元格的内容。选中标签，在编辑栏中输入=A1并按Enter键，标签中将显示单元格A1的内容，如图4-93所示。

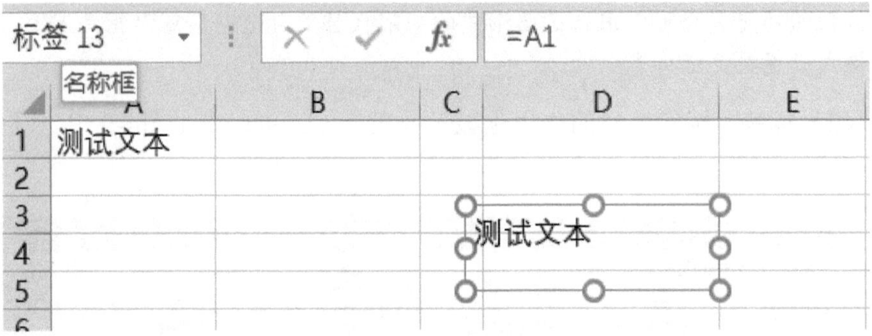

图4-93

提示：跟按钮一样，也不建议使用标签控件，原因同样是很多格式不能修改。可以使用文本框代替，也可以使用公式链接单元格，以及指定宏。

（3）组合框。组合框是比较常用的控件。单击"插入"按钮后，弹出如图4-94所示的下拉列表框。单击"组合框"按钮，Excel中即插入一个组合框控件，如图4-95所示。

使用组合框首先要设置该控件的格式。在组合框控件上右击，弹出右键快捷菜单，如图4-96所示。

主要设置的是"设置控件格式"对话框的"控制"选项卡中的各种选项，如图4-97所示。

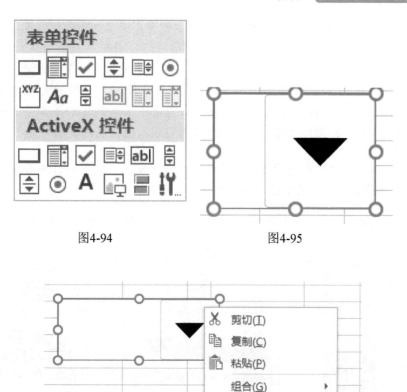

图4-94 图4-95

图4-96

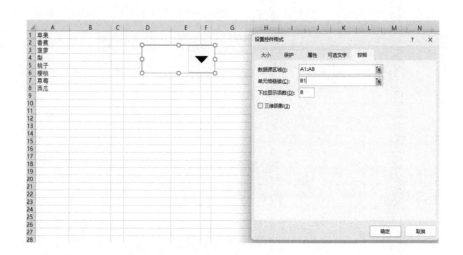

图4-97

其中，"数据源区域"中指明了下拉列表框中需要展示的数据来源，这个区域只能是列区域。

"单元格链接"是一个非常重要的选项。这里需要指定一个单元格，这个单元格将与组合框控件同步。如果你选择其中的某项，如"菠萝"，B1单元格会显示该项（菠萝）在数据源中的位置：3，如图4-98所示。也可以手动修改B1单元格中的值，组合框将显示对应的数据。如果将B1的值改为0或者删除，组合框将显示为空。

提示：组合框的功能与数据验证中的序列非常相似，它们的作用基本上是一样的。但是，数据验证中制作的下拉列表不会一直显示下拉箭头。

（4）复选框。复选框控件做一些多项选择时使用，如图4-99所示。

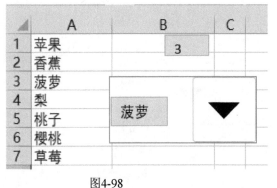

图4-98                                    图4-99

使用复选框首先需要设置控件格式，如图4-100所示。

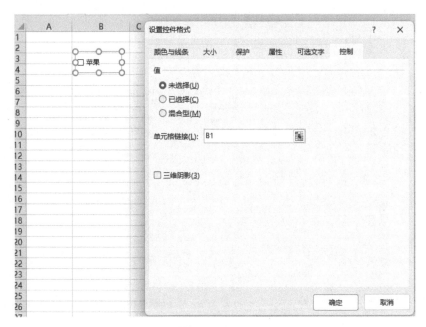

图4-100

最重要的选项就是"单元格链接",被链接的单元格将与控件同步。例如,勾选"苹果"复选框,被链接的单元格B1中显示TRUE,否则,显示FALSE,如图4-101所示。

在一个工作表中可以插入多个复选框控件,并且彼此之间互相不受影响。每一个复选框控件都会与一个单元格关联。

(5)选项按钮。选项按钮控件用于从多个选项中选择其中一个,如图4-102所示。

图4-101

图4-102

选项按钮的格式设置与复选框控件的设置类似,如图4-103所示。

图4-103

使用选项按钮控件也需要指定一个链接单元格。但是,如果再次插入选项按钮,在进行格式设置时,若其单元格链接已经被设置为B1(如图4-104所示),则这个新插入的选项按钮将与前面的选项按钮归为同一组。如果将单元格链接修改为其他的单元格,所有选项按钮的设置也将一起改变。

图4-104

同一时间只能有一个选项按钮被选中，一旦选中某个选项按钮，其余的选项按钮就会成为未选中状态，如图4-105所示，而链接单元格B1中显示的是已经选中的选项按钮的序号（根据插入的先后顺序确定）。

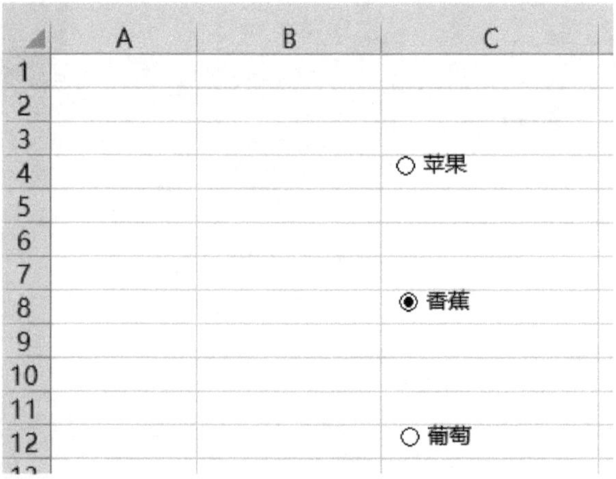

图4-105

（6）分组框。分组框控件用于把功能类似的控件组织到一起，如图4-106所示。

分组框的作用有两个：一个是组织相似的控件，使得界面上的操作更加直观，如图4-107所示；另一个是将选项按钮进行分组。

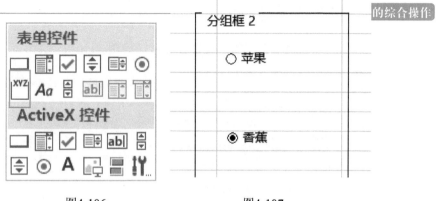

图4-106                                  图4-107

前面介绍选项按钮时可以看到，工作表上的所有选项按钮是一个整体，只能同时选择其中的一个选项。但是，很多时候，这些选项可能是不同类别的，如图4-108所示。

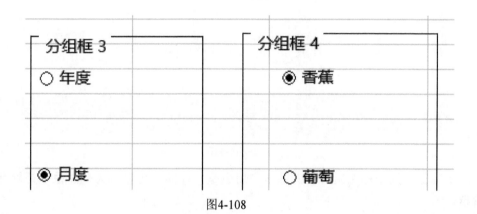

图4-108

在上面的例子中，苹果和香蕉是产品类别，而月度和年度是分析周期，它们显然不能归为同一类别。因此，将它们分别放在两个分组框中，就可以实现每一组分别选择了。

（7）列表框。列表框控件用于将单元格区域的数据列表的形式展示出来，如图4-109所示。

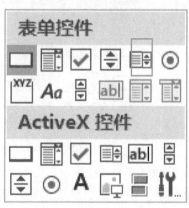

图4-109

列表框的格式设置跟组合框的格式设置类似，如图4-110所示。

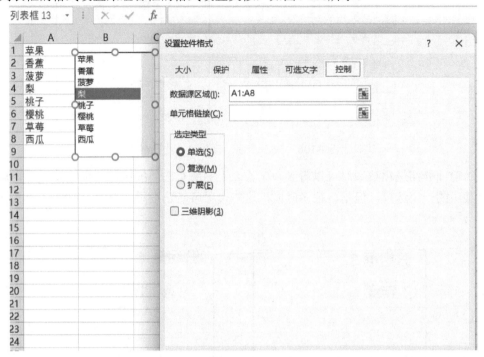

图4-110

实际上，列表框跟组合框的基本作用也是一样的，可以认为列表框就是展开的组合框。

（8）数值调节按钮。数值调节按钮控件用于通过按钮进行数值的设定，如图4-111所示。

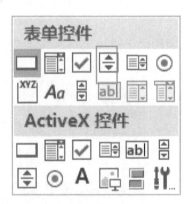

图4-111

数值调节按钮的格式设置如图4-112所示。需要给定最大、最小值，以及每次调整的步长，结果会与B1单元格同步，每次单击按钮，B1单元格中的值就会相应地+1或者-1（具体看步长是多少，此处步长为1）。

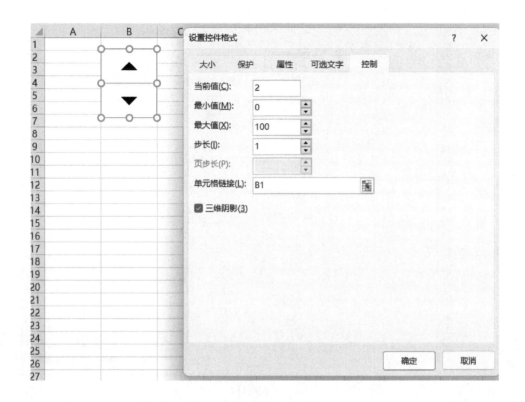

图4-112

（9）滚动条。滚动条控件的功能与数值调节按钮的功能类似，如图4-113所示。

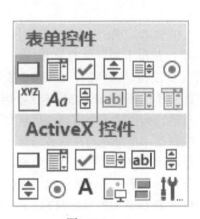

图4-113

调节滚动条滑块可以设定对应的数值，如图4-114所示。

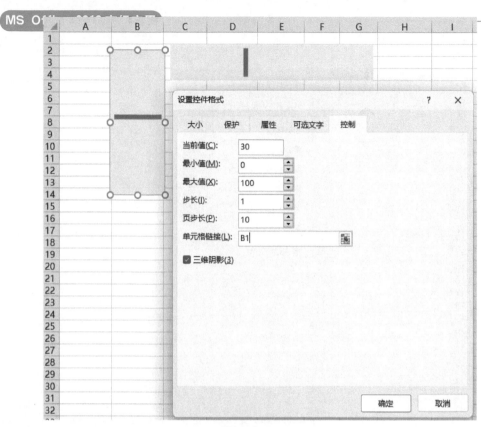

图4-114

滚动条可以是横向的，也可以是竖向的。其格式设定的选项中，比数值调节按钮多了一个"页步长"设置，是指用PageUp或PageDown键，或者用鼠标拖动滑块时，数值变化的大小。

表单控件是比较"老"的技术。从Excel 5.0开始引进，后续版本并未对其更新。它之所以目前还保留在Excel中，是出于兼容性的考虑。

在表单控件中，还有几个按钮是灰色的，如图4-115所示。这些按钮在以前的版本中可以使用，但是目前大部分还在使用的Excel版本都不再支持它们了。

控件有些"鸡肋"，虽然它们提供了不需要编程就可以与单元格进行交互的功能，但是它们的格式基本上不能修改，使得它们在很多场合下不能使用。

在使用这些表单控件时，除了按钮、标签和分组框，其他的控件经常需要结合函数来使用，因为这些控件只是在单元格中显示数值或者逻辑值，所以需要函数跟真实的数据发生关联，常用的函数包括VLOOKUP、MATCH、INDEX、OFFSET等。

### 3. ActiveX控件

对于初学者来说，说起控件，一般就是指表单控件。但是由于表单控件不能修改格式，所以很多时候可以使用ActiveX控件来代替，如图4-116所示。

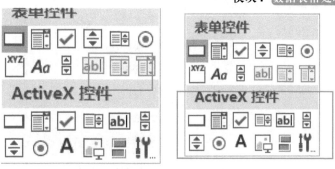

图4-115　　　　　　　　　　　图4-116

前面介绍的控件基本上都有对应的ActiveX控件，比如复选框，如图4-117所示。

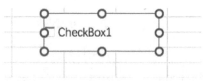

图4-117

ActiveX控件和表单控件从外观上看没有区别。但是ActiveX控件的"设置控件格式"对话框中缺少了"控制"选项卡，如图4-118所示。

图4-118

要对ActiveX控件进行设置，还可在控件上右击，然后在右键菜单中选择"查看代码"选项，如图4-119所示。

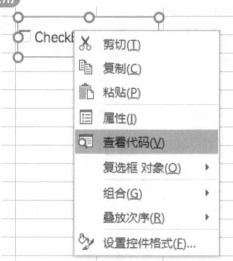

图4-119

打开VBE窗口，如图4-120所示。VBE窗口左下角就是设置ActiveX控件的区域，如图4-121所示。这里的属性都可以进行设置。

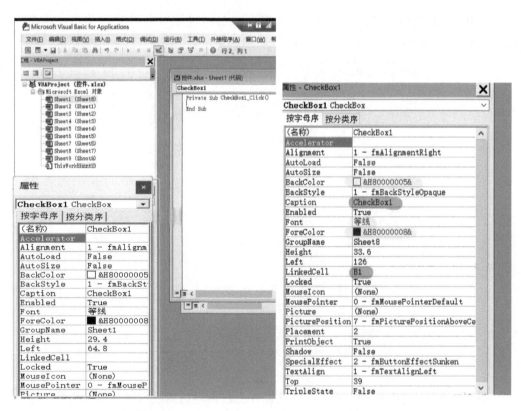

图4-120                              图4-121

设置完成后，回到工作表，会发现控件发生了变化，如图4-122所示。但是此时还不能单击该控件。

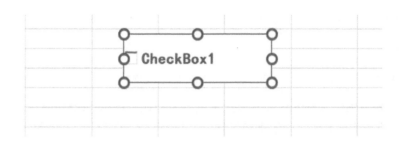

图4-122

使用ActiveX控件时有两种模式：设计模式和运行模式。

当插入控件，或者设置其属性时，是设计模式，如图4-123所示。

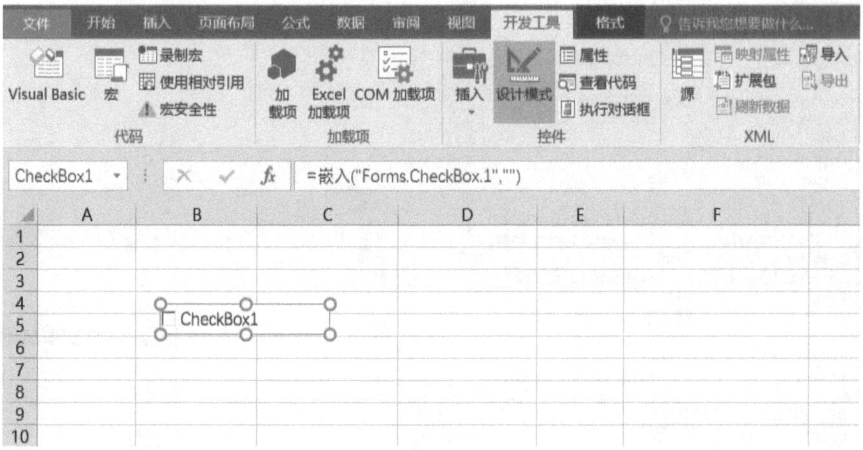

图4-123

如果希望使用这个控件，应取消设计模式而改为运行模式。单击"设计模式"按钮即可切换模式，如图4-124所示。

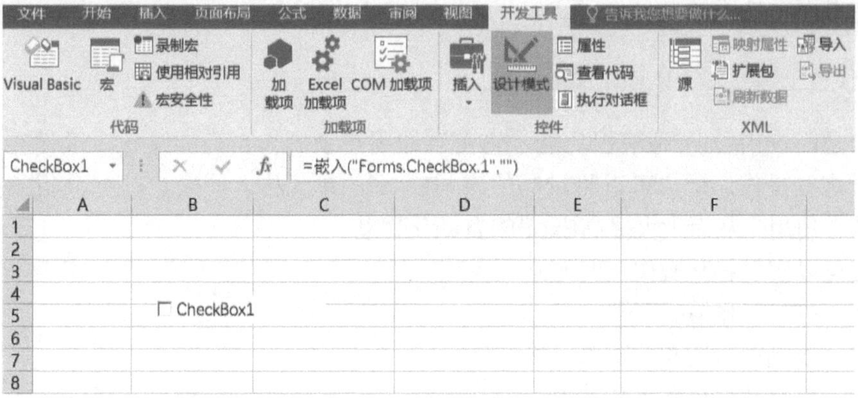

图4-124

此时，就可以勾选或取消勾选该复选框，结果会与链接单元格同步。

如果希望选中这个控件进行格式修改，则可再次单击"设计模式"，然后选中该控件。

提示：对于表单控件来说，没有设计模式。要想选中该控件，就用鼠标右键单击。

ActiveX控件的组合框的设置与复选框的基本类似，如图4-125所示。

最重要的是填充区域（即数据源区域），以及链接单元格B1，如图4-126所示。

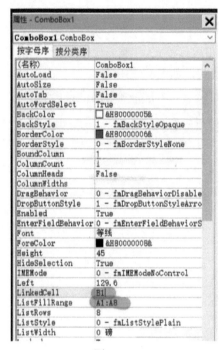

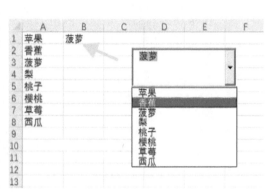

图4-125                                          图4-126

ActiveX控件的组合框和表单控件中的组合框有一点不同，即ActiveX的组合框显示选择结果而不是序号。

## ■4.5.8　宏功能的简单应用

宏是Excel中的一种编程功能，它可以让用户录制一系列的操作，以便在需要时自动执行这些操作。用户可以将录制的宏与Excel的单元格、图表、数据分析工具等其他功能结合使用，从而大大提高Excel的自动化程度。

宏可以实现各种操作，例如：

- 打开工作簿。
- 复制、剪切和粘贴单元格。
- 执行数据分析工具。
- 进行格式化和样式调整。
- 向单元格中填充数据。
- 进行计算和公式处理。

● 在工作表之间移动数据。

● 在多个工作簿之间移动数据。

使用Excel宏可以帮助用户简化烦琐的任务，减少输入错误，并节省时间。

### 1. 宏的基本概念

宏是一组Excel的VBA（visual basic for applications）指令，它可以记录和执行一系列的操作。通过录制宏，可以将一系列的操作转化为VBA代码，然后在需要的时候执行这些代码，从而自动化地完成任务。

### 2. 录制宏

（1）打开Excel，单击"开发工具"选项卡。如果没有找到该选项卡，可以通过"文件"→"选项"→"自定义功能区"来启用。

（2）在"开发工具"选项卡中，单击"录制宏"按钮。此时会弹出一个对话框，要求输入宏的名称和描述，如图4-127所示。还可以选择将宏保存在哪个工作簿中。一般情况下，选择保存在当前工作簿中。

（3）单击"确定"按钮后，Excel会开始录制操作。用户可以在录制过程中进行任何想要自动化的操作，比如输入数据、设置格式等。

（4）完成操作后，再次单击"开发工具"选项卡中的"停止录制"按钮，Excel就会停止录制，并将操作转化为VBA代码。

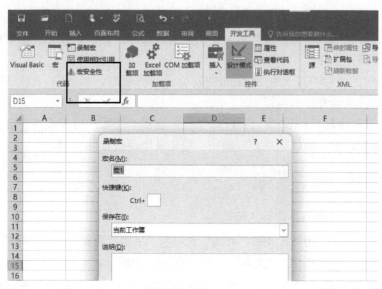

图4-127

### 3. 查看和编辑宏

（1）在"开发工具"选项卡中，单击"Visual Basic"按钮，进入VBA的编辑器界面。

（2）在左侧的"项目资源管理器"窗口中，可以看到"VBAProject（工作簿名称）"和"Microsoft Excel对象"两个文件夹。在"Microsoft Excel对象"文件夹中，可以找到各个Excel对象，如"Sheet1""Sheet2"等。

（3）双击打开需要查看或编辑宏的工作表，或者在"项目资源管理器"中右击需要查看或编辑宏的工作表，选择"查看代码"，就可以看到录制的宏的代码了。

（4）用户还可以直接编辑这些代码以满足特定需求。编辑完成后，保存并关闭VBA编辑器。

### 4. 运行宏

（1）打开"开发工具"选项卡，单击"加载宏"按钮，会弹出"加载宏"对话框，列出所有可用的宏。

（2）在对话框中选择需要运行的宏，单击"确定"按钮，Excel就会执行该宏的代码，自动化完成一系列操作，如图4-128所示。

图4-128

### 5. 使用宏时的注意事项

（1）宏虽然强大，但也有一定的风险。因为宏可以执行任何VBA代码，所以如果宏的代码被恶意修改，可能会导致数据的丢失或损坏。因此，在运行宏之前，一定要确认宏的来源是可靠的。

（2）宏的执行可能会受到Excel的安全设置的限制。如果Excel被设置为禁止执行宏，就需要修改设置才能运行宏。

（3）录制宏时，Excel会记录所有操作，包括一些用户可能没有注意到的细节。因此，在录制宏之前，最好先规划好操作，避免录制不必要的步骤。

## ■4.5.9 导入外部数据

### 1. 方法一：文本数据的导入方式

（1）打开Excel 2016，找到"数据"选项卡，单击"数据"选项卡中的"获取外部数据"的按钮，找到并单击"自文本"图标，如图4-129所示。

（2）在弹出的"导入文本文件"对话框中选择要导入的数据文本，单击"打开"

按钮，如图4-130所示。

图4-129

图4-130

（3）弹出"文本导入向导"对话框，选择文件类型。一般选择"分隔符号"，当然也可以根据自己文本的情况来选择是"分隔符号"还是"固定宽度"，然后单击"下一步"按钮，如图4-131所示。

（4）接下来，选择分隔符号的类型，主要有"Tab键""分号""逗号""空格"及"其他"选项，在"数据预览"处可以看到数据效果，设置完毕后单击"下一步"按钮，如图4-132所示。

（5）列数据格式直接采用默认设置，单击"完成"按钮，如图4-133所示。

（6）在弹出的"导入数据"对话框中可以设置数据的放置位置，选择"现有工作表"或者"新工作表"选项，单击"确定"按钮，即可在Excel中看到导入效果，如图4-134和图4-135所示。

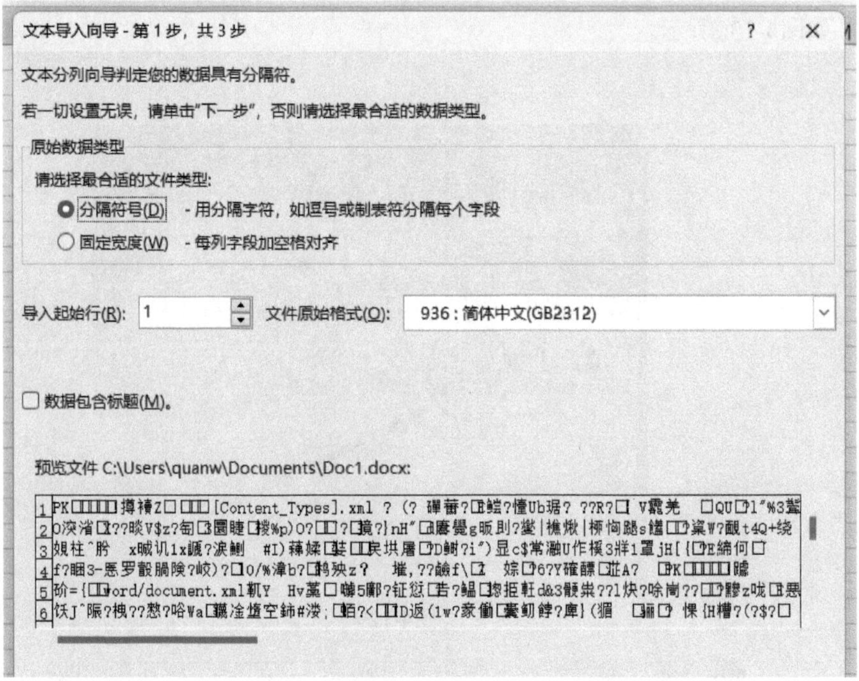

文本导入向导 - 第 1 步，共 3 步

文本分列向导判定您的数据具有分隔符。

若一切设置无误，请单击"下一步"，否则请选择最合适的数据类型。

原始数据类型

请选择最合适的文件类型：

- 分隔符号(D) - 用分隔字符，如逗号或制表符分隔每个字段
- 固定宽度(W) - 每列字段加空格对齐

导入起始行(R)： 1    文件原始格式(O)：  936 : 简体中文(GB2312)

☐ 数据包含标题(M)。

预览文件 C:\Users\quanw\Documents\Doc1.docx：

图4-131

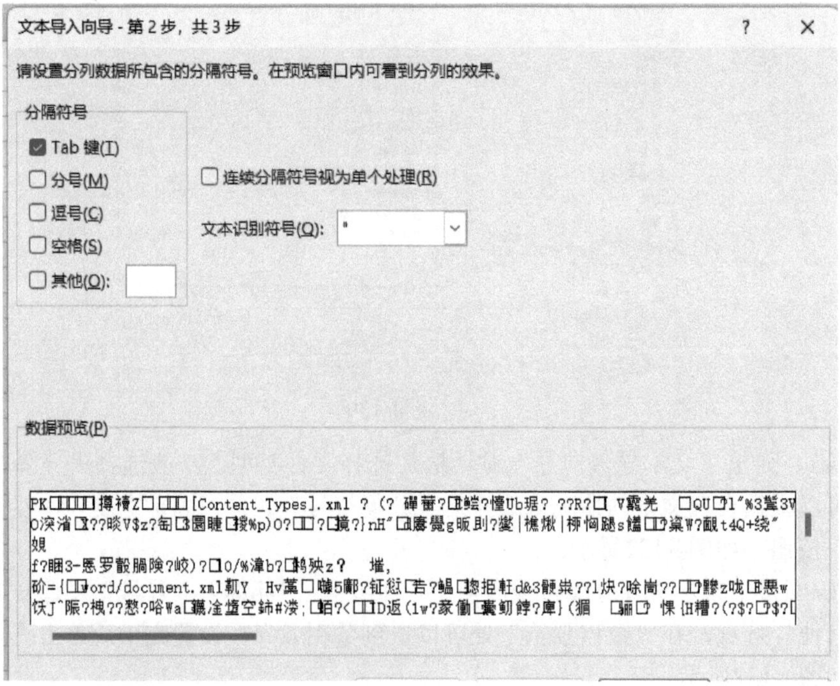

文本导入向导 - 第 2 步，共 3 步

请设置分列数据所包含的分隔符号。在预览窗口内可看到分列的效果。

分隔符号

- ☑ Tab 键(T)
- ☐ 分号(M)          ☐ 连续分隔符号视为单个处理(R)
- ☐ 逗号(C)          文本识别符号(Q)：  "
- ☐ 空格(S)
- ☐ 其他(O)：

数据预览(P)

图4-132

图4-133

图4-134

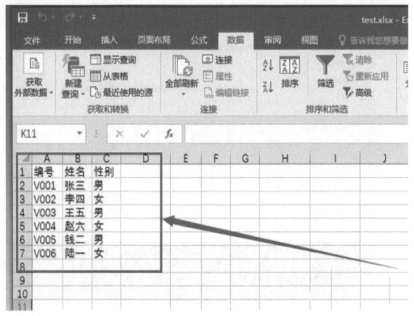

图4-135

2. 方法二：其他方式

（1）还有其他的外部数据导入方式。例如，导入网站数据可以通过"数据"→"获取外部数据"→"自网站"来完成，如图4-136和图4-137所示。

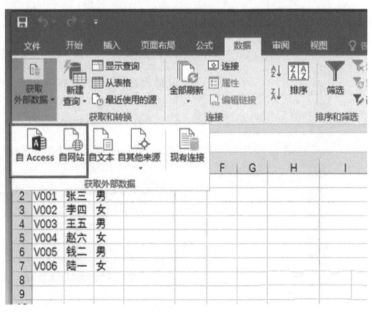

图4-136

图4-137

（2）导入数据库数据，可以通过选择"数据"→"获取外部数据"→"自其他来源"中的数据库类型，然后进行导入设置，如图4-138所示。

图4-138

## ■4.5.10 使用PowerPivot管理数据模型的基本操作

PowerPivot是Excel 中可用的三大数据分析工具之一，它是一种数据建模技术，用于创建数据模型、建立关系，以及创建计算。用户可使用 PowerPivot 处理大型数据

集，构建广泛的关系，以及创建复杂（或简单）的计算，这些操作全部在高性能环境中和所熟悉的 Excel 内执行。

### 1. 添加 Power Pivot

Power Pivot 是 Excel 中的一组应用程序。打开示例工作簿，单击"文件"→"选项"→"加载项"选项卡。在"管理"选项右侧选择"COM加载项"并单击"转到"按钮，在弹出的"COM加载项"对话框中选中"Microsoft Power Pivot for Excel"选项，然后单击"确定"按钮（如图4-139和图4-140所示），就可以将"Power Pivot"选项卡添加到功能区，如图4-141所示。

图4-139

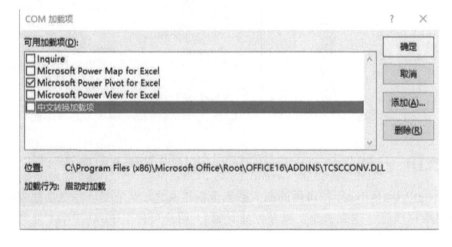

图4-140

图4-141

## 2. Power Pivot窗口的功能

单击"Power Pivot数据模型"选项组中的"管理"按钮,可在弹出的Power Pivot窗口中查看和管理数据模型、添加计算、建立关系,以及查看 Power Pivot数据模型的元素。数据模型是表或其他数据的集合,表或数据之间通常建立有关系,如图4-142所示。

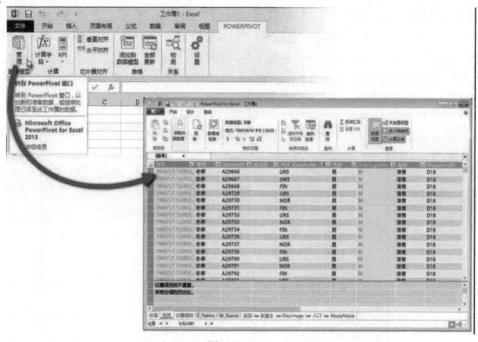

图4-142

Power Pivot 窗口也可以用于建立模型中包括的数据之间的关系,并以图形方式表示此类关系。通过从Power Pivot窗口右下侧单击 "关系图" 图标,可以查看 Power Pivot 数据模型中的现有关系,如图4-143所示。

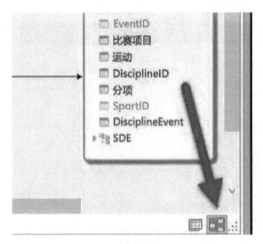

图4-143

### 3. 使用关系图视图添加关系

下面以奥运会的相关数据作为例介绍使用关系图视图添加关系的方法，示例工作簿包含一个名为"主办地"的表格。将"主办地"表格中的数据复制粘贴到 Excel 中，随后将数据设置为表格格式。要将"主办地"表格添加到数据模型，需要建立关系。此时可以使用 Power Pivot 直观地展现数据模型中的关系，然后创建关系。

（1）在 Excel 中，单击"主办地"工作表标签，让它成为活动工作表。然后在功能区上选择"Power Pivot"→"表格"→"添加到数据模型"选项。此步骤会将"主办地"表格添加到数据模型。Power Pivot 窗口中将显示该模型中的所有表，如图4-144所示。

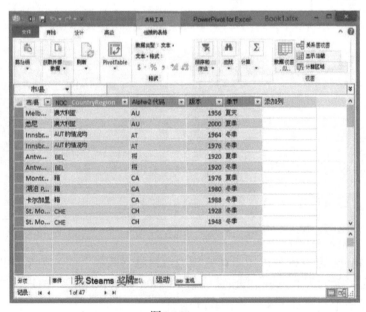

图4-144

（2）在 Power Pivot 窗口的右下角单击"关系图"按钮。使用滑动条调整关系图大小，可以查看关系图中的所有对象。通过拖动标题栏重新排列表，使之可见并且彼此相邻。此时可以看到，有4个表与其他表无关："主办地""小项""W_Teams"和"S_Teams"，如图4-145所示。

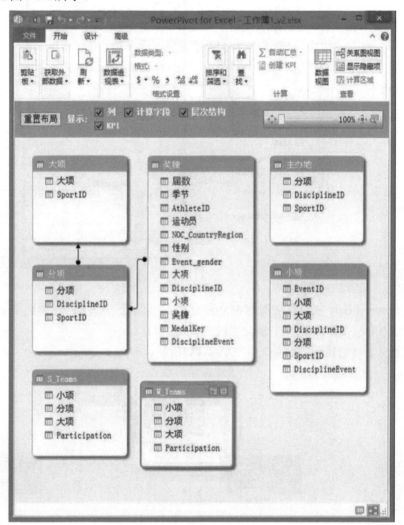

图4-145

"奖牌"表和"小项"表均有一个名为"DisciplineEvent"的字段。进一步检查可以确定，"小项"表中的 DisciplineEvent 字段包含唯一、非重复的值。

接下来在"奖牌"表与"小项"表之间创建关系。在关系图视图中，将"小项"表中的 DisciplineEvent 字段拖动到"奖牌"表中的 DisciplineEvent 字段上。此时两者之间将显示一条直线，表示已建立关系，如图4-146所示。

4. 创建层次结构

大多数数据模型包含具有继承关系层次结构的数据。常见示例有日历数据、地理位置数据和产品类别。

图4-146

在 Power Pivot 中创建层次结构非常有用，可以将一个项目拖动到报表（即层次结构），而不必反复组合和排序相同字段。

奥运会数据也属于层次结构，如图4-147所示。

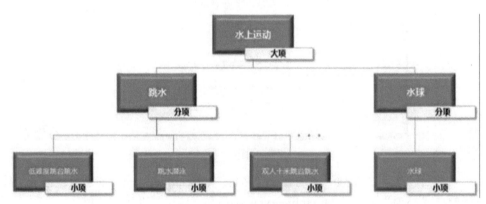

图4-147

（1）创建"大项"层次结构。在 Power Pivot 中，切换到关系图视图。展开"小项"表，以便轻松地查看该表的所有字段。按住 Ctrl键，然后单击"大项""分项"和"小项"字段。选中这三个字段后右击，然后选择"创建层次结构"选项。最后应确认"大项"出现在该层次结构中的第一层，然后是"分项"，最后是"小项"。

键入"SDE"来为新层次结构重命名，如图4-148所示。

（2）创建"位置"层次结构。在 Power Pivot 的关系图视图中，选择"主办地"表，单击表格标题中的"创建层次结构"按钮，如图4-149所示。

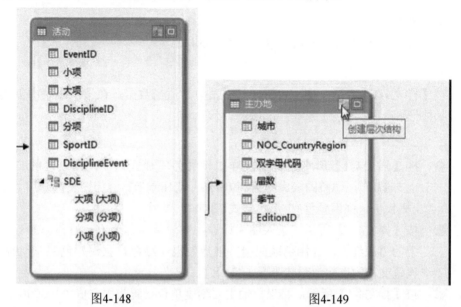

图4-148                           图4-149

向层次结构添加列有两种方法。方法一：将"季节""城市"和 NOC_CountryRegion字段拖动到层次结构名称（本例中为"位置"字段），添加这些字段。

方法二：右击 EditionID，先选择"添加到层次结构"选项，再选择"位置"选项，即可成功添加字段。在进行这些操作时，应确保层次结构子节点的顺序正确，如图4-150所示。

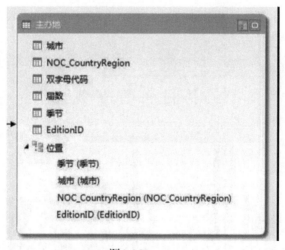

图4-150

现在，有了"大项"和"位置"层次结构，即可将其添加到数据透视表或 Power View，以获得包含有用数据分组的结果。

# 练一练

练习1

【操作要求】

在Excel中打开文档A4.xlsx，按下列要求操作。

1. 创建图表

按【样文4-1】所示，选取Sheet1工作表中的适当数据，在该工作表中创建一个三维簇状柱形图。

2. 设置图表的格式

● 按【样文4-1】所示，将图表样式设置为"样式11"，图表区的布局设置为"布局1"，调整图表大小为高9厘米、宽16厘米，并为图表区套用"细微效果 - 橄榄色，强调颜色3"形状样式。

● 按【样文4-1】所示，录入图表标题，并设置字体为方正姚体、20磅、标准色中的"深红"；为图例区应用"强烈效果 - 橙色，强调颜色6"形状样式，并设置文本的字体为微软雅黑、11磅。

● 按【样文4-1】所示，将坐标轴主要刻度单位设置为固定值"20000"。

3. 修改图表中的数据

按【样文4-1】所示，将工作表中四月份"吴佳"销售业绩的数据更改为"85000"，从而改变图表中的数据，并为该数据添加数据标注，设置字体显示为标准色中的"红色"、11磅。

4. 为图表添加外部数据

按【样文4-1】所示，将Sheet2工作表中"五月份"和"六月份"销售业绩量添加至图表中。

【样文4-1】

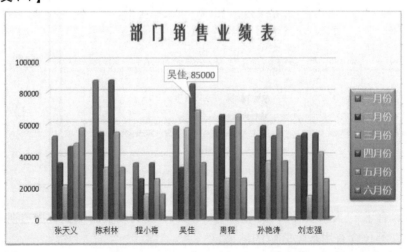

练习2

【操作要求】

在Excel中打开文档A4.xlsx，将Sheet1工作表重命名为"存款计算表"，并按下列要求操作。

### 1. 公式的运用

按【样文4-2A】所示，在"存款计算表"工作表中利用函数FV计算出"存款计算表1"中的"最终存款额"。

### 2. 双变量分析

按【样文4-2B】所示，运用模拟运算表分析并计算出Sheet2工作表"存款计算表2"表格中存款期限为90个月时，"最终存款额"随"每月存款额"和"年利率"的变化而相应变化的结果。

### 3. 数据格式设置

按【样文4-2B】所示，设置Sheet2工作表"存款计算表2"表格中计算结果单元格中的数字格式为货币，保留两位小数。

【样文4-2A】

| 存款计算表1 | |
| --- | --- |
| 每月存款额 | -5000 |
| 年利率 | 5.50% |
| 存款期限（月） | 120 |
| 最终存款额 | ¥797,537.91 |

【样文4-2B】

| 存款计算表2 | | | |
| --- | --- | --- | --- |
| 根据存款期限（90个月）以及每月存款额、存款年利率计算最终存款额 | | | |
| ¥0.00 | -5500 | -6000 | -6500 | -7000 |
| 6.00% | ¥623,210.15 | ¥679,865.61 | ¥736,521.08 | ¥793,176.55 |
| 6.50% | ¥635,732.19 | ¥693,526.02 | ¥751,319.86 | ¥809,113.69 |
| 7.00% | ¥648,574.76 | ¥707,536.10 | ¥766,497.44 | ¥825,458.79 |
| 7.50% | ¥661,746.87 | ¥721,905.68 | ¥782,064.49 | ¥842,223.29 |
| 8.00% | ¥675,257.79 | ¥736,644.86 | ¥798,031.93 | ¥859,419.00 |
| 8.50% | ¥689,117.05 | ¥751,764.05 | ¥814,411.06 | ¥877,058.06 |

# 模块5 演示文稿的制作与美化

**知识要点**

- 演示文稿的基本操作。
- 演示文稿的页面设置。
- 演示文稿的插入元素。
- 动画及放映设置。
- 保护与导出演示文稿。

## 5.1 演示文稿的基本操作

### ■5.1.1 设置幻灯片的版式

版式是定义幻灯片上待显示内容位置信息的幻灯片母版的组成部分。版式包含占位符，占位符可以容纳文字（如标题和项目符号列表）和幻灯片内容（如SmartArt图形、表格、图表、图片、形状和剪贴画）。PowerPoint允许在版式或幻灯片母版中添加文字和对象占位符，但不允许直接在幻灯片中添加占位符。

选择要设置版式的幻灯片，在"开始"选项卡下"幻灯片"组中单击"版式"按钮，在弹出的下拉列表中即可看到"标题幻灯片""标题和内容""节标题""两栏内容"等11种版式，选择所需要的版式即可，如图5-1所示。

图5-1

提示：每种版式的样式及占位符各不相同，用户可以根据需要选择要创建或更改的幻灯片版式，从而制作出符合要求的演示文稿。

## ■5.1.2 文本操作

幻灯片的内容由一定数量的文本对象和图形对象组成，其中，文本对象是幻灯片的基本组成部分，也是演示文稿中最重要的部分。合理组织文本对象可以使幻灯片更清晰地说明问题，恰当地设置文本对象的格式也可以使幻灯片更加吸引眼球。

### 1. 输入文本

（1）在占位符中输入文本。占位符是一种带有虚线或阴影线边缘的框。幻灯片版式包含以各种形式组合的文本和对象占位符，可以在文本和对象占位符中键入标题、副标题和正文文本，或图表、表格和图片等对象。

如图5-2所示，点线边框表示包含幻灯片的标题文本的占位符。要在幻灯片上的占位符中添加正文或标题文本，只需在文本占位符中单击，然后输入或粘贴文本。如果文本大小超过占位符的大小，PowerPoint会在输入文本时以递减方式减小字号和行间距，以使文本适应占位符的大小。

单击此处添加标题

单击此处添加副标题

图5-2

（2）在文本框中输入文本。文本框是一种可移动、可调大小的文字容器。使用文本框可将文本放置在幻灯片上的任何位置，例如，可以通过创建文本框并将其放置在图片旁边来为图片添加标题。

要在幻灯片中添加文本框，可在"插入"选项卡下"文本"组中单击"文本框"下三角按钮，在下拉菜单中执行"绘制横排文本框"或"竖排文本框"命令，如图5-3所示。然后在幻灯片中拖动鼠标绘制文本框，并输入或粘贴文本。

（3）在形状中输入文本。在PowerPoint中，正方形、圆形、标注批注框和箭头总汇等形状可以包含文本。在形状中键入文本时，文本会附加到形状并随形状一起移动和旋转。当然，也可以添加独立于形状并且不会随形状一起移动的文本。

要添加会成为形状组成部分的文本，首先应插入一个形状。在"插入"选项卡下"插图"组中单击"形状"按钮，在展开的下拉列表中选择一个图形形状，如图5-4所示；或在"开始"选项卡下"绘图"组中单击形状区域的"其他"按钮，在展开的列表中选择图形形状。

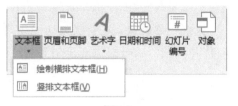

图5-3

然后在幻灯片中拖动鼠标以绘制形状。右击想要添加文字的形状，在弹出的快捷菜单中执行"编辑文字"命令，输入文字即可。要添加不会随形状一起移动的文本，只需在形状上方添加一个文本框，然后输入或粘贴文本。

### 2. 文本格式设置

（1）设置字体格式。与Word、Excel相似，PowerPoint中的文字可以通过"开始"选项卡下"字体"组中的各种工具来设置格式，如字体、字号、字形、颜色等，如图5-5所示。

"字体"组中绝大多数工具的功能与Word "字体"组中的相应工具相同，具有PowerPoint特色的当属"阴影"按钮。选中文本后单击该按钮，可以为文字添加一个阴影效

图5-4

果，使之在幻灯片中更加醒目。若需要进行其他字体格式设置，可以单击"字体"组右下角的"对话框启动器"按钮，显示"字体"对话框，并通过"字体"和"字符间距"选项卡所提供的功能进行设置。

（2）设置段落格式。幻灯片中的文字格式除了有"字体"格式，还有"段落"格式。在"开始"选项卡下"段落"组中提供了一些常用的段落设置工具，如行距、对齐方式、文字方向等，如图5-6所示。

在"段落"组中，可通过"降低列表级别"按钮和"提高列表级别"按钮来编辑正文内容的级别，两个按钮的作用说明如下：

图5-5

- ● **"降低列表级别"按钮**：选中文本后，单击此按钮可减小缩进级别。例如，将一级文本降低成二级文本，其快捷键为Shift+Tab。

- ● **"提高列表级别"按钮**：选中文本后，单击此按钮可增大缩进级别。例如，将二级文本升高成一级文本，其快捷键为Tab。

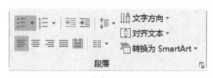

图5-6

若需要进行其他段落格式的设置，可单击"段落"组右下角的"对话框启动器"按钮 ，显示"段落"对话框（如图5-7所示），然后通过"缩进和间距"和"中文版式"选项卡中的选项进行适当的设置。

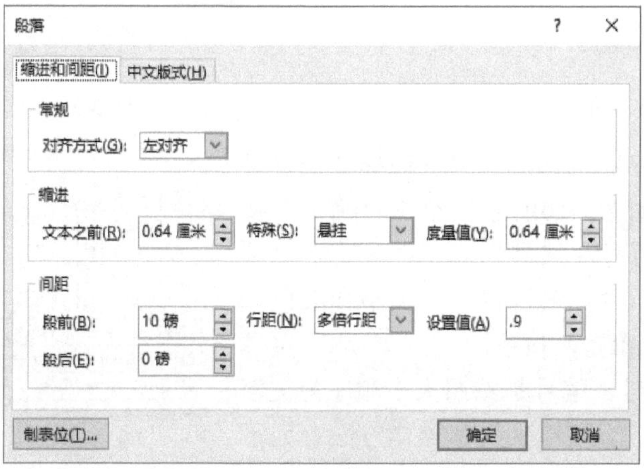

图5-7

### 3. 为文本添加项目符号或编号

添加项目符号或编号可以使文章变得层次分明，容易阅读。

（1）添加项目符号。添加项目符号是在一些段落的前面加上完全相同的符号。具体操作方法有如下两种。

**方法1**：使用"开始"选项卡。在幻灯片中选中需要添加项目符号的正文内容，单击"开始"选项卡下"段落"组中"项目符号"按钮右侧的下拉按钮（如图5-8所示），在弹出的下拉列表中将鼠标指针放置在某个项目符号处，即可预览其效果。选择一种项目符号类型，即可将其应用至选择的段落内。

**方法2**：使用鼠标右键。选中要添加项目符号的文本内容，右击，在弹出的快捷菜单中执行"项目符号"命令，在其下一级子菜单中选择一种项目符号样式即可。

**自定义项目符号**：在下拉列表中执行"项目符号和编号"命令，打开"项目符号和编号"对话框，在"项目符号"选项卡下单击"自定义"按钮，如图5-9所示。

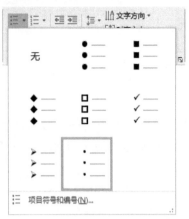

图5-8

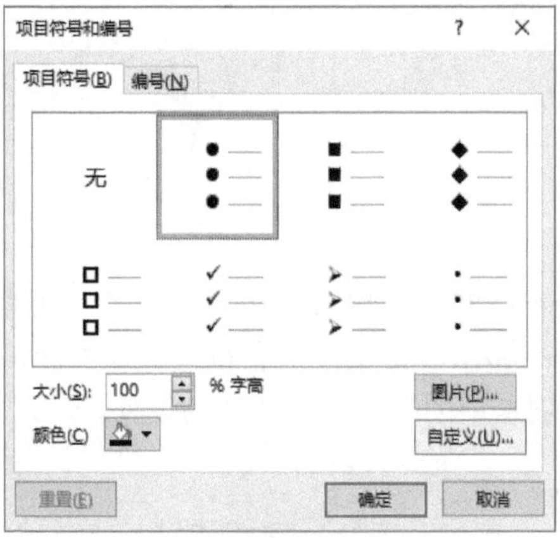

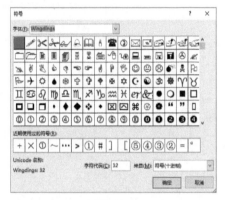

图5-9

在打开的"符号"对话框中可选择其他符号作为项目符号，如图5-10所示。单击"确定"按钮返回到"项目符号和编号"对话框，可在"项目符号"选项卡下设置项目符号的大小和颜色，设置完成后单击"确定"按钮。

（2）添加编号。编号是按照大小顺序为文档中的行或段落添加的序号。具体操作方法有如下两种。

**方法1**：使用"开始"选项卡。在幻灯片中选中需要添加编号的正文内容，单击"开始"选项

图5-10

卡下"段落"组中"编号"按钮右侧的下拉按钮，在弹出的下拉列表中即可选择编号的样式，如图5-11所示。单击选择编号样式，即可为文本内容添加编号。

**方法2**：使用鼠标右键。选中要添加编号的文本内容，右击，在弹出的快捷菜单中执行"编号"命令，在其下一级子菜单中选择一种编号样式即可。

**设置编号格式**：在下拉列表中执行"项目符号和编号"命令，打开"项目符号和编号"对话框，在"编号"选项卡下可设置编号的大小、颜色和起始编号，如图5-12所示。

图5-11

图5-12

#### 4. 使用艺术字

艺术字是PowerPoint提供的现成的文本样式对象，可以将其插入到幻灯片中，并设置其格式效果。PowerPoint提供了多种艺术字功能，在演示文稿中使用艺术字特效可以使幻灯片更加灵动和美观。

（1）插入艺术字。在"插入"选项卡下"文本"组中单击"艺术字"按钮，在弹出的艺术字库中选择一种艺术字样式，如图5-13所示。

此时在幻灯片中插入了一个艺术字文本框，如图5-14所示。在此文本框中输入艺术字内容，然后将其移动到合适的位置即可。

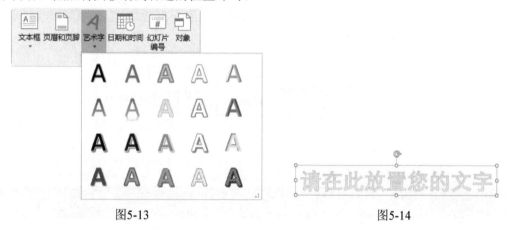

图5-13        图5-14

（2）设置艺术字。

**字体设置：**选中插入的艺术字，在"开始"选项卡下"字体"组中设置字体、字号、字形、颜色等字体效果。

**艺术字样式：**选中插入的艺术字，在"绘图工具"的"格式"选项卡下"艺术字样式"组中，在艺术字样式列表框中可为其更改艺术字样式；在"文本填充"下拉列表中可设置艺术字的填充颜色，如纯色填充、图片填充、渐变填充、纹理填充等；在"文本轮廓"下拉列表中可设置艺术字的轮廓颜色、粗细与线型样式；在"文本效果"下拉列表中可设置艺术字的阴影、映像、发光、棱台、三维旋转、转换的显示效果，如图5-15所示。

**形状样式：**选中插入的艺术字，在"绘图工具"的"格式"选项卡下"形状样式"组中，在形状样式列表框（如图5-16所示）中可为其添加一种形状样式；在"形状填充"下拉

图5-15

列表中可设置形状样式的填充方式，如纯色填充、图片填充、渐变填充、纹理填充等；在"形状轮廓"下拉列表中可设置形状样式的轮廓颜色、粗细与线型样式；在"形状效

果"下拉列表中可设置形状样式的预设、阴影、映像、发光、柔化边缘、棱台、三维旋转等显示效果。

图5-16

**其他设置**：选中插入的艺术字，在"绘图工具"的"格式"选项卡下，在"排列"组中可设置艺术字的层次顺序、对齐方式、旋转方式等，在"大小"组中可更改艺术字的高度和宽度，如图5-17所示。

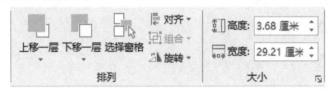

图5-17

# 5.2 演示文稿的页面设置

## ■5.2.1 页面设置

### 1. 幻灯片大小

（1）选择标准或宽屏幻灯片大小。

要更改幻灯片大小，在"设计"选项卡下"自定义"组中单击"幻灯片大小"按钮，在弹出的列表中选择"标准(4:3)"或"宽屏(16:9)"选项，如图5-18所示。

当PowerPoint无法自动缩放内容时，将弹出两个提示选项，用户根据需要选择适合的选项即可，如图5-19所示。

图5-18

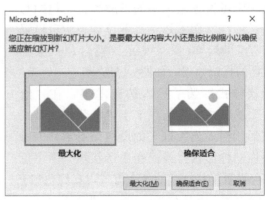

图5-19

● **最大化**：选择此选项，将在缩放到较大的幻灯片大小的基础上增大幻灯片内容的大小。这可能导致内容不能全部显示在幻灯片上。

● **确保适合**：选择此选项，将在缩放到较小的幻灯片大小的基础上减小幻灯片内容的大小。这可能使内容显示得较小，但是能够在幻灯片上看到所有内容。

提示："宽屏（16：9）"设置是创建新演示文稿时的默认值。更改演示文稿的幻灯片大小时，所选择的大小仅应用于该演示文稿。但是，通过定义使用4：3纵横比的自定义主题，可轻松地在任何时候创建新的"标准（4：3）"演示文稿。

（2）选择预定义幻灯片大小。

①在"设计"选项卡下"自定义"组中单击"幻灯片大小"按钮，在弹出的列表中执行"自定义幻灯片大小"命令，弹出"幻灯片大小"对话框，如图5-20所示。

②在"幻灯片大小"对话框中，单击"幻灯片大小"下拉按钮，然后在展开的列表中选择一个选项。选项所列尺寸如表5-1所示。

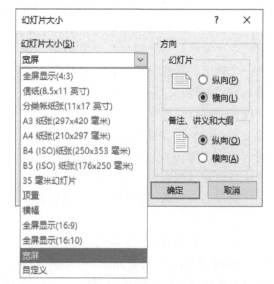

图5-20

表5-1

| 名称 | 宽度 | 高度 |
|---|---|---|
| 全屏显示（4：3） | 10 in/25.4 cm | 7.5 in/19.05 cm |
| 信纸（8.5×11英寸） | 10 in/25.4 cm | 7.5 in/19.05 cm |
| 分类帐纸张（11×17英寸） | 13.319 in/33.831 cm | 9.99 in/25.374 cm |
| A3纸张（297×420毫米） | 14 in/35.56 cm | 10.5 in/26.67 cm |
| A4纸张（210×297毫米） | 10.833 in/27.517 cm | 7.5 in/19.05 cm |
| B4（ISO）纸张（250×353毫米） | 11.84 in/30.074 cm | 8.88 in/22.556 cm |
| B5（ISO）纸张（176×250毫米） | 7.84 in/19.914 cm | 5.88 in/14.936 cm |
| 35毫米幻灯片 | 11.25 in/28.575 cm | 7.5 in/19.05 cm |
| 顶置 | 10 in/25.4 cm | 7.5 in/19.05 cm |
| 横幅 | 8 in/20.32 cm | 1 in/2.54 cm |
| 全屏显示（16：9） | 10 in/25.4 cm | 5.625 in/14.288 cm |
| 全屏显示（16：10） | 10 in/25.4 cm | 6.25 in/15.875 cm |
| 宽屏 | 13.333 in/33.867 cm | 7.5 in/19.05 cm |

16：9纵横比有两个选项："全屏显示（16：9）"将幻灯片尺寸设置为25.4 cm×14.288 cm，"宽屏"将幻灯片尺寸设置为33.867 cm×19.05 cm。这两个选项都是相同的纵横比，因此，它们在"普通"视图中的外观是相同的。因为PowerPoint会

自动调整缩放级别，所以，"宽屏（33.867 cm×19.05 cm）"为内容提供了更多的幻灯片界面区域，是演示文稿尺寸大小的最佳选择。

③单击"确定"按钮，选定尺寸并关闭"幻灯片大小"对话框。

（3）选择自定义幻灯片大小。在"设计"选项卡下"自定义"组中单击"幻灯片大小"按钮，在弹出的列表中执行"自定义幻灯片大小"命令。在弹出的"幻灯片大小"对话框中，单击"幻灯片大小"下拉按钮，然后在展开的列表中选择"自定义"选项；在"宽度"和"高度"文本框中，键入一个数字，后跟一个空格，然后键入度量单位的缩写："in""厘米"或"px"（PowerPoint以英寸、厘米或像素为长度的度量单位）；设置完成后单击"确定"按钮即可，如图5-21所示。当PowerPoint无法自动缩放内容时，将提示"最大化"和"确保适合"两个选项，根据需要选择适合选项即可。

度量单位转换为：1 in=2.54厘米=120 px。根据需要，PowerPoint会将度量单位转换为操作系统使用的单位类型。

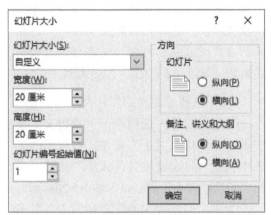

图5-21

### 2. 添加幻灯片编号

在PowerPoint中，可以添加或删除自动生成的幻灯片编号、隐藏标题幻灯片上的编号，还可移动幻灯片编号。一个完整的演示文稿是由很多页幻灯片组成的，在做幻灯片的时候，如果输入幻灯片编号，会显得更加专业。具体操作步骤如下：

（1）在"插入"选项卡下"文本"组中单击"页眉和页脚"按钮，打开"页眉和页脚"对话框。

（2）在"幻灯片"选项卡下选中"幻灯片编号"复选框，如图5-22所示。如果不希望在标题幻灯片上显示编号，应选中"标题幻灯片中不显示"复选框。单击"全部应用"按钮，可为所有幻灯片添加编号；单击"应用"按钮，可为选中的幻灯片添加编号。

（3）若从演示文稿中删除幻灯片编号，可在"页眉和页脚"对话框中的"幻灯片"选项卡下，取消"幻灯片编号"复选框的选中状态。

（4）若从指定的数字开始为幻灯片编号，可在"设计"选项卡下"自定义"组中单击"幻灯片大小"按钮，在弹出的列表中执行"自定义幻灯片大小"命令。在弹出的"幻灯片大小"对话框中，在"幻灯片编号起始值"下单击向上或向下的箭头按钮来切换到所需的起始数字或直接输入数字，单击"确定"按钮。

图5-22

### 3. 添加日期和时间

在"插入"选项卡下"文本"组中单击"页眉和页脚"按钮,打开"页眉和页脚"对话框。在"幻灯片"选项卡下选中"日期和时间"复选框,然后选择所需的日期类型。

- 若要每次在打开或打印演示文稿时显示当前日期和时间,先选中"自动更新"单选按钮,然后选择所需的日期和时间格式。
- 若要将日期和时间设置为特定的日期,先选中"固定"单选按钮,然后在"固定"文本框中输入所需的日期。
- 若要向演示文稿中的所有幻灯片添加日期和时间,请单击"全部应用"按钮。

提示:在演示文稿中设置日期时可选择固定日期,以便将日期"固定",这样就可轻松跟踪最后一次对它所做的更改。

### 4. 添加页眉和页脚

演示文稿中的页眉和页脚是指幻灯片的顶部或底部附近的小字详细信息,如幻灯片编号、文本页脚和日期等。页眉和页脚可显示在不同的位置,这取决于主题和幻灯片版式。此外,还可以选择显示哪些页眉和页脚,以及文本页脚显示的内容。

（1）在普通视图下显示幻灯片页脚。在"插入"选项卡下"文本"组中单击"页眉和页脚"按钮（如图5-23所示）,打开"页眉和页脚"对话框。

在"幻灯片"选项卡下选中"页脚"复选框,在其下方的文本框中输入页脚信息文字。如果不希

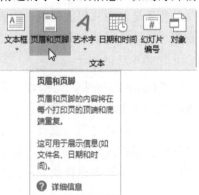

图5-23

望在标题幻灯片上显示页脚，可选中"标题幻灯片中不显示"复选框。单击"全部应用"按钮使页脚显示在所有幻灯片上，或者单击"应用"按钮使页脚仅出现在当前所选幻灯片上。

若要从演示文稿中删除幻灯片页脚，需在"页眉和页脚"对话框中的"幻灯片"选项卡下，取消"页脚"复选框的选中状态。

提示：在"页眉和页脚"对话框中的"幻灯片"选项卡下，只能为幻灯片插入页脚，不能插入页眉。

（2）在备注和讲义视图下显示幻灯片页脚。在"插入"选项卡下"文本"组中单击"页眉和页脚"按钮，打开"页眉和页脚"对话框。在"备注和讲义"选项卡下，选中"页眉"和"页脚"复选框，在其下方的文本框中输入页眉和页脚的信息文字，单击"全部应用"按钮即可，如图5-24所示。

图5-24

## ■5.2.2 设置幻灯片的背景

对于演讲者而言，一个优秀的演示文稿不仅需要内容充实，其外表装饰也非常重要。背景是演示文稿的灵魂，漂亮的背景可以为演示文稿锦上添花。可能一张合适的背景图片，就能把演示文稿包装得更富有创意，更能吸引观众的注意力。

### 1. 应用背景样式

在PowerPoint中，为幻灯片添加背景其实就是添加一个背景样式。背景样式是来自当前文档"主题"中主题颜色和背景亮度的组合的背景填充变体。当更改文档主题时，背景样式会随之更新，以反映新的主题颜色和背景。如果只更改演示文稿的背景，应选择其他背景样式。更改文档主题时，更改的不只是背景，同时还会更改颜色、标题和正文字体、线条和填充样式以及主题效果等。

单击要添加背景样式的幻灯片，在"设计"选项卡下"变体"组中单击右下角的

"其他"按钮，在弹出的列表中将鼠标指针移动到"背景样式"选项上，展开背景样式列表，如图5-25所示。背景样式在"背景样式"库中显示为缩略图。将鼠标指针置于某个背景样式缩略图上时，可以预览该背景样式对幻灯片的影响。

右击所需的背景样式，在弹出的快捷菜单（如图5-26所示）中执行"应用于所选幻灯片"命令，可将该背景样式应用于所选幻灯片；执行"应用于所有幻灯片"命令，可将该背景样式应用于演示文稿中的所有幻灯片。直接单击背景样式缩略图，也可将其应用到所有幻灯片中。

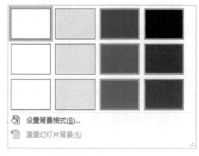
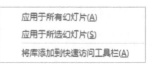

图5-25　　　　　　　　　　　　　　图5-26

### 2. 设置背景格式

在"设计"选项卡下"变体"组中单击右下角的"其他"按钮，在弹出的列表中将鼠标指针移动到"背景样式"选项上，展开背景样式列表，在下拉列表中执行"设置背景格式"命令；或者在"设计"选项卡下"自定义"组中单击"设置背景格式"按钮（如图5-27所示），都可展开"设置背景格式"窗格，如图5-28所示。

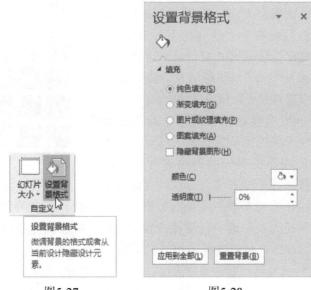

图5-27　　　　　　　　　　　图5-28

在"设置背景格式"窗格中，可以用"填充"方式进行背景格式的设置。可设置的背景格式类型有"纯色填充""渐变填充""图片或纹理填充"和"图案填充"4种。"隐藏背景图形"选项是指在设置了背景的情况下，取消背景的展示但又不删除背景，以便在需要显示的时候可以再次启用。

（1）纯色填充。纯色填充是指应用一种颜色对背景进行填充，该颜色可以通过颜色拾取器来设定。也可以设置背景色的透明度：默认为0%，不透明；最大为100%，全透明，相当于背景不起作用。

（2）渐变填充。渐变填充是比较复杂的一种填充方式，如果设计得当，将会获得意想不到的效果，其设置选项如图5-29所示。这种填充方式允许用户指定几种颜色及其关键帧位置，然后以"线性""射线"等类型，按指定方向进行渐变填充。

图5-29

- **预设渐变**：该下拉列表中列出了系统预先设计好的30种渐变填充方式，包括颜色及填充的方式和方向等，可以任意选择使用，如图5-30所示。

- **类型**：是指填充的方式，共有线性、射线、矩形、路径、标题的阴影5种方式。前4种方式和形状中的颜色渐变填充是一致的。标题的阴影是一种动态的填充效果，即颜色起点会根据幻灯片上标题位置的变化而变化。随着标题的移动，颜色填充的起点也随之发生变化。

- **方向**：用来设置从填充起点开始，沿着哪个方向进行渐变填充。不同的填充类型有不同的填充方向，例如，"线性"填充方式有"线性向右""线性向下"等8种填充方向；"矩形"填充方式有"从右下角""从左下角""从中心"等5种填充方向。其中，"线性"填充方式还可以设置角度。

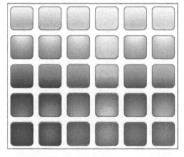

图5-30

- **渐变光圈**：用来设定渐变的颜色及关键帧位置。在每一个关键帧位置指定一种颜色，相邻关键帧之间根据关键帧的距离进行渐变，从一种颜色按填充类型和填充方向均匀渐变到另一种颜色。渐变光圈右侧的两个按钮可以在渐变光圈中实现增加或删除关键帧。选中关键帧之后，可以在"颜色"下拉列表中选中关键帧位置的颜色。按住鼠标左键不放，拖动渐变光圈的滑动按钮，可以改变关键帧之间的距离。

- **亮度**：亮度为0%时，表示为常亮度；亮度低于0%时为变暗；亮度高于0%时为加亮。

（3）图片或纹理填充。图片或纹理填充的设置选项如图5-31所示。

**纹理填充**：默认选择的是"纹理填充"，PowerPoint提供了"纸莎草纸""画布"等24种纹理（如图5-32所示），纹理将平铺到整个背景中。

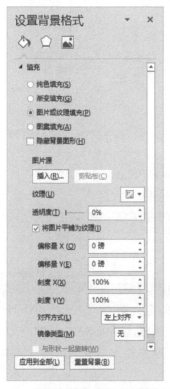

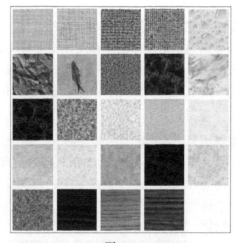

图5-31                    图5-32

**图片填充**：图片可以来自"文件""剪贴板"和"联机"，通常使用的是来自"文件"的。具体操作步骤如下：

在"图片源"下单击"插入"按钮，弹出"插入图片"对话框，单击"从文件 浏览"选项，如图5-33所示。弹出"插入图片"对话框，在左侧找到图片的目标位置，在右侧选择需要插入的图片文件，单击"插入"按钮，即可将指定图片设置为当前选中的幻灯片的背景。

图5-33

（4）图案填充。图案填充的设置选项如图5-34所示，系统提供了48种图案，可用于设置图案的前景色和背景色。

提示：在"设置背景格式"窗格中，若将设置的背景样式应用到所有幻灯片中，可单击"应用到全部"按钮；若将演示文稿中所有幻灯片的背景删除，可单击"重置背景"按钮。

### ■5.2.3 视图的应用

为方便建立、编辑、浏览或放映幻灯片，PowerPoint提供了普通视图、幻灯片浏览视图、幻灯片阅读视图、幻灯片放映视图、备注页视图等视图模式。在特定的视图模式下，可以更加方便地完成特定的浏览或编辑任务。

#### 1. 普通视图

普通视图是主要的幻灯片编辑视图，可用于撰写和设计演示文稿。普通视图将PowerPoint窗口划分成幻灯片缩

图5-34

略窗格、幻灯片编辑窗格和备注窗格3个区域。普通视图是PowerPoint的默认视图，从其他视图切换到普通视图最简单的方法，就是单击状态栏常用视图切换按钮中的"普通视图"按钮，如图5-35所示。

图5-35

● **幻灯片缩略窗格**：位于窗口左侧，显示带有顺序号的幻灯片缩略图。拖动窗格的滚动条可快速浏览。若单击某幻灯片，该幻灯片将出现在右侧的幻灯片编辑窗格中。

- **幻灯片编辑窗格：** 普通视图中的主要工作区，窗格中仅显示当前幻灯片的大视图，以方便用户为其添加文本，插入图片、表格、SmartArt图形、图表、形状、文本框、视频、音频、超链接和动画等。
- **备注窗格：** 在编辑区下方的备注窗格中，可以输入要应用于当前幻灯片但不显示到幻灯片中的备注，以便在需要时将备注打印出来，并在放映演示文稿时供演讲者参考。也可以将打印好的备注分发给受众，以增强受众对演讲内容的理解。

### 2. 幻灯片浏览视图

通过幻灯片浏览视图，用户可以以缩略图的形式查看幻灯片。在该视图中，可通过鼠标拖动幻灯片，轻松在演示文稿中对各幻灯片的排列顺序进行调整和组织。

要切换到幻灯片浏览视图，可单击状态栏中的"幻灯片浏览"按钮，也可在"视图"选项卡下"演示文稿视图"组中单击"幻灯片浏览"按钮，如图5-36所示。

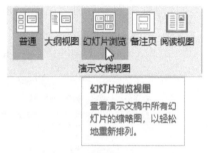

图5-36

### 3. 幻灯片阅读视图和幻灯片放映视图

幻灯片阅读视图与幻灯片放映视图十分相似，都是用于播放演示文稿的。不同之处在于：幻灯片阅读视图主要用于播放给作者自己看，以达到审阅的目的。使用幻灯片阅读视图展现演示文稿时，屏幕上保留PowerPoint窗口的标题栏和状态栏，是一种"准全屏"播放模式。幻灯片放映视图则是完全的全屏播放模式，主要用于将演示文稿展现给受众。无论是幻灯片阅读视图还是幻灯片放映视图，按Esc键均可返回原来的视图幻灯片。在阅读视图中，由于状态栏并未被隐藏，故也可以通过单击状态栏中的视图切换按钮随时切换到其他视图中。

### 4. 备注页视图

在"视图"选项卡下"演示文稿视图"组中单击"备注页"按钮，可进入备注页视图。处于该视图时，页面被分为"幻灯片显示区"和"备注编辑区"两个部分。备注编辑区实际是一个用于存放、编辑备注信息的文本框，可在其中输入备注文本。备注页视图与普通视图中的"备注窗格"有相似的功能，都是用于录入备注文本的。但在备注窗格中只能录入文字信息，而不能设置备注文本的格式。若需要对备注文本进行修饰，则只能在备注页视图中完成。

## ■5.2.4 使用母版

使用PowerPoint提供的母版功能，可以以最简便的方式修改整个演示文稿的外观风格。"母版"类似于Word中的"模板"，用于设置幻灯片、讲义或备注页的基本样式。PowerPoint为用户提供了"幻灯片母版""讲义母版"和"备注母版"3种母版视图，它们是存储演示文稿信息的主要幻灯片，包括背景、颜色、字体、效果、占位符大小和位置。一个演示文稿中至少要包含一个幻灯片母版。

使用母版视图的一个主要优点是：在幻灯片母版、备注母版或讲义母版上，可以对与演示文稿关联的每个幻灯片、备注页或讲义的样式进行全局更改。例如，要在每张幻灯片的固定位置都显示公司Logo，最简单的处理方法就是将其添加到幻灯片母版中，而不必逐页添加。

### 1. 幻灯片母版

在"视图"选项卡下"母版视图"组中单击"幻灯片母版"按钮（如图5-37所示），可切换到"幻灯片母版"视图。在"幻灯片母版"选项卡下"关闭"组中单击"关闭母版视图"按钮（如图5-38所示），可返回原视图状态。

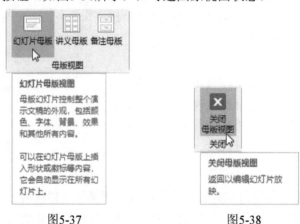

图5-37　　　　　　　　　　　图5-38

图5-39中左侧窗格最上方较大的一个版式就是当前演示文稿中使用的幻灯片母版，其后若干个版式是与幻灯片母版相关联的幻灯片版式。当鼠标指针指向某个版式时，系统会在鼠标指针旁显示该版式具体应用到了哪些幻灯片中。窗口的主工作区显示的是当前选择的幻灯片版式的编辑界面。

图5-39

演示文稿中的幻灯片母版一般来自于用户在创建演示文稿时所选择的"主题"，也就是说用户在选择了某个主题时，自然也就加载并应用了与该主题相关的幻灯片母版。

当需要对幻灯片母版进行修改时，可先在左侧窗格中选择希望修改的具体版式，而后像修改普通幻灯片一样在编辑区修改其中的内容，如字体、颜色、各元素的位置、背景色、图片等。

需要注意的是，最好在开始构建各张幻灯片之前创建幻灯片母版，而不要在构建了幻灯片之后再创建母版。如果先创建了幻灯片母版，添加到演示文稿中的所有幻灯片都会基于该幻灯片母版和相关联的版式。当需要修改演示文稿的版式时，只需在幻灯片母版上进行。如果在构建了各张幻灯片之后再创建幻灯片母版，则幻灯片上的某些项目可能不符合幻灯片母版的设计风格。使用背景和文本格式设置功能，可在各张幻灯片上覆盖幻灯片母版的某些自定义内容，但其他内容（如页脚和徽标）则只能在"幻灯片母版"视图中修改。

### 2. 讲义母版

讲义相当于教师的备课本，将一张幻灯片打印在一张纸上太浪费纸张，而使用讲义母版，可以将多张幻灯片打印在一张纸上。讲义母版适用于将多张幻灯片打印在一张纸上时的排版。把讲义母版设置好并制作完成幻灯片后，在打印时展开"打印预览"的"打印内容"下拉列表，如果只要把幻灯片打印出来，可选择讲义（每页包含1、2、3、4、6或9张幻灯片），如图5-40所示。选择每页包含3、4、6、9，可大大节约纸张，这些选项是打印演示文稿时经常用到的。

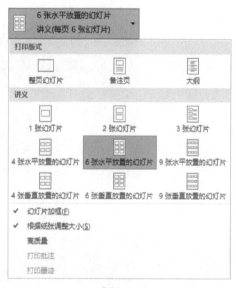

图5-40

单击"视图"选项卡下"母版视图"组中的"讲义母版"按钮，切换到如图5-41所示的幻灯片讲义母版视图。视图中显示了每页讲义中幻灯片的数量及排列方式，显示了"页眉""页脚""页码"和"日期"在页面中的位置。在讲义母版视图中，可在"讲义母版"选项卡中设置打印页面、讲义的打印方向、幻灯片排列方向、每页包含的幻灯片数量，以及是否使用页眉、页脚、页码和日期。

### 3. 备注母版

备注母版与备注页视图十分相似。备注页视图用于直接编辑具体的备注内容，而备注母版则用于为演示文稿中所有备注页设置统一的外观格式。

单击"视图"选项卡下"母版视图"组中的"备注母版"按钮，可进入如图5-42所示的备注母版。在备注母版中，用户可完成页面设置、占位符设置等操作。

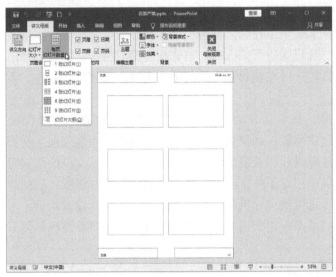

图5-41

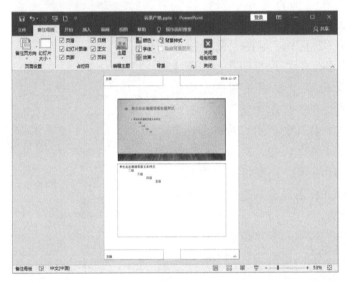

图5-42

### 4. 占位符

所谓占位符，是指先占住一个固定的位置，等待用户后续再往里添加内容，通常在母版或模板中进行定义。在具体表现上，占位符是一种带有虚线边缘的框，绝大多数幻灯片版式中都具有这种框。在占位符中，用户可以填充标题或正文，还可以填充图表、表格和图片等对象。虚线框内部往往有"单击此处添加标题"或"单击此处添加文本"一类的提示语。一旦选择后，提示语会自动消失，等待用户填充内容。当要创建自己的母版或模板时，占位符可以起到规划幻灯片结构的作用。占位符和文本框的区别如下；

（1）PowerPoint提供了"内容""内容（竖排）""文本"等10种类型的占位符，可以放置文本、图表、SmartArt图形、媒体等元素。在"幻灯片母版"视图中，单击"幻灯片母版"选项卡下"母版版式"功能组中的"插入占位符"下拉按钮，弹出如

图5-43所示的下拉列表,从中可选择插入相应的占位符。在幻灯片中,不仅能对占位符进行相关设置,还可以在母版中进行格式、显示和隐藏等设置。而文本框的类型则只有横排和竖排两种。

（2）占位符里可以没有内容,但文本框中必须包含内容。

（3）在母版中设定的格式能自动应用到占位符中,而文本框不可以。

（4）切换到大纲视图的时候,凡是采用占位符输入的文本,在大纲视图中会列出其文字标题,而文本框不能,这个功能非常有用。另一个比较特别的地方是,用户可以直接在大纲视图中编辑文字,页面所显示的文字也会随之变化。这些特性在对较长、文字较乱的演示文稿进行修改、校对时非常有用。

（5）当幻灯片版式发生变化时,幻灯片中占位符内的内容格式将会按照新版式中的占位符情况自动进行相应更新,而文本框不会进行自动更新。

（6）占位符还有一些其他功能,例如,在缩放占位符时,里面的文本内容可以自动调整字号,而文本框则不会自动调整。

图5-43

## 5.3 演示文稿的插入元素

在幻灯片中使用图片、形状、表格、图表、SmartArt图形、音频、视频等对象,不仅可以使幻灯片包含更大的信息量,更加清晰地表达演讲者的思想,也可以使幻灯片更加美观大方。

当一张新幻灯片以某种版式添加到当前演示文稿中后,可以看到多数版式中包含一个如图5-44所示的对象占位符区。单击其中某个图标时,系统将引导用户将需要的对象插入当前幻灯片中。在对象占位符区可插入表格、图表、SmartArt图形、3D模型、图片、联机图片、视频文件、图标等。

图5-44

## ■5.3.1 插入与设置表格或图表

在幻灯片中使用表格或图表可以更好地表示数据之间的关系，使数据更加具有层次感和直观性。PowerPoint不仅允许用户向幻灯片中直接插入表格或手动绘制表格，而且允许将Excel或Word表格插入当前幻灯片中。

### 1. 插入表格

**方法1**：要向幻灯片中插入表格，可以单击对象占位符区中的"插入表格"图标▦，并在弹出的"插入表格"对话框中指定表格的行数和列数，然后单击"确定"按钮，如图5-45所示。操作完成后，系统将按当前主题设置向幻灯片中插入一个指定行数和列数的表格。

图5-45

**方法2**：在"插入"选项卡下"表格"组中单击"表格"按钮，展开下拉列表，从中通过拖动鼠标指定所需的表格行数和列数，图5-46中"拖出"了一个6列5行的表格。在拖动鼠标时，可以在幻灯片编辑区看到实时的表格样式。松开鼠标后，指定行数和列数的表格将被插入当前幻灯片中。

**方法3**：在"表格"下拉列表中执行"插入表格"命令进行插入。这样操作与单击对象占位符区中的"插入表格"图标效果相同，后者会弹出"插入表格"对话框，在其中输入或选择行数和列数后单击"确定"按钮，即可将表格插入当前幻灯片中。

**方法4**：若在"表格"下拉列表中执行"绘制表格"命令，鼠标指针将变成铅笔样式✐，在幻灯片中拖动鼠标可"画出"所需的表格边框，如图5-47所示。松开鼠标后，将自动切换到"表格工具"相关的选项卡。

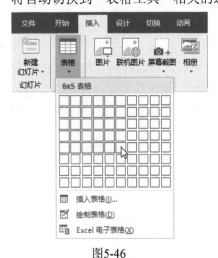

图5-46

图5-47

在"表格工具"的"设计"选项卡下"绘制边框"组中单击"绘制表格"按钮（如图5-48所示），鼠标指针将变成铅笔样式✐，用户可继续拖运鼠标在表格框架中绘制其他需要的线条。

单击"绘制边框"组的"橡皮擦"按钮，鼠标指针将变成橡皮样式◇。此时，用户可以通过拖动鼠标来擦除不再需要的线条。

单击表格中某个单元格，在出现插入点光标后可向其中输入数据。当鼠标指针靠近表格边框时，鼠标指针会变成双十字箭头样式。此时，按住鼠标左键拖动，可改变表格在幻灯片中的位置。单击表格边框选中表格对象后，按Delete键即可删除表格。

**方法5**：在"插入"选项卡下"表格"组中单击"表格"按钮，在弹出的下拉列表中执行"Excel电子表格"命令，系统将向当前幻灯片中插入一个如图5-49所示的Excel电子表格对象。当鼠标指针靠近对象边框时，鼠标指针会变成双十字箭头样式，此时，按住鼠标左键拖动可移动对象。

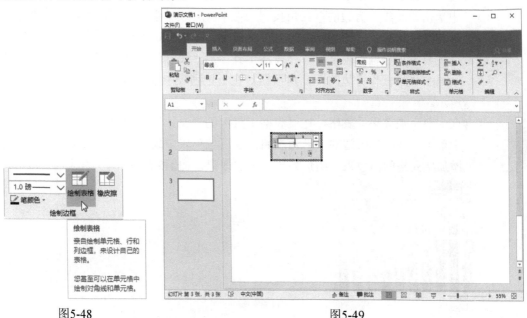

图5-48                                    图5-49

在PowerPoint中，可以通过拖动对象四周出现的8个控制点来改变对象的大小。当将Excel电子表格插入幻灯片后，系统会自动显示Excel的功能选项卡，可以像使用Excel软件一样编辑PowerPoint环境中的Excel电子表格。编辑结束后，系统将隐藏Excel电子表格的特征（如行列标号栏、工作表标签等），将其显示成一个普通的表格外观。

2. 设置表格

（1）设置表格样式。为演示文稿添加的任意表格，都可以自动应用一种表格样式。首先选中要应用新样式的图表，在"表格工具"的"设计"选项卡下"表格样式"组中单击所需的样式，如图5-50所示。要查看更多的样式，可单击"其他"按钮。表格样式是不同格式选项的组合，在"表格样式"组中的样式库中显示为缩略图。将鼠标指针置于某个样式的缩略图上时，可以看到表格样式对表格的影响。

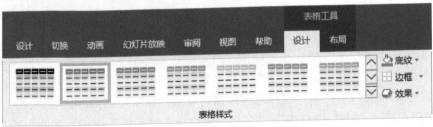

图5-50

可以通过更改表格的底纹、边框或者向其添加效果来更改表格的外观。

● 选中要添加底纹的表格，在"表格工具"的"设计"选项卡下"表格样式"组中单击"底纹"旁边的下三角按钮，在下拉列表中选择所需的颜色。可为表格填充纯色、图片、渐变、纹理底纹的效果，如图5-51所示。

● 选中要添加边框的表格，在"表格工具"的"设计"选项卡下"表格样式"组中单击"边框"旁边的下三角按钮，在下拉列表中选择所需的边框，如图5-52所示。

● 选中要添加效果的表格，在"表格工具"的"设计"选项卡下"表格样式"组中单击"效果"旁边的下三角按钮，在下拉列表中选择所需的效果，可为表格添加单元格凹凸效果、阴影效果、映像效果，如图5-53所示。

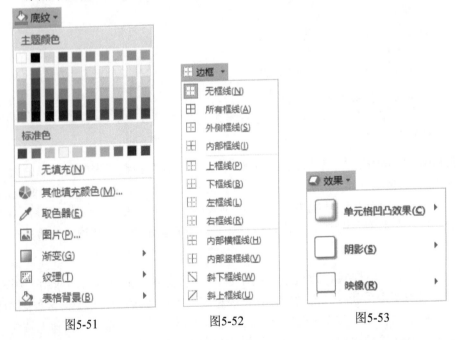

图5-51          图5-52          图5-53

提示：若要更改表格中文本的外观，可在"开始"选项卡下"字体"组中进行设置；或者选中表格后，在"表格工具"的"设计"选项卡下"艺术字样式"组中，为表格中的文本设置艺术字效果，如图5-54所示。

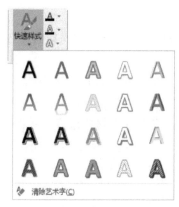

图5-54

（2）设置表格布局。可以使用"表格工具"添加或删除行或列、合并或拆分单元格、设置单元格大小或表格尺寸、设置文本或表格的对齐方式等。

● 在"表格工具"的"布局"选项卡下"行和列"组中单击相应的按钮（如图5-55所示），可为表格插入新行或新列；在"删除"下拉列表中，可删除行、列或者整个表格；在"合并"组中，可设置合并或拆分单元格。

图5-55

● 在"表格工具"的"布局"选项卡（如图5-56所示）下，在"单元格大小"组中，可设置单元格的高度、宽度和平均分布行或列；在"表格尺寸"组中，可设置表格的高度与宽度；在"对齐方式"组中，可设置文本的对齐方式、文字方向及单元格边距。

● 在"表格工具"的"布局"选项卡下"排列"组中，可设置表格与其他对象的叠加顺序，还可以设置表格的对齐方式，如图5-57所示。

图5-56                                                    图5-57

### 3. 插入图表

在PowerPoint演示文稿中可以添加图表，也可以将Excel图表粘贴到演示文稿中并链接到Excel中的数据。

选择要添加图表的幻灯片，单击对象占位符区中的"插入图表"图标，或在"插入"选项卡下"插图"组中单击"图表"按钮，如图5-58所示。

弹出"插入图表"对话框，在左侧窗格中选择一种图表类型，再在右侧窗格中选择具体的图表样式（如图5-59所示），单击"确定"按钮。

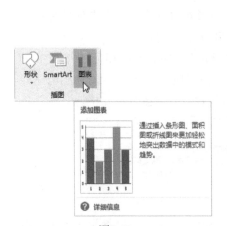

图5-58                                      图5-59

此时将打开一个包含示例数据的Excel电子表格窗口（如图5-60所示），与此同时，在当前幻灯片中会自动插入一个根据Excel中示例数据创建的图表。

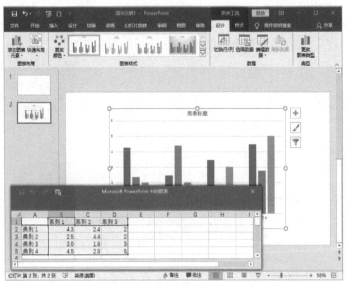

图5-60

用户可根据实际需要在Excel中对示例数据进行修改，这些修改将自动体现在幻灯片的图表中。示例数据编辑完毕后，可单击Excel窗口右上角的"关闭"按钮退出Excel。

需要说明的是，插入幻灯片中的图表所使用的数据，虽然是以Excel电子表格的形式展现的，但这些数据并没有保存到一个可见的Excel工作簿中，而是以嵌入PowerPoint文档的形式保存到当前演示文稿文件中。

### 4. 设置图表

（1）手动更改图表元素的格式。创建图表以后，可以对它进行修改，设置各个图表元素的格式，如图表区、绘图区、数据系列、坐标轴、标题、数据标签或图例等。在图表中，单击要设置格式的图表元素，在"图表工具"的"格式"选项卡下"当前所选内容"组中将会显示该图表元素，单击"设置所选内容格式"按钮，如图5-61所示，将展开"设置图表区格式"任务窗格，从中选择需要的格式选项进行设置即可，如图5-62所示。

图5-61

（2）设置图表的布局和样式。PowerPoint提供了多种有用的预定义布局和样式以供选择。可以快速为图表应用这些预定义的图表布局和图表样式，而不必手动添加或更改图表元素或者设置图表格式。

要应用预定义图表布局，先单击要设置的图表，再在"图表工具"的"设计"选项卡下"图表布局"组中单击"快速布局"按钮，在展开的下拉列表中选择要使用的图表布局，如图5-63所示。

图5-62

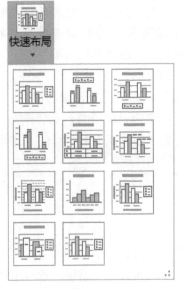

图5-63

要应用预定义图表样式，应先单击要设置格式的图表，再在"图表工具"的"设计"选项卡下"图表样式"组中单击要使用的图表样式。若要查看所有预定义图表样式，单击右下角的"其他"按钮，即可展开图表样式库，如图5-64所示。

（3）更改图表颜色。创建图表后，用户可以快速为图表应用预定义主题颜色来更改它的外观。先单击要设置的图表，再在"图表工具"的"设计"选项卡下"图表样式"组中单击"更改颜色"按钮，在弹出的下拉列表中选择所需的配色方案即可，如图5-65所示。

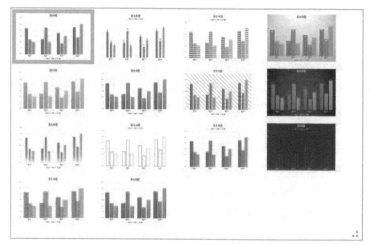 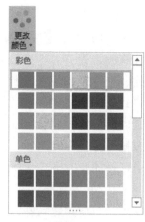

图5-64　　　　　　　　　　　　　　　　　　　图5-65

（4）设置图表的形状样式。使用预定义的形状样式可立即更改图表的外观。先单击要设置的图表，再在"图表工具"的"格式"选项卡下"形状样式"组中单击要使用的形状样式，如图5-66所示。若要查看所有预定义图表形状样式，单击"形状样式"组右下角的"其他"按钮，即可展开图表形状样式库。

若要手动为所选图表的形状设置格式，可在"形状样式"组中单击"形状填充""形状轮廓"或"形状效果"按钮，然后选择需要的格式选项进行设置。

（5）设置图表文本的艺术字样式。使用预定义的艺术字样式，可立即更改图表文本的显示效果。先单击要设置的图表，再在"图表工具"的"格式"选项卡下"艺术字样式"组中单击要使用的艺术字样式，如图5-67所示。若要查看所有预定义艺术字样式，单击"艺术字样式"右下角的"其他"按钮，即可展开图表文本的艺术字样式库。

图5-66　　　　　　　　　　　　　　　　　　　图5-67

若要手动设置艺术字的文本格式，可在"艺术字样式"组中单击"文本填充""文本轮廓"或"文本效果"按钮，然后选择需要的格式选项进行设置。

（6）设置图表大小。单击图表，拖动尺寸控点，可将其调整为所需大小；也可以在"图表工具"的"格式"选项卡下"大小"组中，在"高度"和"宽度"文本框中输入数值。

若要获得更多调整大小的选项，可在"格式"选项卡下"大小"组中单击"对话框启动器"按钮⊡，弹出"设置图表区格式"任务窗格，在"大小与属性"选项卡下"大小"区域中，可以设置用来调整图表大小、旋转角度或缩放图表的选项，如图5-68所示。

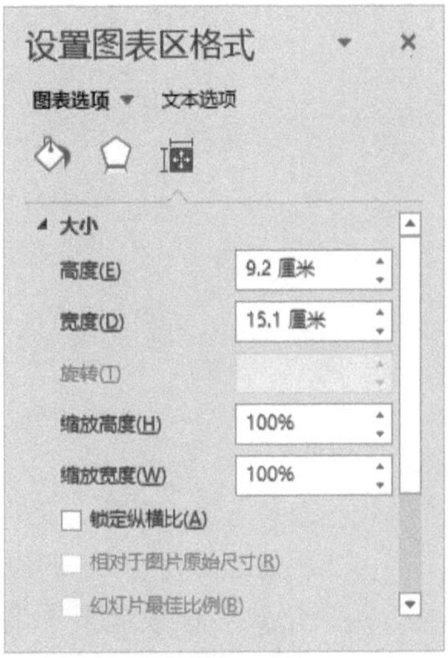

### ■5.3.2　插入与设置图片

#### 1. 插入图片

要将图片添加到幻灯片中，可先选择要添加图片的幻灯片，然后单击对象占位符区中的"图片"图标⊡或在"插入"选项卡下"图像"组中单击"图片"按钮，如图5-69所示。

图5-68

打开"插入图片"对话框，在该对话框中选择需要的图片，然后单击"插入"按钮，即可将图片对象插入当前幻灯片中。

#### 2. 设置图片

（1）应用图片样式。若要为图片应用样式，可以单击要应用新样式的图片，在"图片工具"的"格式"选项卡下"图片样式"组中单击所需的样式，如图5-70所示。若要查看更多的样式，单击"其他"按钮，即可展开图片样式库。

图5-69

图5-70

若要手动设置所选图片的样式，可在"图片样式"组中单击"图片边框""图片效果"或"图片版式"按钮，然后选择需要的格式选项进行设置。

（2）应用艺术效果。若要为图片设置艺术效果，可以单击要设置艺术效果的图片，在"图片工具"的"格式"选项卡下"调整"组中单击"艺术效果"按钮，在展开的下拉列表中，将鼠标指针悬停在选项上进行预览，然后选择所需的艺术效果，如图5-71所示。

提示：一次只能将一种艺术效果应用于图片，因此，应用不同的艺术效果会删除以前应用的艺术效果。

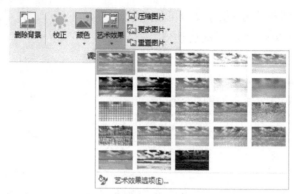

图5-71

（3）更改颜色。若要更改图片的颜色，可以单击要更改颜色的图片，在"图片工具"的"格式"选项卡下"调整"组中单击"颜色"按钮，在展开的下拉列表中，将鼠标指针悬停在选项上进行预览，然后选择所需的颜色选项，如图5-72所示。

图5-72

（4）更改图片大小。

若要更改图片大小，可以单击选中图片，然后拖动尺寸控点，将其调整为所需大小；也可在"图片工具"的"格式"选项卡下"大小"组中，在"高度"和"宽度"文本框中输入数值。

若要调整图片大小的缩放比例，可在"图片工具"的"格式"选项卡下"大小"组中单击"对话框启动器"按钮 。在打开的"设置图片格式"任务窗格中，在"大小与属性"选项卡下"大小"区域的"缩放高度"和"缩放宽度"文本框中输入缩放的数值即可，如图5-73所示。

（5）调整排列顺序。幻灯片对象会按照插入的先后顺序叠放在幻灯片上，最新添加的对象位于层叠的顶部。

在"图片工具"的"格式"选项卡下"排列"组中，可通过执行"上移一层"或"下移一层"命令，轻松地对图片重新排序，如图5-74所示。

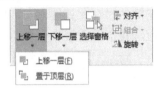

图5-74

## ■5.3.3 插入与设置SmartArt图形

SmartArt图形包含了一些诸如列表、流程图、组织结构图和关系图等的模板。使用SmartArt图形，可以简化创建复杂形状的过程，用户可以通过模板调用高效地创建各种用于表达各类数据关系的、具有专业水准的图形。

### 1. 插入SmartArt图形

选择要插入SmartArt图形的幻灯片，单击对象占位符区中的"插入SmartArt图形"图标；或在"插入"选项卡下"插图"组中单击"SmartArt"按钮。

弹出"选择SmartArt图形"对话框，该对话框分为3个部分（如图5-75所示），左侧列出了SmartArt图形的分类，中间部分列出了每个分类中具体的SmartArt图形样式，右侧显示出了该样式的默认效果、名称及应用范围说明。效果图中的横线表示用户可以输入文本的位置。所选SmartArt图形将以默认样式插入当前幻灯片中。

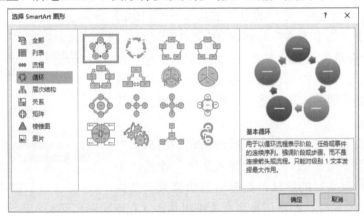

图5-75

### 2. 设置SmartArt图形

将SmartArt图形插入幻灯片后，将显示"SmartArt工具"的"设计"选项卡和"格式"选项卡，其中包含了大量用于设置和修改SmartArt图形的工具。

（1）添加或删除形状。

**添加形状：** "形状"是构成SmartArt图形的基本图形。若要向SmartArt图形中添加形状，可在"SmartArt工具"的"设计"选项卡下"创建图形"组中单击"添加形状"按钮；若单击该按钮右侧的下三角按钮，在下拉列表中可选择把添加的形状放在何处，如图5-76所示。

**删除形状：** 在幻灯片中单击选中某形状，出现如图5-77所示的控点，按Delete键即可删除该形状；或者在幻灯片左侧的"在此处键入文字"窗格中，删除不需要的文本和其前面的黑点。删除操作完成后，其余的图形将会自动调整。

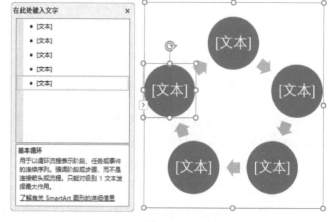

图5-76 图5-77

（2）添加文字。插入幻灯片中的SmartArt图形默认会在形状中带有一些文本占位符，单击这些占位符，可在形状中添加文字。文字的默认格式由幻灯片主题决定，可以根据需要使用"开始"选项卡下"字体"组中提供的工具修改或对文字应用某种艺术字样式。

在"SmartArt工具"的"设计"选项卡下"创建图形"组中单击"文本窗格"按钮（如图5-78所示），将在SmartArt图形旁边显示一个"在此处键入文字"窗格（默认显示），可在该窗格中按照示例提示输入或编辑文本。如果要关闭该窗格，可单击窗格右上角的"关闭"按钮。

若要修改形状中已有的文字或向新添加的形状中输入文字，除了可使用"在此处键入文字"窗格，还可以右击要修改文字的形状，在弹出的快捷菜单中执行"编辑文字"命令，即可切换到文字编辑状态（在形状中出现插入点光标）。

图5-78

SmartArt图形默认各形状的排列顺序为"从左向右"（或"顺时针"）方向，在"SmartArt工具"的"设计"选项卡下"创建图形"组中单击"从右到左"按钮，可更改各形状的排列顺序。需要说明的是，该操作仅在已输入了各形状的文本后才有意义。

（3）布局和样式。

**更改布局：** 在"SmartArt工具"的"设计"选项卡下"版式"组中，用鼠标指针指向某布局样式，会立即在幻灯片中将该样式显示到SmartArt图形上；用鼠标单击某布局样式可将其应用到SmartArt图形。单击"版式"组右下角的"其他"按钮，可展开布局样式库，如图5-79所示。

**更改颜色：** 在"SmartArt工具"的"设计"选项卡下"SmartArt样式"组中单击

"更改颜色"按钮，将显示颜色方案列表（如图5-80所示），单击某方案可将其应用到SmartArt图形上。

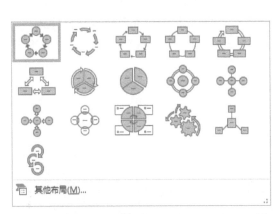

图5-79

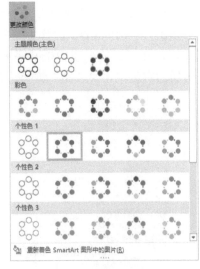

图5-80

**应用SmartArt样式**："SmartArt样式"组中还提供了一些用于设置SmartArt图形效果的样式选项列表。当鼠标指针指向某样式效果时，SmartArt图形会立即显示该样式效果的预览；单击某样式效果图标，可将其应用到SmartArt图形。单击右下角的"其他"按钮，可展开SmartArt样式库，如图5-81所示。

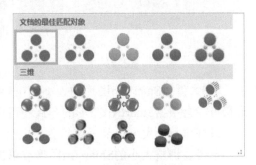

图5-81

（4）设置形状格式。SmartArt图形是由一些特定的形状组成的，而前面介绍的各种修改或设置方法主要是将系统预设的整体方案应用于整个SmartArt图形，并不直接针对单个形状。若需要对组成SmartArt图形的各形状进行修改和设置，可使用以下3种方法。

**方法1**：在"SmartArt工具"的"格式"选项卡下"形状样式"组中，用鼠标指针指向某形状样式，会立即在幻灯片中将该样式显示到SmartArt图形中选中的形状上；单击某形状样式可将其应用到SmartArt图形的形状上。单击右下角的"其他"按钮，可展开形状样式库。单击"形状填充""形状轮廓""形状效果"按钮，可对所选形状的各种参数进行设置，如图5-82所示。

图5-82

**方法2**：右击SmartArt图形中希望修改的某个形状，在弹出的快捷菜单中执行"设置形状格式"命令，将显示"设置形状格式"任务窗格（如图5-83所示），在该窗格中可以对所选形状的各种参数（如填充效果、线条颜色、线型、阴影等）进行单独设置。

　　**方法3**：右击SmartArt图形中希望修改的某个形状，在弹出的快捷菜单中单击"样式"按钮，在展开的列表中选择需要的形状样式即可，如图5-84所示；也可以在"样式"按钮的右侧单击"填充"或"边框"按钮，设置形状的填充颜色或边框样式。

图5-83　　　　　　　　　　　　图5-84

　　（5）调整SmartArt图形的大小。在SmartArt图形中更改单个形状的大小时，其余的形状可能会根据SmartArt图形的布局和可用空间量自动调整大小和位置。但在某些情况下，只有调整了大小的单个形状会被更改。

　　单击要调整大小的SmartArt图形或单击要调整大小的形状（若要调整多个形状的大小，请单击第1个形状，然后在按住Ctrl键的同时单击其他形状），将鼠标指针指向SmartArt图形边框上的尺寸控点，当鼠标指针变为双向箭头形状时拖动该控点，可使SmartArt图形增大或减小；也可以在"SmartArt工具"的"格式"选项卡下"大小"组中的"高度"和"宽度"文本框中输入数值。

　　若要调整大小的缩放比例，可在"格式"选项卡下"大小"组中单击"对话框启动器"按钮，弹出"设置形状格式"任务窗格，在"大小与属性"选项卡下"大小"区域的"缩放高度"和"缩放宽度"文本框中输入缩放的数值，如图5-85所示。

　　单击要调整大小的形状，在"SmartArt工具"的"格式"选项卡下"形状"组中，单击"增大"按钮可使形状增大，单击"减小"按钮可使形状减小，如图5-86

图5-85

所示。

（6）更改形状。单击要更改的形状，在"SmartArt工具"的"格式"选项卡下"形状"组中单击"更改形状"按钮，在展开的下拉列表中选中需要的形状样式即可，如图5-87所示。

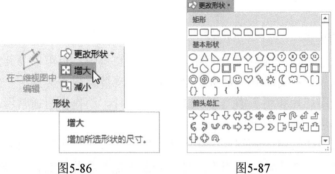

图5-86                          图5-87

（7）SmartArt图形的转换。在"SmartArt工具"的"设计"选项卡下"重置"组中单击"转换"按钮，将显示下拉列表，其中包含"转换为文本"和"转换为形状"两个选项，如图5-88所示。前者可将选中的形状转换成以项目符号分层显示的文本，后者则会拆散SmartArt图形使之变成由独立的形状组合而成的组合体，右击该组合体，在弹出的快捷菜单中执行"组合"→"取消组合"命令，可将各形状分离成完全独立的状态。将SmartArt图形转换成形状，并执行"取消组合"命令对设置SmartArt图形的动画效果十分有用。

如果在幻灯片中输入了一些以项目符号来分层的文本，可在选中文本后右击，在弹出的快捷菜单中用鼠标指针指向"转换为SmartArt"选项，并在显示的样式列表中选择某个希望的样式，将文本转换成SmartArt图形，如图5-89所示。

图5-88                          图5-89

要将SmartArt图形恢复为原始样式，只需在"SmartArt工具"的"设计"选项卡下"重置"组中单击"重置图形"按钮。但之前对该形状以及同一SmartArt图形中的所有其他形状所做的任何颜色、样式、大小、位置和效果更改都将丢失。

## ■5.3.4 插入与设置动作按钮

### 1. 插入动作按钮

动作按钮是一个现成的按钮，可将其插入演示文稿中，也可以为其定义超链接。动作按钮包含形状（如右箭头和左箭头）以及通常被理解为用于转到下一张、上一张、第一张、最后一张幻灯片和用于播放影片或声音的符号。动作按钮通常用于自运行演示文稿，例如，在摊位或展台上重复显示的演示文稿。

选择要插入动作按钮的幻灯片，在"插入"选项卡下"插图"组中单击"形状"按钮，打开下拉列表，在"动作按钮"区域单击要添加的动作按钮，如图5-90所示。然后单击幻灯片上的一个位置，弹出"操作设置"对话框（如图5-91所示），设置完成后单击"确定"按钮即可。也可以通过拖动鼠标为该按钮绘制形状。

图5-90                                    图5-91

在"操作设置"对话框中，可以设置动作按钮在"单击鼠标"和"鼠标悬停"时的行为。动作行为包括创建超链接、运行程序、运行宏、执行对象动作等。选中"播放声音"复选框，还可以为动作按钮添加播放声音。

### 2. 添加图片或形状并为其分配动作

首先在幻灯片中插入一个图片或形状，单击要添加动作的图片或形状，然后在"插入"选项卡下"链接"组中单击"动作"按钮（如图5-92所示），弹出"操作设置"对话框。

在"操作设置"对话框中，若要选择在幻灯片放映视图中单击图片时的行为，应切换到"单击鼠标"选项卡；若要选择在幻灯片放映视图中鼠标指针悬停在图片上时图片的行为，应切换到"鼠标悬停"选项卡。

若要选择单击或将指针移动到图片或形状上时发生的动作，应执行下列操作之一。

● 若仅使用形状，但不指定相应动作，应选中"无动作"单选按钮。

● 若要创建超链接，应选中"超链接到"单选按钮，然后选择超链接动作的目标对象（如"下一张幻灯片""上一张幻灯片""最后一张幻灯片"或"其他PowerPoint演示文稿"等），如图5-93所示。若要链接到其他程序所创建的文件（如Microsoft Office Word或Microsoft Office Excel文件），应在"超链接到"列表中执行"其他文件"命令。

图5-92

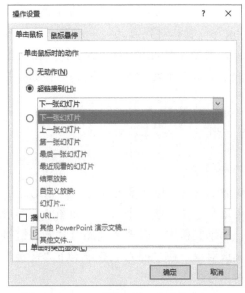

图5-93

● 若要运行某个程序，应选中"运行程序"单选按钮，单击"浏览"按钮，然后找到要运行的程序。

● 若要运行宏，应选中"运行宏"单选按钮，然后选择要运行的宏。

● 如果希望图片或形状执行的动作不列出，应选中"对象动作"单选按钮，然后选择要通过该按钮执行的动作。只有当演示文稿包含OLE对象时，"对象动作"设置才可用。

● 若要播放声音，应选中"播放声音"复选框，然后选择要播放的声音。

3. 设置动作按钮

（1）应用形状样式。使用"快速样式"，只需一次单击即可将样式应用到动作按钮上。将鼠标指针置于快速样式库中的某个快速样式缩略图上时，可查看该样式对动作按钮带来的影响。

单击要更改样式的动作按钮，在"绘图工具"的"格式"选项卡下"形状样式"组中，选择要使用的快速样式即可。若要查看更多的快速样式，单击右下角的"其他"按钮，即可展开形状样式库。

单击"形状填充"按钮，可使用纯色、渐变、纹理或图片填充所选动作按钮；单击"形状轮廓"，可选择形状轮廓的颜色、宽度或线条样式；单击"形状效果"按钮，可使动作按钮具有阴影、映像、发光等效果。

（2）调整动作按钮大小。单击要调整大小的动作按钮，将鼠标指针指向动作按钮边框上的尺寸控点，当鼠标指针变为双向箭头形状↖时，拖动该控点，可使动作按钮增大或减小；也可以在"绘图工具"的"格式"选项卡下，在"大小"组中的"高度"和"宽度"文本框中输入数值。

若要调整动作按钮大小的缩放比例，可在"格式"选项卡下"大小"组中单击"对话框启动器"按钮，弹出"设置形状格式"任务窗格，然后在"大小与属性"选项卡下"大小"区域的"缩放高度"和"缩放宽度"文本框中输入缩放的数值。

（3）设置位置和对齐方式。单击选中动作按钮后按住鼠标左键不放，将其移动到适合位置处，释放鼠标左键即可将动作按钮放置在指定位置。在"绘图工具"的"格式"选项卡下单击"排列"组的"对齐"按钮，在展开的下拉列表中可选择适合的对齐方式。

## ■5.3.5 插入与设置超链接

### 1. 插入超链接

在PowerPoint中，超链接可以是从一张幻灯片到同一演示文稿中的另一张幻灯片的链接，也可以是从文本或一个对象（如图片、图形、形状或艺术字）新创建的链接。

在同一演示文稿中，若要创建幻灯片的超链接，先在"普通"视图中选择要用作超链接的文本或对象，在"插入"选项卡下"链接"组中单击"链接"按钮，打开"插入超链接"对话框。

在"插入超链接"对话框左侧的"链接到"选项组中，单击"本文档中的位置"选项；在右侧的"请选择文档中的位置"下，单击要用作超链接目标的幻灯片；最后单击"确定"按钮即可，如图5-94所示。

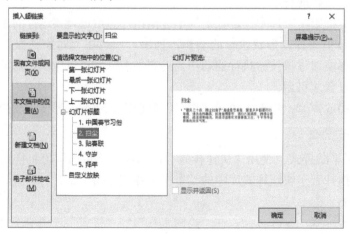

图5-94

**2.设置超链接**

创建超链接后，可以更改超链接文本的颜色。先选中要更改的超链接文本，再在"设计"选项卡下"变体"组中单击右下角的"其他"按钮，将鼠标指针移动到"颜色"选项上，在展开的列表中执行"自定义颜色"命令，打开"新建主题颜色"对话框。

在"新建主题颜色"对话框中的"主题颜色"区域，单击"超链接"右侧的颜色下拉按钮，然后在列表中选择一种颜色（如图5-95所示），单击"保存"按钮，即可将超链接的颜色更改为想要的颜色。

图5-95

## ■5.3.6　插入与设置音频或视频

在幻灯片中使用音频或视频可以表现一些特殊场景。例如，可以在无人值守播放时使用背景音乐，在幻灯片中插入旁白、原声提要等，从而使演示过程不再枯燥无味；还可以将一段视频插入演示文稿中的适当位置，以表达普通动画无法表达的场景。此外，PowerPoint允许对插入的音频或视频进行一些简单的编辑。

**1.插入音频**

选择希望插入音频对象的幻灯片，在"插入"选项卡下"媒体"组中单击"音频"按钮，在显示的下拉列表中包含"PC上的音频"和"录制音频"选项，一般会选择"PC上的音频"（如图5-96所示），打开"插入音频"对话框。

图5-96

在该对话框中选择希望插入幻灯片中的音频文件后，单击"插入"按钮即可。需要说明的是，单击"插入"按钮右侧的下拉按钮，在下拉列表中有"插入"（将音频文件嵌入幻灯片中）和"链接到文件"两种处理方式，如图5-97所示；单击"音频文件"下拉按钮，可显示PowerPoint所支持的所有音频文件格式。

图5-97

将音频文件插入幻灯片后，PowerPoint会将其显示为一个扬声器图标和一个相关联的播放工具条，使用鼠标可以将其拖放至幻灯片中的任何位置，如图5-98所示。

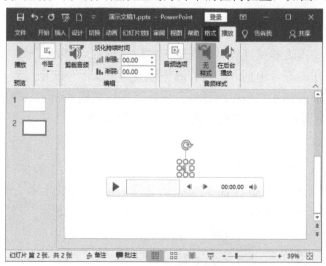

图5-98

2. 设置音频

将音频对象插入幻灯片后或再次单击音频图标时，会显示"音频工具"的"格式"和"播放"两个选项卡。其中，"格式"选项卡提供了用于设置播放图标外观的一些功能，而最常用的播放方式功能设置则集中在"播放"选项卡中。

（1）设置音频的格式。

**音频样式：**在"音频工具"的"格式"选项卡下的"图片样式"组中，用鼠标指针指向某图片样式，会立即在幻灯片中将该样式显示到音频对象上；用鼠标单击某图片样式可将其应用到音频对象上；单击右下角的"其他"按钮，可展开图片样式库。

**音频边框：**在"音频工具"的"格式"选项卡下"图片样式"组中单击"图片边

框"按钮右侧的下拉按钮，在弹出的下拉列表中可设置音频对象的边框颜色、粗细及线型。

**音频效果**：在"音频工具"的"格式"选项卡下"图片样式"组中单击"图片效果"按钮，在弹出的下拉列表中可为音频对象添加不同的显示效果，如阴影、映像、发光、柔化边缘等效果。

**排列顺序**：幻灯片对象会按照插入顺序叠放在幻灯片上，最新添加的对象位于层叠的顶部。若要更改新插入的音频对象的顺序位置，可在"音频工具"的"格式"选项卡下"排列"组中，执行"上移一层"或"下移一层"命令对对象重新排序。

**音频对象大小**：单击要调整大小的音频对象，用鼠标指针指向音频文件边框上的尺寸控点，然后当鼠标指针变为双向箭头形状 时，拖动该控点可以自行调整音频对象的大小；也可以在"音频工具"的"格式"选项卡下"大小"组中的"高度"和"宽度"文本框中输入数值。

若要调整音频对象大小的缩放比例，可在"格式"选项卡下"大小"组中单击"对话框启动器"按钮 ，弹出"设置图片格式"任务窗格，然后在"大小与属性"选项卡下"大小"区域的"缩放高度"和"缩放宽度"文本框中输入缩放的数值。在"原始尺寸"区域中可显示音频对象的原始大小。

（2）设置音频的播放。

**添加书签**：在"音频工具"的"播放"选项卡下"预览"组中单击"播放"按钮，将开始播放插入的音频对象。当音频播放到某位置时，单击"书签"组中的"添加书签"按钮（如图5-99所示），可在音频文件的当前位置添加一个标记，以方便用户随时跳转到该位置。单击"删除书签"按钮，可清除在音频文件中添加的所有标记。

**播放选项**：在"音频选项"组中，可以设置音频播放的音量。默认选项为"高"。若要调整音量，可单击"音量"按钮，在展开的下拉列表中选择"高""中等""低"或"静音"4种音量设置方式之一，如图5-100所示。

图5-99         图5-100

在"音频选项"组中，可以设置音频文件的启动方式。默认选项为"按照单击顺序"，也就是当播放到包含有音频对象的幻灯片时，通过单击自动播放音频文件。在"音频选项"组中，单击"开始"右侧的下拉按钮，在下拉列表中有"按照单击顺序""自动"和"单击时"3个选项。"按照单击顺序"表示单击自动播放音频，"自动"表示在播放幻灯片的同时开始播放音频，"单击时"表示仅在单击图标时播放音频。如果希望将音频作为背景音乐使用，应当选择"自动"选项。

若选中"音频选项"组中的"放映时隐藏"复选框，则在幻灯片放映时不显示表示音频对象的扬声器图标和与之关联的播放工具条。

若选中"音频选项"组中的"跨幻灯片播放"复选框,表示跨所有幻灯片播放一个音频文件。

若选中"音频选项"组中的"循环播放,直到停止"复选框,表示音频在本幻灯片显示期间循环播放,直到切换至其他幻灯片才停止播放。

若选中"音频选项"组中的"播放完毕返回开头"复选框,则表示音频播放完毕后返回到开头并停止播放。

**编辑音频**:在"音频工具"的"播放"选项卡下"编辑"组中单击"剪裁音频"按钮(如图5-101所示),将显示"剪裁音频"对话框。

在"剪裁音频"对话框中,可通过设置开始时间和结束时间,来实现音频的剪裁;也可使用红色和绿色滑块对音频文件进行相应剪裁,单击"确定"按钮即可完成剪裁,如图5-102所示。

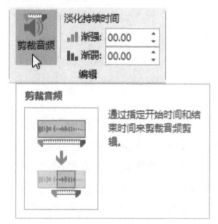

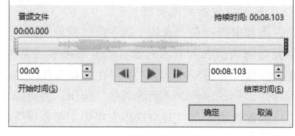

图5-101         图5-102

"淡化持续时间"表示在音频的开始或结束的指定时间内使用声音变强或变弱的效果。若要使音频淡入或淡出,则更改"淡化持续时间"下的"渐强"和"渐弱"文本框中的数值即可。

3. 插入视频

选择希望插入视频对象的幻灯片,在"插入"选项卡下"媒体"组中单击"视频"按钮,从下拉列表中选择"PC上的视频";或单击显示在幻灯片对象占位符区中的"插入视频文件"图标,均可打开"插入视频"对话框。

在"插入视频"对话框中选择要插入幻灯片中的视频文件后,单击"插入"按钮,或者单击"插入"按钮右侧的下拉按钮,在下拉列表中可以选择"插入"(将视频文件嵌入幻灯片中)或"链接到文件"两种处理方式。将视频文件插入幻灯片后,将显示播放窗口和相关联的播放工具条,可以用鼠标将该对象拖动到幻灯片中的任何位置。

4. 设置视频

将视频对象插入幻灯片后或再次选中视频播放窗口时,会显示"视频工具"的"格式"和"播放"两个选项卡。其中,"格式"选项卡中提供了用于设置播放窗口外观的一些功能，而最常用的播放方式功能设置则集中在"播放"选项卡中。

（1）设置视频的格式。

**视频样式：** 在"视频工具"的"格式"选项卡下"视频样式"组中，用鼠标指针指向某视频样式，会立即在幻灯片中将该样式显示到视频对象上；用鼠标单击某视频样式可将其应用到视频对象上。单击右下角的"其他"按钮，可展开视频样式库。

**视频形状：** 插入的视频对象可裁剪为各种形状样式，在"视频工具"的"格式"选项卡下"视频样式"组中单击"视频形状"按钮，在弹出的下拉列表中可为视频对象选择一种形状，作为视频对象的形状样式。

**视频边框：** 在"视频工具"的"格式"选项卡下"视频样式"组中单击"视频边框"按钮右侧的下拉按钮，在弹出的下拉列表中可设置视频对象的边框颜色、粗细及线型。

**视频效果：** 在"视频工具"的"格式"选项卡下"视频样式"组中单击"视频效果"按钮，在弹出的下拉列表中可为视频对象添加不同的显示效果，如阴影、映像、发光、柔化边缘等效果。

**排列顺序：** 幻灯片对象会按照插入顺序放置在幻灯片上，最新添加的对象位于层叠的顶部。如要更改新插入的视频对象的顺序位置，可在"视频工具"的"格式"选项卡下"排列"组中，执行"上移一层"或"下移一层"命令对对象重新排序。

**视频大小：** 单击要调整大小的视频对象，将鼠标指针指向视频文件边框上的尺寸控点，当指针变为双向箭头形状时，拖动其四周的8个控制点就可以改变视频播放窗口的大小；也可以在"视频工具"的"格式"选项卡下"大小"组中的"高度"和"宽度"文本框中输入数值。

若要调整视频对象大小的缩放比例，可在"格式"选项卡下"大小"组中单击"对话框启动器"按钮，弹出"设置视频格式"任务窗格，然后在"大小与属性"选项卡下"大小"区域的"缩放高度"和"缩放宽度"文本框中输入缩放的数值。在"原始尺寸"区域中可显示视频对象的原始大小。

（2）设置视频的播放。PowerPoint中的播放选项用于控制视频在演示文稿中的显示方式和时间，既可以在全屏模式下播放视频，也可以控制音量、重复播放视频（在循环中），还可以显示媒体控件。

**播放选项：** 在"视频工具"的"播放"选项卡下"视频选项"组中，可以设置视频播放的音量。默认选项为"高"。若要调整音量，可单击"音量"按钮，在展开的下拉列表中有"高""中等""低"和"静音"4种音量设置方式。

在"视频选项"组中，可以设置视频文件的启动方式。默认选项为"按照单击顺序"，也就是当播放到包含视频对象的幻灯片时，通过在幻灯片上编排的其他操作（如动画效果）按顺序播放视频。可以使用遥控器或任何其他激活幻灯片上的操作（如按向右键）的机制来触发视频的播放。在"视频选项"组中，单击"开始"栏右侧的下拉按钮，在下拉列表中有"按照单击顺序""自动"和"单击时"3个选项。"按照单击顺序"表示在幻灯片上编排的其他操作（如动画效果）按顺序播放视频，"自动"表示在播放幻灯片的同时视频会自动播放，"单击时"表示仅在视频帧内单击时才会播放视频。

若选中"视频选项"组中的"全屏播放"复选框，表示放映演示文稿时可播放视频，以便视频填充整个幻灯片（屏幕）。当放大视频时，根据原视频文件的分辨率，可能会出现变形。将视频包含在演示文稿中之前，应预览该视频，以便视频出现变形或模糊不清时可撤销全屏选项。

如果将视频设置为全屏播放，同时又将其设置为自动播放，则可以将视频帧从幻灯片中拖入灰色区域，这样，视频帧会在幻灯片上隐藏，或者在视频全屏播放之前短暂闪烁几下。

若选中"视频选项"组中的"未播放时隐藏"复选框，表示传送演示文稿时可隐藏视频，需要时再将其显示。但是，应创建自动式或触发式动画进行播放，否则在幻灯片放映期间将无法观看视频。

若选中"视频选项"组中的"循环播放，直到停止"复选框，表示视频在本幻灯片显示期间循环播放，直到切换至其他幻灯片才停止播放。

若选中"视频选项"组中的"播放完毕返回开头"复选框，则表示视频播放完毕后返回到开头并停止播放。

**编辑视频：**在"视频工具"的"播放"选项卡下"编辑"组中单击"剪裁视频"按钮（如图5-103所示），将显示"剪裁视频"对话框。在该对话框中，可通过设置开始时间和结束时间来实现视频的剪裁；也可使用红色和绿色滑块对视频文件进行相应的剪裁，如图5-104所示。单击"确定"按钮即可完成剪裁。

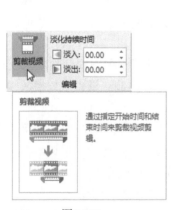

图5-103　　　　　　　　　　　　　　　　　图5-104

"淡化持续时间"表示在视频的开始或结束使用淡入淡出效果时的指定时间。若要使视频淡入或淡出，可更改"淡化持续时间"下的"淡入"和"淡出"文本框中的数值。

# 5.4 动画及放映设置

在演示文稿中,动画可以起到两个作用。第一,动画可以把演示文稿的内容展示得更加形象、逼真,增加页面动感,增强演示效果,给观众留下深刻的印象。第二,动画能够在限定的演示文稿页数内增加页面信息量,提高演示文稿的解释力,有助于使观众根据演示文稿的内容进行推理。PowerPoint提供了丰富的放映效果功能,以帮助用户进行放映设计。

## ■5.4.1 动画效果

为幻灯片设置动画效果,可以使幻灯片中特定页面中的对象按一定的规则和顺序运动起来,赋予其进入、退出、大小或颜色变化甚至移动等视觉效果。动画效果既能为观众带来更为流畅的观看体验,有效地突出演示文稿的重点,吸引观众的注意力,又能够使放映的过程十分有趣。动画使用次数要适当,过多地使用动画也会分散观众的注意力,不利于有效传达信息。设置动画应遵循适当、简化和创新的原则。

在幻灯片中添加文本、表格、图表、图形等对象后,可以为这些元素添加动画效果,使其在播放时更具有表现力,更加生动有趣。PowerPoint中预设了大量的可应用于各种对象和幻灯片切换的动画效果,用户可直接调用。对于一些特殊的需求,系统允许用户自定义动画的表现方式。

### 1. 动画类型

PowerPoint提供了4种类型的动画:进入、强调、退出和动作路径。

**进入:** 是指对想要从外部进入或出现幻灯片播放画面时的展现方式,如飞入、旋转、淡入、出现等。

**强调:** 是指在播放动画过程中需要突出显示对象时的展现方式,起到强调作用,如放大/缩小、填充颜色、加粗闪烁等。

**退出:** 是指播放画面中的对象离开播放画面时的展现方式,如飞出、消失、淡出等。

**动作路径:** 是指画面中的对象按预先设定的路径进行移动的展现方式,如弧形、直线、循环等。

### 2. 应用动画效果

在演示文稿中,所有对象在默认情况下都没有设置动画。当需要对某个对象设置动画时,可先选中该对象,然后在"动画"选项卡下"动画"组中根据需要进行动画设置,如图5-105所示。

图5-105

单击"动画"组右侧的"其他"按钮或"高级动画"组的"添加动画"按钮，可打开动画效果下拉列表（如图5-106所示），其中包括4种类型的动画。

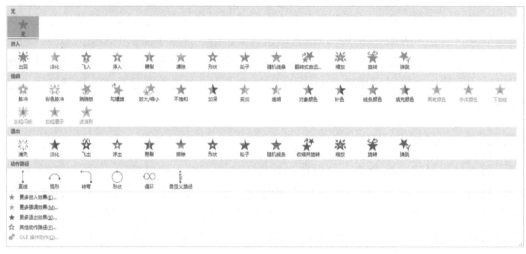

图5-106

如果在预设的列表中没有用户满意的动画效果，可以执行列表下方的"更多进入效果""更多强调效果""更多退出效果""其他动作路径"命令。

将鼠标指针悬停在某个动画效果上时，在被选中的对象上即可预览到该动画效果，可选择合适的动画并应用。应用后，页面中已应用动画对象的左上角会显示一个动画顺序号，以标明该页面中各对象的动画播放顺序。此时的"效果选项"下拉按钮将变成可用状态。

### 3. 动画效果选项

为对象应用动画后，还可以为动画设置效果选项、设置动画开始播放的时间、调整动画速度等。具体的操作方法如下：

（1）在"动画"选项卡下"动画"组中单击"效果选项"下拉按钮，弹出"效果选项"下拉列表，可为其选择合适的效果选项。图5-107所示为"劈裂"动画的效果选项列表，不同的动画其"效果选项"也不同。

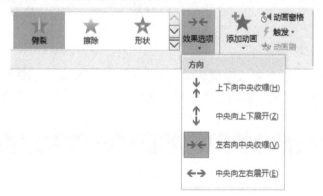

图5-107

（2）在"动画"选项卡下"计时"组中，可以设置动画播放的开始方式、持续时间、延迟等，如图5-108所示。"开始"列表包含"单击时""与上一动画同时""上一动画之后"3个选项；"持续时间"设置越长，动画放映的速度越慢；"延迟"是指经过多少秒之后开始播放。

图5-108

### 4. 动画窗格

为多个对象设置动画后，演讲者可以按照设置时的顺序播放，也可以根据演讲逻辑调整动画的播放顺序。使用"动画窗格"可以方便地查看和改变动画播放顺序，同时可以调整动画播放的时长和延时等选项。

单击"动画"选项卡下"高级动画"组中的"动画窗格"按钮，右侧会出现"动画窗格"任务窗格，其中列出了当前幻灯片中已经设置动画的对象名称、对应的动画效果和顺序，如图5-109所示。当鼠标指针悬停在某名称上时会显示对应的动画效果，单击"播放自"按钮则可预览整张幻灯片播放时的动画效果。

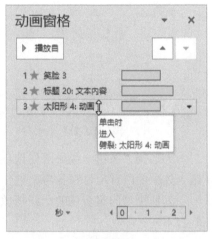

图5-109

选中"动画窗格"中的某对象名称，单击窗格右上角的上移或下移图标按钮，或直接按住鼠标不放拖动窗格中的对象条，可以改变幻灯片中对象的播放顺序。

在"动画窗格"中，可以使用鼠标拖动时间条上的边框以改变动画放映的时间长度，拖动时间条改变其位置，还可以改变动画开始时的延迟时间。

选中"动画窗格"中的某对象名称，单击其右侧的下三角按钮，在弹出的列表中也可以方便地设置动画效果，如图5-110所示。

执行列表中的"效果选项"命令，可打开对当前对象进行动画效果设置的对话框，如图5-111所示。

在打开的效果选项设置对话框中选择"文本动画"选项卡（如图5-112所示），再打开"组合文本"下拉列表，可以看到，由于该文本为一个组合对象，因此有"作为一个对

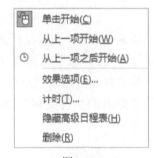

图5-110

象""所有段落同时""按第一级段落""按第二级段落""按第三级段落"等选项。"作为一个对象"是指整个正文文本将作为一个对象以动画效果形式播放，而"所有段落同时"和"按第X级段落"则是组合体中的每一个对象独自以动画效果形式播放。需要注意的是，"所有段落同时"是组合体中的所有对象同时播放，而"按第X级段落"则是所有对象按顺序逐个播放。

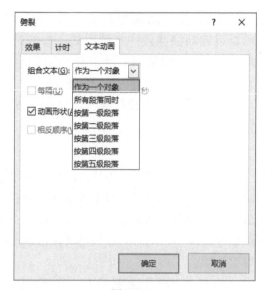

图5-111                             图5-112

当选择"按第一级段落"选项时，该文本的动画顺序号将变成两个序号，这是因为组合体中的所有项目都各自单独作为一个动画对象，因而共有2个动画对象。

其他类型的组合体的动画播放效果选项与此基本类似，根据组合对象的不同性质而略有不同。

### 5. 自定义动画路径

如果预设的动画路径无法满足设计要求，用户可以自定义动画路径来规划对象的动画路径。具体的操作步骤如下：

（1）选中对象，在"动画"选项卡下"动画"组中的动画效果下拉列表中单击"自定义路径"选项。

（2）将鼠标指针移至幻灯片上，当鼠标指针变成+时，可建立路径的起始点，按住鼠标不放，拖动鼠标画出自定义路径，画完后双击确定终点。

（3）选中已经定义的动画路径并右击，在弹出的快捷菜单中执行"编辑顶点"命令。在出现的黑色顶点上再次右击，在弹出的快捷菜单中执行"平滑顶点"命令，即可修改动画路径。

### 6. 复制动画

如果用户希望将某对象设置为与已设置动画效果的对象具有相同的动画，则可以使用"动画"选项卡下"高级动画"功能组中的"动画刷"按钮来完成，如图5-113所示。与Word中的"格式刷"一样，在演示文稿中选中幻灯片上的某对象，单击"动画刷"按钮，可以复制该对象的动画，单击另一个对象，则其动画设置就会应用到该对象上。如果双击"动画刷"按钮，则可将同一种动画设置复制到多个对象上。

图5-113

## ■5.4.2　切换效果

幻灯片的切换效果，是指演示文稿放映时幻灯片进入和离开播放画面时的整体视觉效果。选择适当的切换效果，可以使幻灯片的衔接过渡更为自然，既增强演示效果，又给人以赏心悦目的感觉。PowerPoint提供了多种切换效果。

### 1. 应用切换效果

幻灯片的切换效果是指一张幻灯片在屏幕上出现的方式。用户既可以为一组幻灯片设置一种切换方式，也可以为每张幻灯片设置不同的切换方式。

选中要设置幻灯片切换效果的一张或多张幻灯片，在"切换"选项卡下"切换到此幻灯片"组中单击右侧的"其他"按钮，弹出切换效果下拉列表（如图5-114所示），其中列出了"细微""华丽"和"动态内容"3类切换效果。

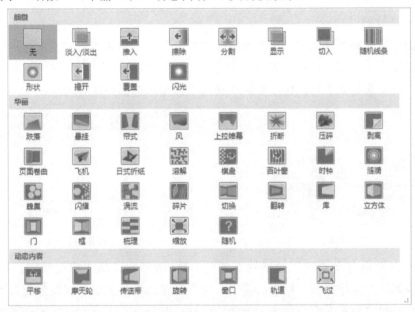

图5-114

在切换效果下拉列表中选择一种切换方式，则设置的切换效果将默认应用于所选幻灯片。如果希望所有幻灯片均采用该切换效果，可单击"切换"选项卡下"计时"组中的"应用到全部"按钮，如图5-115所示。

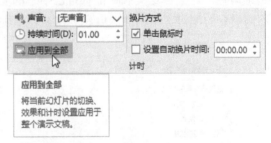

图5-115

### 2. 设置切换属性

幻灯片切换属性包括效果选项、换片方式、持续时间和声音效果。针对不同的切换样式，PowerPoint提供了不同的效果选项。例如，选择"推进"式切换效果，可选的效果选项有"自底部""自左侧""自右侧"和"自顶部"4个选项；而选择"悬挂"式切换效果，可选的效果选项只有"向左"和"向右"两个选项。

应用幻灯片切换效果时，切换属性均采用默认设置。例如，"擦除"切换效果的切换属性默认是：效果选项为"自右侧"，换片方式为"单击鼠标时"，持续时间为"1秒"，声音效果为"无声音"。

如果对默认切换属性不满意，可以另外进行设置。在"切换"选项卡下"计时"组中，可以设置幻灯片切换所用时长、切换幻灯片时是否使用音效及使用何种音效；在"换片方式"栏中，可以选择是通过单击鼠标执行换片，还是按固定的时间自动换片。

## ■5.4.3 放映幻灯片

制作好的演示文稿，最终是要放映给观众看的。通过放映幻灯片，可将创建的演示文稿展示给观众，以表达制作者想要说明的问题。幻灯片放映主要是设置放映类型、放映范围和换片方式等。

### 1. 自定义放映

在"幻灯片放映"选项卡下"开始放映幻灯片"组中单击"自定义幻灯片放映"按钮，在下拉列表中执行"自定义放映"命令，如图5-116所示。

打开"自定义放映"对话框，单击"新建"按钮，如图5-117所示。

图5-116

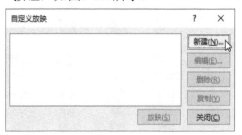

图5-117

弹出"定义自定义放映"对话框（如图5-118所示），从中可设置播放哪些幻灯片，以及按怎样的顺序播放。例如，将一个包含30张幻灯片的演示文稿分为若干个"自定义放映"，每个自定义放映包含若干张幻灯片，并且这若干张幻灯片的播放顺序可以随意调整。每个自定义放映都有自己唯一的名称，这就使得演示文稿可以同时适用于对不同受众的演讲（不同的深度和广度），演讲时只需调用不同的自定义放映名。

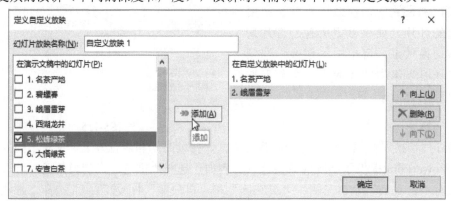

图5-118

### 2.设置放映方式

在"幻灯片放映"选项卡下"设置"组中单击"设置幻灯片放映"按钮，如图5-119所示。

弹出"设置放映方式"对话框（如图5-120所示），从中可对放映类型、放映选项、放映幻灯片和推进幻灯片进行设置。

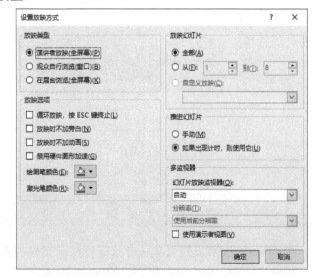

图5-119                    图5-120

在"放映类型"栏中，包含"演讲者放映（全屏幕）""观众自行浏览（窗口）"和"在展台浏览（全屏幕）"3个选项，各选项的含义如下：

● 若要允许观看幻灯片放映的人员在切换幻灯片时进行控制，应选择"演讲者放映（全屏幕）"。

● 要在一个窗口中演示幻灯片放映，但在该窗口中观看的用户无法在切换幻灯片放映时进行控制，应选择"观众自行浏览（窗口）"。

● 要循环播放幻灯片放映，直到观看用户按Esc键关闭时，应选择"在展台浏览（全屏幕）"。

在"放映选项"栏中，可以指定是否使用循环放映、是否使用旁白、放映时是否加载动画，以及设置"绘图笔"和"激光笔"的颜色。

在"放映幻灯片"栏中，可以指定放映哪些幻灯片或使用哪个自定义放映。

在"推进幻灯片"栏中，可以指定是手动放映还是使用计时。所谓"计时"，是指用户可以通过"排练"计算出每张幻灯片出现时需要的讲解时间。PowerPoint能自动将该时间设置为该幻灯片播放时的停留时间，到时将自动切换到下一张。"计时"功能使演讲者无须对演示文稿帮任何干预，仅需专注于自己的演讲。

### 3.录制幻灯片演示

录制幻灯片演示功能可以记录幻灯片的放映时间，同时允许使用鼠标、激光笔或麦克风（旁白）为幻灯片加上注释。也就是说，制作者对演示文稿的一切相关注释都可以使用录制幻灯片演示功能记录下来，从而使幻灯片的互动性能大大提高。其最实用的地方在于录好的幻灯片可以脱离讲演者来放映。

在"幻灯片放映"选项卡下"设置"组中单击"录制幻灯片演示"按钮或者单击其下方的下拉按钮，在下拉列表中选择某一项，如图5-121所示。

打开"录制幻灯片演示"对话框，单击"开始录制"按钮，即可录制幻灯片演示，如图5-122所示。

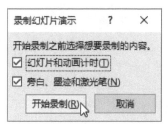

图5-121                                    图5-122

# 5.5  保护与导出演示文稿

PowerPoint可以通过多种方式进行演示文稿的输出，从而为存储、转移、播放演示文稿带来便利。用户可以将完成的PowerPoint演示文稿通过文件的直接复制或发送，在其他设备上播放或编辑。例如，演示文稿的打包，演示文稿的视频转换，使用演示文稿生成PDF文档、生成图片等操作。

## ■5.5.1  保护演示文稿

随着网络信息时代的到来，信息传播速度日益加快，文稿安全不容忽视。如果演示文稿涉及一些重要的机密信息而需要防止被恶意盗用或破坏，或不希望其他人看到自己的设计方法等细节，或是避免被修改相关内容而挪作他用等，在演示文稿制作完成后，就需要确保演示文稿的安全性，防止演示文稿被其他人随意复制、修改或传播，这就需要为文稿设置安全保护。PowerPoint提供了将演示文稿设置为最终状态、加密、使用数字签名、人员权限设置等保护措施。本节将介绍设置为最终状态和加密两种保护措施。

### 1. 文稿最终状态设置

将演示文稿设置为最终状态，可以使演示文稿处于只读状态。当其他用户打开该文稿时，只能浏览阅读而无法修改文稿里面的内容。具体的操作步骤如下：

（1）当演示文稿制作完成之后，单击"文件"选项卡，在左侧列表中执行"信息"命令，在右侧单击"保护演示文稿"按钮，弹出如图5-123所示的下拉列表，从中执行"始终以只读方式打开"命令。

（2）此时可以看到"信息"页中的"保护演示文稿"选区的颜色发生了变化。单击"开始"选项卡或重新打开该演示文稿时，将会弹出一条黄色警告信息，提示用户该演示文稿已经标记为最终状态，并且可以看到"开始"选项卡下各个按钮都呈现为未激活状态。但在提示信息行中同时提供了一个"仍然编辑"按钮，如图5-124所示。单击该按钮后，文稿又可以编辑了。

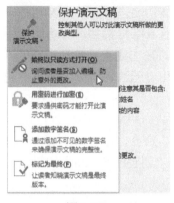

图5-123

图5-124

### 2. 演示文稿加密设置

对制作好的演示文稿设置密码，可以使其他用户在不知道密码的情况下无法打开演示文稿进行浏览或修改。具体的操作步骤如下：

（1）当演示文稿制作完成之后，单击"文件"选项卡，在左侧列表中执行"信息"命令，在右侧单击"保护演示文稿"按钮，在弹出的下拉列表中执行"用密码进行加密"命令，弹出"加密文档"对话框，如图5-125所示。

（2）输入密码，单击"确定"按钮，弹出"确认密码"对话框，如图5-126所示。输入与上一次相同的密码，单击"确定"按钮，即可完成加密。

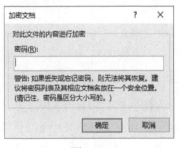

图5-125

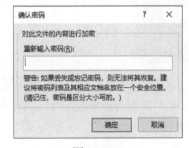

图5-126

演示文稿实现加密后，再次打开时需要输入正确的密码，否则将不能打开该演示文稿。

## ■5.5.2 导出演示文稿

"文件"选项卡下的"导出"命令可帮助用户将演示文稿转换为其他格式，如PDF、视频或基于Word的讲义格式。

### 1. 创建PDF/XPS文档

PDF文件格式是Adobe公司开发的，可作为可移植电子文档的通用格式，能够正确保存源文件的字体、格式、颜色和图片，使文件的交流可以轻松跨越应用程序和系统平台的限制，是当前流行的一种文件格式。

XPS文件格式是一种电子文件格式，是微软公司开发的一种文档保存与查看的规范，它描述了这种格式以及分发、归档、显示和处理XPS文档所遵循的规则。XPS是一种版面配置固定的电子文件格式，可以保存文件格式，而且具有档案共享的功能，使用者无须拥有制造该文件的软件就可以浏览或打印该文件。在在线查看或打印XPS档案时，可以确保其格式与用户希望的相一致，而且其他使用者无法轻易变更档案中的数据。

实现PDF或XPS文件输出的具体操作步骤如下：

（1）单击"文件"选项卡，在左侧列表中执行"导出"命令，在右侧单击"创建PDF/XPS文档"选项，在"创建PDF/XPS文档"标题下单击"创建PDF/XPS"按钮，如图5-127所示。

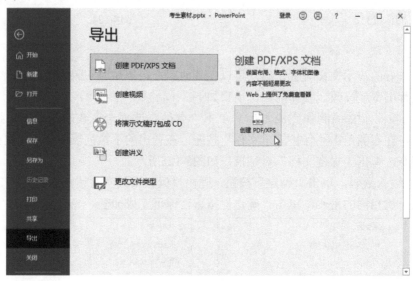

图5-127

（2）弹出"发布为PDF或XPS"对话框，选择创建后PDF或XPS文件存放的位置，输入保存的文件名，此时在"保存类型"下拉列表中为"PDF（*.pdf）"或"XPS文档（*.xps）"格式。如果要在保存文件后以选定格式打开该文件，请选中"发布后打开文件"复选框。如果文档要求高打印质量，可选中"标准（联机发布和打印）"单选按钮。如果较小的文件大小比打印质量更重要，可选中"最小文件大小（联机发布）"单选按钮，如图5-128所示。

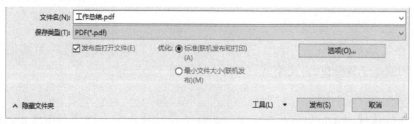

图5-128

（3）单击"选项"按钮，弹出"选项"对话框（如图5-129所示），从中可设置幻灯片范围、发布选项等。设置完成后单击"确定"按钮即可。

（4）返回到"发布为PDF或XPS"对话框，最后单击"发布"按钮，完成PDF或XPS文件的转换输出。

### 2. 创建视频

PowerPoint提供了将演示文稿转换成视频的功能，还可以一并录制背景音乐或旁白。因此，演示文稿可以生成一个自动播放的演讲，而不需要演讲者本人亲自到场。具体的操作步骤如下：

（1）打开需要转换的演示文稿，并确保放映无误。单击"文件"选项卡，在列表中执行"导出"命令，在右侧单击"创建视频"选项，如图5-130所示。

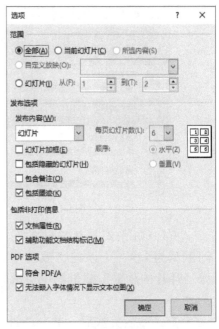

图5-129

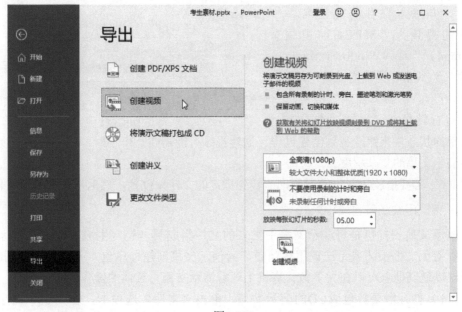

图5-130

（2）在"创建视频"标题下的第1个下拉列表中选择所需的视频质量，如图5-131所示。该质量用于设置视频的分辨率，视频的质量越高，文件大小就越大。可能需要对其进行测试，以确定哪一个满足需求。

（3）在"创建视频"标题下的第2个下拉列表中，将告诉用户演示文稿是否包括旁白和计时，如图5-132所示。如果没有录制计时旁白，默认值是"不要使用录制的计时和旁白"。如果已录制计时旁白，默认值为"使用录制的计时和旁白"。

图5-131                                                    图5-132

（4）每张幻灯片放映的时间默认为5秒，可以在"放映每张幻灯片的秒数"数值框中更改计时。

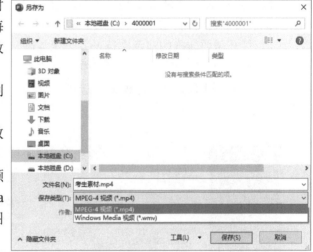

（5）设置完成后，单击"创建视频"按钮，弹出"另存为"对话框，选择创建后视频的存放位置，并输入保存的文件名。创建的视频为"MPEG-4视频（*.mp4）"或"Windows Media视频（*.wmv）"格式，如图5-133所示。单击"保存"按钮，开始进行转换，可以通过查看屏

图5-133

幕底部的状态栏来跟踪视频创建过程。创建视频可能需要几个小时，具体取决于视频长度和演示文稿的复杂程度。

（6）若要播放新创建的视频，请转到指定的文件夹位置，然后双击打开该文件。

### 3. 将演示文稿打包成CD

演示文稿的打包是将演示文稿中独立的文件集成到一起，生成一个独立运行的文件，以避免文件损坏或无法调用等问题。为演示文稿创建程序包，并将其保存到CD驱动器，以便其他人可以在大多数计算机上观看演示文稿。具体的操作步骤如下：

（1）打开需要打包成CD的演示文稿，单击"文件"选项卡，在列表中执行"导出"命令，在右侧单击"将演示文稿打包成CD"选项，在"将演示文稿打包成CD"标题下单击"打包成CD"按钮。

（2）弹出"打包成CD"对话框（如图5-134所示），在"将CD命名为"文本框中键入CD的名称。

（3）若要将一个或多个演示文稿添加到一起打包，单击"添加"按钮，弹出"添加文件"对话框，选择一个或多个演示文稿，然后单击"打开"按钮。返回到"打包成

CD"对话框，添加的演示文稿将显示在"要复制的文件"列表框中。

（4）如果添加多个演示文稿，它们将按照在"要复制的文件"列表框中列出的顺序播放。使用对话框左侧的箭头按钮，可对演示文稿列表进行重新排序。如果要删除某个演示文稿，选中后单击"删除"按钮即可。

（5）若要包括辅助文件（如TrueType字体或链接的文件）或设置密码，可单击"选项"按钮，弹出"选项"对话框，如图5-135所示。在"包含这些文件"下，选中"链接的文件"或"嵌入的TrueType字体"复选框即可。若要检查演示文稿中是否存在隐藏数据和个人信息，可选中"检查演示文稿中是否有不适宜信息或个人信息"复选框。在"增强安全性和隐私保护"下，可以设置"打开每个演示文稿时所用密码"和"修改每个演示文稿时所用密码"，两个密码可以设置为相同的密码，也可以设置为不同的密码。

图5-134 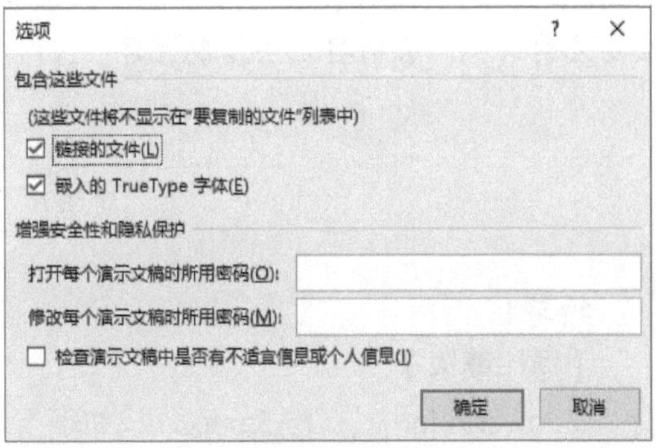　　　　　　　　　　　　　　　图5-135

如果设置了密码，单击"确定"按钮后则会弹出打开和修改权限密码的"确认密码"对话框（如图5-136所示），需要用户再次输入与上一次相同的打开和修改权限密码。

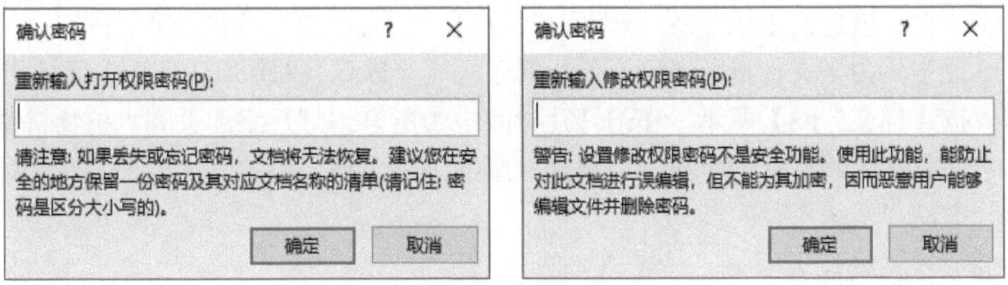

图5-136

（6）返回到"打包成CD"对话框中，单击"复制到文件夹"按钮，弹出"复制到文件夹"对话框，如图5-137所示。在"文件夹名称"文本框中键入CD文件夹的名称，在"位置"文本框中键入保存位置或单击"浏览"按钮选择保存位置。若要在完成后打开文件夹，应选中

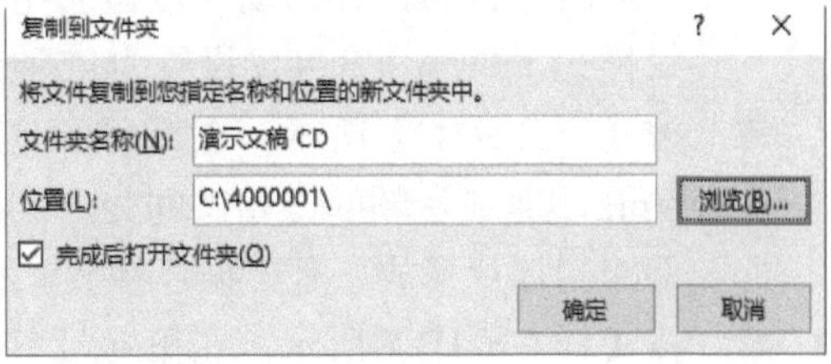

图5-137

"完成后打开文件夹"复选框，单击"确定"按钮。

（7）弹出"是否要在包中包含链接文件"提示框（如图5-138所示），单击"是"按钮，则打包成CD开始进行，根据文件的大小打包成CD可能需要一些时间，待打包成CD完成即可。

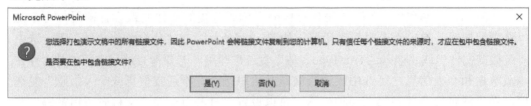

图5-138

提示：在"打包成CD"对话框中，若单击"复制到CD"按钮，应确认计算机上已经安装刻录机，否则将无法复制文件。

# 练一练

练习1

【操作要求】

在PowerPoint中打开A5.pptx，按如下要求进行操作。

1. 演示文稿的页面设置

● 按【样文5-1A】所示，将主题"丝状"应用于所有幻灯片，并填充"样式6"背景样式。

● 按【样文5-1A】所示，将第1张幻灯片中的标题设置为艺术字"填充：白色；边框：橙色，主题色2；清晰阴影：橙色，主题色2"样式（第3行第4列），设置字体为华文行楷、66磅，并为其添加"半映像：4磅 偏移量"映像效果。

● 按【样文5-1B】所示，在幻灯片母版中为所有幻灯片添加页脚"植物讲堂"，并且标题幻灯片中不显示，设置页脚的字体为华文新魏、加粗、24磅、标准色中的"浅绿"。

2. 演示文稿的插入设置

● 按【样文5-1B】所示，在第3张幻灯片中插入链接到第1张幻灯片和下一张幻灯片的动作按钮，并为动作按钮套用"透明，彩色轮廓 - 绿色，强调颜色6"形状样式，高度和宽度均设置为1.5厘米。

● 按【样文5-1C】所示，在第4张幻灯片中插入音频文件C:\KSML2\KSWJ6-1A.wma，剪裁音频的开始时间为"00:50"、结束时间为"03:40"；设置音频文件跨幻灯片播放，且"循环播放，直到停止"，在放映时隐藏图标。

● 按【样文5-1D】所示，在第5张幻灯片中插入图片文件C:\KSML2\KSWJ5-1B.jpg，设置图片大小的缩放比例为35%，排列顺序为"置于顶层"，为其应用

3. 幻灯片的切换、动画和放映设置

● 设置所有幻灯片的切换方式为"棋盘"，效果为"自顶部"，持续时间为2秒，声音为"风铃"，换片方式为3秒后自动换片。

● 在幻灯片母版中将标题文本的动画效果设置为"飞入"，效果选项为"自右下部"，持续时间为2秒，动画计时为"上一动画之后"。

● 设置幻灯片的放映类型为"观众自行浏览（窗口）"，放映方式为"循环放映，按ESC键终止"，放映内容为幻灯片1至5。

4. 保存演示文稿

完成上述操作并保存文件后，打开C:\KSML2\KSWJ6-1C.pptx文件，将此演示文稿导出为标准（480P）的视频文件，设置放映每张幻灯片的秒数为"6秒"，以A5A.MP4为文件名保存。

【样文5-1A】

【样文5-1B】

【样文5-1C】

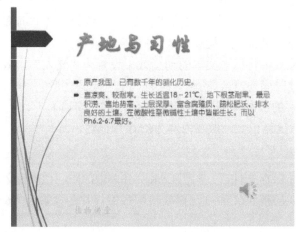

【样文5-1D】

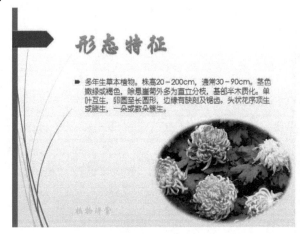

练习2

【操作要求】

在PowerPoint中打开A5.pptx，按如下要求进行操作。

1. 演示文稿的页面设置

● 按【样文5-2A】所示，将主题"引用"应用于所有幻灯片，并应用变体效果中的第4个效果样式，设置背景格式为标准色中的"橙色"填充，透明度为50%。

● 按【样文5-2A】所示，将第1张幻灯片中的标题设置为艺术字"图案填充：蓝色，主题色3，窄横线，内部阴影"样式（第4行第2列），设置字体为微软雅黑、60磅，并为其添加"全映像：8磅 偏移量"映像文本效果。

● 按【样文5-2B】所示，在幻灯片母版中将所有幻灯片的标题字体设置为华文新魏、44磅、标准色中的"紫色"，文本字体设置为华文隶书、24磅、标准色中的"深红"，并且标题幻灯片中不显示。

## 2. 演示文稿的插入设置

● 按【样文5-2A】所示，将第1张幻灯片副标题中的文本与其相应的幻灯片建立超链接。

● 按【样文5-2B】所示，在第3张幻灯片中插入视频文件C:\KSML2\KSWJ5-2A.wmv，设置视频文件的缩放比例为60%，视频形状为"心形"，视频边框为6磅、标准色中的"深蓝"方点线，视频效果为"全映像，接触"，排列顺序为"置于底层"，剪裁视频的开始时间为"00:03"、结束时间为"00:25"。

● 按【样文5-2C】所示，在第5张幻灯片中插入图片文件C:\KSML2\KSWJ5-2B.jpg，设置图片大小为高9厘米、宽12.5厘米，排列顺序为"置于顶层"，为其应用"金属椭圆"图片样式，并为其添加"蜡笔平滑"艺术效果。

## 3. 幻灯片的切换、动画和放映设置

● 设置所有幻灯片的切换方式为"形状"，效果选项为"加号"，持续时间为1.5秒，声音为"微风"，换片方式为单击鼠标时换片。

● 将第3张幻灯片中的视频文件和第5张幻灯片中的图片的动画效果设置为"随机线条"，效果选项为"垂直"，持续时间为3秒，动画计时为"自上一动画"。

● 设置幻灯片的放映类型为"演讲者放映（全屏幕）"，放映方式为"放映时不加旁白"，放映内容为全部幻灯片。

## 4. 保存演示文稿

保存文件后，将此演示文稿打包成CD，以A5A为CD名保存，并设置修改演示文稿的密码为"gjks6-2"。

【样文5-2A】　　　　　　　　　　【样文5-2B】

【样文5-2C】

# 模块6 办公软件的联合应用

**知识要点**

- 软件间的信息共享。
- 应用外部文件和数据。
- 在各种办公软件中转换文件格式。

## 6.1 软件间的信息共享

### ■6.1.1 Word与PowerPoint之间的协作

Word和PowerPoint各自具有鲜明的特点，两者结合使用，会使办公效率大大提高。

#### 1. 利用Word文档大纲创建演示文稿

在日常工作中，有时需要根据一篇Word文档的文字内容来创建PowerPoint演示文稿，这时可利用Word中的内置命令快速创建一个演示文稿的草稿，省去烦琐的复制粘贴操作。

首先对Word文档中的内容进行必要的精简，仅保留各种标题和简要的文字说明，然后进行格式设置。在Word中对文字进行样式设置，可在"开始"选项卡下"样式"组中进行。一般文档中的"标题1"样式的段落将被放置到幻灯片的标题占位符中，而"标题2"样式的段落都会成为第1级文本，以此类推。如果文档中的内容没有被设置为标题格式，则每个段落文字会被放置到各幻灯片的标题占位符中。

在Word 2016中，"发送到Microsoft PowerPoint"命令不在功能区中，可以通过如下操作将其添加到快速访问工具栏中。

（1）单击快速访问工具栏右侧的下三角按钮，在弹出的列表中选择"其他命令"选项。

（2）弹出"Word选项"对话框，在"从下列位置选择命令"的下拉列表中选择"不在功能区中的命令"选项，在下方列表中找到"发送到Microsoft PowerPoint"命令，单击"添加"按钮（如图6-1所示），单击"确定"按钮。

图6-1

（3）此时，"发送到Microsoft PowerPoint"命令已被添加到快速访问工具栏中（如图6-2所示），单击该按钮，即可将Word文档中的内容发送到一个新建的PowerPoint演示文稿中。

### 2. 将演示文稿转换为Word文档

演讲者在借助PowerPoint进行展示或演讲时，往往需要使用一份Word文档用作手稿提示。PowerPoint提供了将其转换为Word文档的功能，用户可以

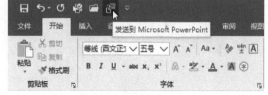

图6-2

借助已完成的演示文稿来制作手稿，从而使工作更加方便，讲述更加精彩。

将演示文稿转换为Word文档的具体操作步骤如下：

（1）启动PowerPoint 2016并打开演示文稿，单击"文件"选项卡，在列表中执行"导出"选项，再在"导出"面板选择"创建讲义"选项，在右侧单击"创建讲义"按钮，如图6-3所示。

（2）弹出"发送到Microsoft Word"对话框，如图6-4所示。在"Microsoft Word使用的版式"区域中单击相应的单选按钮来设置文档版式，在"将幻灯片添加到Microsoft Word文档"区域中设置幻灯片添加到Word文档的方式，设置完成后单击"确定"按钮。

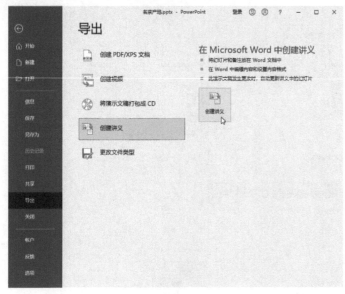

图6-3 图6-4

（3）此时，演示文稿将按照设定的版式布局转换为Word文档，在文档中幻灯片的右侧可以添加该幻灯片的备注文字，如图6-5所示。

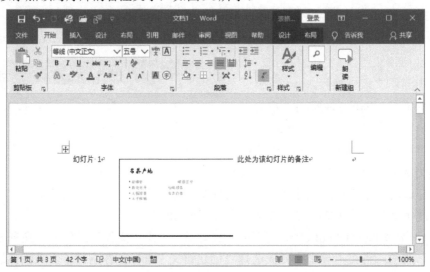

图6-5

### 3. 在Word文档中插入演示文稿或幻灯片

在Word中插入演示文稿，可以使Word文档内容更加生动活泼。具体操作步骤如下：

（1）在Word文档中，将光标置于文档要插入对象的位置，在"插入"选项卡下"文本"组中单击"对象"按钮，如图6-6所示；或单击"对象"按钮右侧的下三角按钮，在打开的列表中执行"对象"命令（如图6-7所示），均可打开"对象"对话框。

图6-6　　　　　　　　　　　　　　图6-7

（2）在"对象"对话框的"新建"选项卡下"对象类型"列表框中选择"Microsoft PowerPoint Slide"选项，单击"确定"按钮（如图6-8所示），Word文档中即嵌入一个新的幻灯片，可以直接对其进行编辑。单击Word文档的其他位置，幻灯片将转变为图片形式。

图6-8

（3）在"对象"对话框的"由文件创建"选项卡下，单击"浏览"按钮（如图6-9所示），打开"浏览"对话框。

（4）在"浏览"对话框中选择要插入的演示文稿文件，单击"插入"按钮。

（5）返回至"对象"对话框的"由文件创建"选项卡中，确定该文件的显示方式（"链接到文件"或"显示为图标"）。各显示方式说明如下：

● **"链接到文件"**：将文件内容插入文档并创建到源文件的快捷方式，对源文件的更改会反映到文档中。

● **"显示为图标"**：在文档中插入代表文件内容的图标。

图6-9

- **两者均不选**：默认情况下，将文件内容插入文档，然后可以调用创建此文件的应用程序进行编辑。

如果不选中"显示为图标"复选框，单击"确定"按钮后，插入文档中的演示文稿将显示为第1张幻灯片的效果。如果选中"显示为图标"复选框，在其下方显示"更改图标"按钮，如图6-10所示。单击该按钮，弹出"更改图标"对话框，从中可以选择替换图标，可以是系统自带的图标样式，也可以在该对话框中选择个人预存的图标样式。

图6-10

在Word文档中双击插入的对象，可激活演示文稿以放映的方式进行播放。为了保证正常显示，应使插入的对象（尤其是使用"链接到文件"选项的文件）与Word文档保存于同一文件夹下，且相对路径固定。

选中插入的演示文稿图标，右击，在弹出的快捷菜单中执行"图片"命令，弹出"设置对象格式"对话框，在该对话框中可以设置演示文稿文件的颜色与线条、大小、布局、图片等选项，如图6-11所示。

图6-11

### 4. 在演示文稿中插入Word文档或文档表格

有时需要在演示文稿中插入Word文档文件或Word文档表格文件，这样可以使演示文稿内容富有说服力。具体操作步骤如下：

（1）在演示文稿中，将光标置于需要插入对象的幻灯片中，在"插入"选项卡下"文本"组中单击"对象"按钮，如图6-12所示。

（2）在弹出的"插入对象"对话框中选中"由文件创建"单选按钮，单击"浏览"按钮，如图6-13所示。

图6-12

图6-13

（3）在弹出的"浏览"对话框中，选择要插入的Word文档文件或文档表格文件，单击"确定"按钮。

（4）返回至"插入对象"对话框中，确定该文件的显示方式（"链接"或是"显示为图标"）。各显示方式说明如下：

● **"链接"**：将图形文件插入演示文稿中，该图片是一个指向文件的快捷方式，文件的更改将反映在演示文稿中。

● **"显示为图标"**：在演示文稿中插入代表文件内容的图标。

● **两者均不选**：默认情况下，将文件内容作为对象插入演示文稿中，可以用创建它的应用程序激活它。

如果不选中"显示为图标"复选框，单击"确定"按钮后，插入演示文稿中的Word文档会以"Microsoft Word文档对象"的形式显示其内容（文本内容或文档表格内容）。如果选中"显示为图标"复选框后，在其下方将显示"更改图标"按钮，如图6-14所示。单击该按钮，弹出"更改图标"对话框，从中可以选择替换图标，可以是系统自带的图标样式，也可以在该对话框的"浏览"列表中选择个人预存的图标样式。

在演示文稿中双击插入的对象，可激活并打开Word文档，可对文档中的内容进行更改、编辑等操作，关闭Word文档程序后即可返回到演示文稿中。选中插入的Word文档图标，右击，在弹出的快捷菜单中执行"设置对象格式"命令，弹出"设置对象格式"任务窗格，从中可设置文档文件的填充与线条、效果（阴影、映像、发光等）、大小与属性、图片（校正、颜色及裁剪）等选项，如图6-15所示。

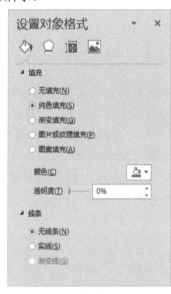

图6-14                                    图6-15

## ■6.1.2　Excel与PowerPoint之间的协作

### 1. 在演示文稿中插入Excel工作表或图表

（1）插入工作表对象。PowerPoint 2016中提供了很多种在幻灯片中插入表格的方法，但有时想插入的不只是一两个表格，而是整个工作表，这样可使PowerPoint目标文件中的数据表与Excel源文件保持一致，在此表格中可以实现独立的Excel表格操作。而单击幻灯片其他地方时，又可返回至PowerPoint操作界面。对于这样的要求，可以利用插入对象的方法来实现。具体操作步骤如下：

在PowerPoint中，在"插入"选项卡下"文本"组中单击"对象"按钮，弹出"插入对象"对话框。选中"新建"单选按钮，在"对象类型"中选择"Microsoft Excel Worksheet"选项，单击"确定"按钮（如图6-16所示），即可在幻灯片中插入一个新的工作表。另外，PowerPoint 2016向下兼容低版本的Excel表格，如果要在幻灯片中插入Excel 97 - 2003格式的表格，也可通过此方法完成操作。

图6-16

如果需要插入已有的表格文件，那么可以在"插入对象"对话框中，选中"由文件创建"单选按钮，然后从硬盘中寻找相应的表格文件插入，如图6-17所示。

图6-17

（2）插入图表对象。插入对象是插入选项中功能最多的，使用它可以插入系统中安装的许多类型的文件，比如：ACDSee BMP图像、Adobe Photoshop Image、Flash影片、媒体剪辑、Word文档、Excel工作表等。也就是说，使用插入功能，可以在幻灯片中添加更多的演示效果。如果要使用此功能插入图表，具体操作步骤如下：

在"插入"选项卡下"文本"组中单击"对象"按钮，弹出"插入对象"对话框，在"对象类型"中选择"Microsoft Excel Chart"选项，单击"确定"按钮，即可在幻灯片中看到默认插入的图表，然后可以像在Excel中编辑一样来编辑这个图表。

如果已经做好了一个图表，则可以在"插入对象"对话框中选中"由文件创建"单选按钮，然后从硬盘目录中直接导入该图表文件。

### 2. 在Excel工作表中插入演示文稿或幻灯片

在Excel中插入演示文稿，可以使Excel工作表的内容更加生动形象。在Excel中插入演示文稿的具体操作步骤如下：

（1）在Excel中，选中工作表中要插入对象的单元格，在"插入"选项卡下"文本"组中单击"对象"按钮，如图6-18所示，打开"对象"对话框。

（2）在"对象"对话框的"新建"选项卡下"对象类型"列表框中选择"Microsoft PowerPoint Slide"选项，单击"确定"按钮，如图6-19所示。工作表中即嵌入一个新的幻灯片，可以直接对其进行编辑；单击Excel工作表的其他单元格，幻灯片将转变为图片形式。

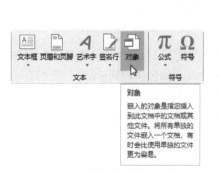

图6-18

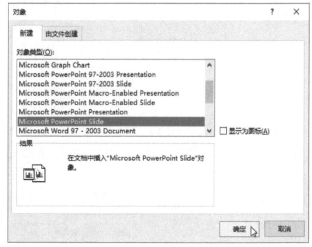

图6-19

（3）在"对象"对话框的"由文件创建"选项卡下，单击"浏览"按钮（如图6-20所示），打开"浏览"对话框。在"浏览"对话框中选择要插入的演示文稿文件，单击"插入"按钮。

图6-20

（4）返回至"对象"对话框的"由文件创建"选项卡中，确定该文件的显示方式（"链接到文件"或"显示为图标"）。各显示方式说明如下：

- **"链接到文件"**：将文件内容插入文档中，并创建到源文件的链接。源文件的更改将会反映到文档中。
- **"显示为图标"**：将文件内容插入文档中，并以图标表示。
- **两者均不选**：默认情况下，将文件内容插入文档中，并允许日后直接在该文档中调用源应用程序进行编辑。

如果不选中"显示为图标"复选框，单击"确定"按钮后，插入工作表中的演示文稿显示为第1张幻灯片的效果。如果选中"显示为图标"复选框，在其下方显示"更改图标"按钮，如图6-21所示。单击该按钮，弹出"更改图标"对话框，从中可以选择替换图标，既可以是系统自带的图标样式，也可以在该对话框中选择个人预存的图标样式。

图6-21

在Excel工作表中双击插入的对象，可激活演示文稿，以放映的方式进行播放。为了保证正常显示，应使插入的对象（尤其是使用"链接到文件"选项的文件）与Excel工作表保存于同一文件夹下，且相对路径固定。选中插入的演示文稿图标，右击，在弹出的快捷菜单中执行"设置对象格式"命令，弹出"设置对象格式"对话框，从中可设置演示文稿文件的颜色与线条、大小、图片、保护、属性等，如图6-22所示。

图6-22

### 6.1.3 Word与Excel之间的协作

#### 1. 在Word文档中插入Excel工作表

某些情况下，表格的特殊作用是文字、图片所不能取代的，所以在Word文档中常常会使用、制作、编辑各种类型的表格。可以利用Excel强大的表格设计、计算等功能完成对表格的处理，然后将最终的Excel工作表应用到Word中。

（1）新建Excel工作表对象。将光标置于文档中要插入对象的位置，在"插入"选项卡下"文本"组中单击"对象"按钮，打开"对象"对话框。在"新建"选项卡下"对象类型"列表框中选择"Microsoft Excel Worksheet"选项，单击"确定"按钮（如图6-23所示），文档中即嵌入一个Excel工作表。用户可以直接在工作表里进行复杂数据的处理后，单击Word文档的其他位置，工作表即转变为图片形式。

图6-23

（2）由文件创建Excel工作表对象。将光标置于Word文档中要插入对象的位置，在"插入"选项卡下"文本"组中单击"对象"按钮，打开"对象"对话框。切换到"由文件创建"选项卡，单击"浏览"按钮，在"浏览"对话框中定位并选中要插入的对象，单击"插入"按钮，返回至"由文件创建"选项卡中。所选中文件的路径会自动出现在"文件名"框中，如图6-24所示。

如果插入的工作表需要显示为图标，可选中"显示为图标"复选框，

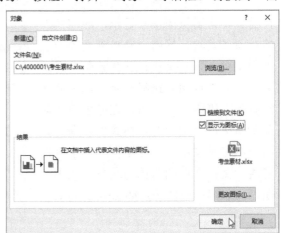

图6-24

还可以更改其图标的样式，设置完成后单击"确定"按钮，Excel工作表将以图片的形式插入Word文档中。

如果选中了"链接到文件"复选框，Word文档中表格的数据将与源工作表同步更新（重新打开Word文档时，会出现是否进行更新的询问框）；如果不选中，该工作表将以静态副本形式嵌入文档中。要修改数据的话，只需要双击图片，系统会在Word文档中调用Excel（嵌入工作表时）或直接打开源工作表（链接工作表时）。

2. 在Word文档中插入Excel工作表数据及生成图表

（1）将光标置于Word文档中要插入对象的位置，在"插入"选项卡下"文本"组中单击"对象"按钮，打开"对象"对话框。

（2）在"对象"对话框的"由文件创建"选项卡下单击"浏览"按钮，弹出"浏览"对话框，在指定文件夹中选择Excel工作表文件，单击"插入"按钮。返回至"对象"对话框，单击"确定"按钮。

（3）双击插入的工作簿将其激活，即可在工作表中选择需要创建图表的相关数据，在"插入"选项卡下"图表"组中单击右下角的"对话框启动器"按钮，弹出"插入图表"对话框。在"所有图表"选项卡下选择一种图表的类型，单击"确定"按钮（如图6-25所示），即可创建一个图表。

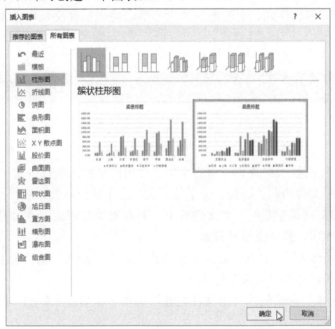

图6-25

（4）接下来，可将新创建的图表复制到Word文档中。选中整个图表，在"开始"选项卡下"剪贴板"组中单击"复制"按钮；在文档中单击鼠标，退出激活框，将光标定位在文档中需要放置图表的位置处，在"开始"选项卡下"剪贴板"组中单击"粘贴"按钮下面的下三角按钮，在打开的列表中执行"选择性粘贴"命令。

（5）弹出"选择性粘贴"对话框，选中"粘贴"单选按钮，然后在"形式"列表中选中"Microsoft Excel 图表 对象"选项，单击"确定"按钮（如图6-26所示），图表即可被复制到Word文档中。

图6-26

双击图表将其激活后，可以对图表进行编辑，如更改图表的类型、设置图表样式及布局样式、设置形状样式、更改图表的大小等，完成后在文档中单击鼠标，退出激活框。

# 6.2 应用外部文件和数据

## ■6.2.1 在Word中插入声音和视频文件

Word没有直接的插入声音和视频的操作，使用的是插入链接方式，即在Word文档中插入声音或视频文件的存放路径。为了保证文档显示的正确性，应将待插入的声音和视频文件与Word文档保存在同一个文件夹下，且相对路径固定。在文档中插入声音和视频的操作方法相同，具体操作步骤如下：

（1）打开Word文档，将光标定位在插入点上，在"插入"选项卡下"文本"组中单击"对象"按钮，打开"对象"对话框。

（2）在"对象"对话框的"由文件创建"选项卡下单击右侧的"浏览"按钮，打开"浏览"对话框。

（3）在"浏览"对话框中选择要插入的声音或视频文件，单击"插入"按钮，返回至"对象"对话框。

（4）在"对象"对话框中可以设置是否将插入对象显示为图标。若显示为图标，则"更改图标"按钮被激活，可以自定义图标样式，也可通过"设置对象格式"命令修改其格式。若不显示为图标，则文件以默认格式插入文档中。双击插入的对象，可激活对象，并以嵌入或链接的方式播放。

### ■ 6.2.2　在Excel中插入声音和视频文件

Excel没有直接的插入声音和视频的操作，使用的是插入链接的方式，即在Excel工作表中插入声音或视频文件的存放路径。为了保证工作表显示的正确性，应将待插入的声音和视频文件与Excel工作表保存在同一个文件夹下，且相对路径固定。在工作表中插入声音和视频的操作方法相同，具体操作步骤如下：

（1）打开Excel工作表，选中需要插入声音或视频文件的单元格，在"插入"选项卡下"文本"组中单击"对象"按钮，打开"对象"对话框。

（2）在"对象"对话框的"由文件创建"选项卡下单击右侧的"浏览"按钮，打开"浏览"对话框。

（3）在"浏览"对话框中选择要插入的声音或视频文件，单击"插入"按钮，返回至"对象"对话框。

（4）在"对象"对话框中可以设置是否将插入对象显示为图标。若显示为图标，则"更改图标"按钮被激活，可以自定义图标样式，也可通过"设置对象格式"命令修改其格式。若不显示为图标，则文件以默认格式插入工作表中。双击插入的对象，可激活对象，并以嵌入或链接的方式播放。

### ■ 6.2.3　在PowerPoint中插入声音和视频文件

PowerPoint 2016支持几乎所有目前流行的音频和视频文件格式，但有些格式的文件需要相应的播放软件。

#### 1. 在演示文稿中插入声音文件

在演示文稿中插入计算机上已保存的声音文件，具体操作步骤如下：

（1）打开演示文稿，选中需要插入声音文件的幻灯片，在"插入"选项卡下"媒体"组中单击"音频"按钮，在弹出的下拉列表中选择"PC上的音频"，打开"插入音频"对话框。

（2）在"插入音频"对话框中选择要插入的声音文件，单击"插入"按钮即可。

在演示文稿中插入音频后，会在相应幻灯片页面显示一个喇叭图标。选中该图标，则会在该图标下方显示一个播放条（如图6-27所示），同时在功能区会增加"音频工具"选项卡，包含"格式"和"播放"两个子选项卡。播放条是用来在设计时控制音频试听的，在演示文稿放映时不会被显示，放映时仅显示喇叭图标。

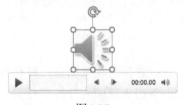

图6-27

**"音频工具"的"格式"选项卡**：主要提供对喇叭图标形状的设置功能，用来美化喇叭图标的外观，如图6-28所示。

图6-28

"音频工具"的"播放"选项卡：主要提供幻灯片放映时对音频播放方式的设置功能，如图6-29所示。

图6-29

### 2. 在演示文稿中插入视频文件

（1）打开演示文稿，选中需要插入视频文件的幻灯片，在"插入"选项卡下"媒体"组中单击"视频"按钮，在弹出的下拉列表中选择"PC上的视频"，打开"插入视频"对话框。

（2）在"插入视频"对话框中选择要插入的视频文件，单击"插入"按钮即可。

视频的插入与播放和音频基本相同，图6-30所示为插入一段视频的页面，不同之处有如下几个方面：

图6-30

● 视频与音频的图标不同：音频为喇叭图标；视频为一个较大的播放区域，称为播放窗口，其初始大小与相应视频的分辨率有关。播放窗口的大小可以进行调整，画面内容为视频第1帧内容。当幻灯片放映时，视频在该窗口内进行播放。

● 因为视频是要观看的，不能设置为后台播放，因此没有视频的"跨幻灯片播放"方式。

● 因为视频是要观看的，所以视频有"全屏播放"功能。

● 对应于音频的"放映时隐藏"功能，视频有"未播放时隐藏"功能，也就是说，视频在没有播放时可以隐藏播放窗口。

### 3. 在演示文稿中插入声音或视频对象

在PowerPoint中可以通过插入对象功能，将声音（视频）文件作为对象插入幻灯片中。与"插入文件中的声音（视频）"不同的是：它可以随心所欲地选择实际需要播放的声音（视频）片段，然后再播放。

（1）打开需要插入声音（视频）文件的幻灯片，在"插入"选项卡下"文本"组中单击"对象"按钮，打开"插入对象"对话框。

（2）选中"由文件创建"单选按钮后，单击"浏览"按钮，在"浏览"对话框中定位并选中要插入的对象（声音文件或视频文件），单击"插入"按钮。返回至"插入对象"对话框中，所选中文件的路径会自动出现在"文件"框中。

（3）如果选中了"链接"复选框，当双击该图标时，系统会自动选择打开源声音（视频）文件；如果未选中，则该对象将以静态副本形式嵌入幻灯片中。

（4）如果选中了"显示为图标"复选框，可以在幻灯片中对图标属性进行设置。右击该图标，在打开的快捷菜单中执行"设置对象格式"命令，弹出"设置对象格式"对话框，在该对话框中可以对图标的尺寸、位置、颜色等属性进行设置。

## 6.3　在各种办公软件中转换文件格式

### ■6.3.1　在Word中转换文件格式

#### 1. 以"网页"或"单个文件网页"类型保存

为了将Word文档发布至网站上与互联网用户分享，需要将Word文档转换为网页格式。这一操作会将Word文档中的图片保存到单独的"图片"文件夹中，在将该网页发布到网站时，也会发布"图片"文件夹。具体操作步骤如下：

（1）在Word中打开需要发布为网页的文档，单击"文件"选项卡，在列表中执行"另存为"命令，单击右侧的"浏览"选项。

（2）弹出"另存为"对话框，在"保存类型"下拉列表中选择"网页（*.htm;*.html）"或"单个文件网页（*.mht;*.mhtml）"选项，设置文件名称及保存位置，单击"保存"按钮。

（3）若要更改显示在浏览器标题栏中的页标题内容，单击"另存为"对话框中的"更改标题"按钮，在弹出的"输入文字"对话框中输入标题名称，单击"确定"按钮即可，如图6-31所示。

图6-31

提示：将Word文档转换为网页格式后，大部分安全设置将会自动失效，如密码保护、阅读权限设置等。所以对于非公开的内容，建议不要随意转换为网页格式，避免意外泄密。

### 2. 以"纯文本"类型保存

纯文本格式是一种没有任何文本修饰的格式，这意味着它不含任何粗体、下划线、斜体、图形、符号或特殊字符及特殊打印格式。这种格式只保存文本内容而不保存其格式设置。所有的分节符、分页符、新行字符都将转换为段落标记。纯文本格式通常使用ANSI字符进行设置，只有在目标程序无法阅读任何其他有效的文件格式时才使用。具体操作步骤如下：

（1）在Word中打开需要保存为纯文本的文档，单击"文件"选项卡，在列表中执行"另存为"命令，单击右侧的"浏览"选项。

（2）弹出"另存为"对话框后，在"保存类型"下拉列表中选择"纯文本（*.txt）"选项，设置文件名称及保存位置，单击"保存"按钮。

（3）弹出"文件转换"对话框，在"文本编码"区域选择需要的文本编码方式，单击"确定"按钮即可，如图6-32所示。

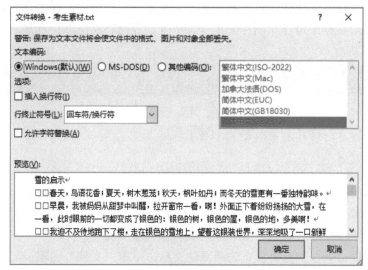

图6-32

### 3. 以"启用宏的Word文档"类型保存

在使用Word编辑文字内容信息时，宏可以完成如下工作：加速日常编辑和格式设置，组合多个命令，使对话框中的选项更易于访问，使一系列复杂的任务自动执行，等等。

如果想要对某些资料里面的部分文字内容进行二次编辑，可以通过将Word文档保存为宏的Word格式的方法来实现。具体操作方法为：在Word文档中编辑、应用宏后，单击"文件"选项卡，在列表中执行"另存为"命令，单击右侧的"浏览"选项，弹出"另存为"对话框后，在"保存类型"下拉列表中选择"启用宏的Word文档

（*.docm）"选项，设置文件名称及保存位置，单击"保存"按钮。

## ■6.3.2 在Excel中转换文件格式

1. 以"网页"或"单个文件网页"类型保存

随着信息化建设的发展，越来越多的单位拥有了办公网络。如何将数据发布到网上，供用户浏览、分析和查询呢？人们通常会利用很多编程工具编写适当的程序来完成这一工作，但其实用Excel便可以轻松完成，具体操作步骤如下：

（1）打开含有数据库的Excel工作簿，单击"文件"选项卡，在列表中执行"另存为"命令，单击右侧的"浏览"选项。

（2）弹出"另存为"对话框后，在"保存类型"下拉列表中选择"网页（*.htm;*.html）"或"单个文件网页（*.mht;*.mhtml）"选项，设置文件名称及保存位置，单击"保存"按钮即可。要注意的是，自定义的视窗、合并计算、方案不能被发布。

（3）若要更改显示在浏览器标题栏中的页标题内容，单击"另存为"对话框中的"更改标题"按钮，在弹出的"输入文字"对话框中输入标题名称，单击"确定"按钮。

（4）如果想仔细选择要保存的网页属性，可单击"另存为"对话框中的"发布"按钮，打开"发布为网页"对话框，如图6-33所示。在该对话框"发布内容"区域下的"选择"下拉列表中选择要保存的对象。在"发布形式"区域下，若选中"在每次保存工作簿时自动重新发布"复选框，可以在保存工作簿时按原来的方式自动更新网上的页面；若选中"在浏览器中打开已发布网页"复选框，可以在发布完成后立即打开浏览器进行查看。完成以上操作后，单击"发布"按钮，数据库就可以按照上面的设置保存为交互式网页。

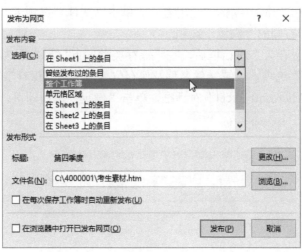

图6-33

2. 以"文本文件（制表符分隔）"类型保存

使用此文件格式仅可保存在活动工作表的单元格中显示的文本和值。数据列以制表符分隔，每行数据以回车符结束。如果单元格中包含逗号，则单元格内容括在双引号中。如果数据包含引号，则双引号将替换引号，单元格内容也括在双引号中。所有格式、图形、对象和其他工作表内容都将丢失，欧元符号将转换为问号。

如果单元格中显示的是公式而不是公式值，则公式将保存为文本。若要保留公式（如果在Excel中重新打开文件），请在"文本导入向导"中选择"分隔符"选项，然后选择"制表符"作为分隔符。具体操作步骤如下：

（1）在Excel中打开需要保存为文本文件的工作簿，单击"文件"选项卡，在列表中执行"另存为"命令，单击右侧的"浏览"选项。

（2）弹出"另存为"对话框后，在"保存类型"下拉列表中选择"文本文件（制表符分隔）（*.txt）"选项，设置文件名称及保存位置，单击"保存"按钮。

（3）弹出"是否继续使用此格式？"提示，单击"是"按钮即可，如图6-34所示。

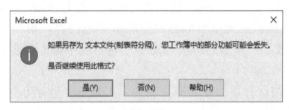

图6-34

### 3. 以"Excel启用宏的工作簿"类型保存

在Excel中，可通过运行宏录制器或通过使用Visual Basic for Applications（VBA）编辑器创建宏。创建宏后需要将其保存，以便在当前工作簿或其他工作簿中再次使用。具体操作步骤如下：

（1）在Excel工作簿中编辑、应用宏后，单击"文件"选项卡，在列表中执行"另存为"命令，单击右侧的"浏览"选项。

（2）弹出"另存为"对话框后，在"保存类型"下拉列表中选择"Excel启用宏的工作簿（*.xlsm）"选项，设置文件名称及保存位置，单击"保存"按钮即可。

（3）弹出"Microsoft Excel"对话框，单击"确定"按钮即可，如图6-35所示。

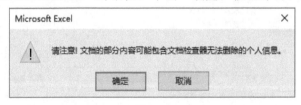

图6-35

## ■6.3.3 在PowerPoint中转换文件格式

### 1. 将演示文稿保存为视频

用PowerPoint编辑制作的演示文稿可以保存为视频文件，并保留动画等效果，以便与其他人共享。具体操作步骤如下：

（1）打开创建的PowerPoint演示文稿，单击"文件"选项卡，在列表中执行"另存为"命令，单击右侧的"浏览"选项。

（2）弹出"另存为"对话框后，在"保存类型"下拉列表中选择视频文件的类型（如WMV、MP4格式），根据需要选择"MPEG-4视频（*.mp4）"或"Windows Media视频（*.wmv）"选项，设置文件名称及保存位置，单击"保存"按钮即可。

### 2. 将演示文稿保存为图片

在PowerPoint中，可以将一张或多张幻灯片另存为图片，使用户能够在可处理图片的应用程序或设备中查看幻灯片。当然，这需要确保选择相关应用程序或设备能够打开的图片格式。具体操作步骤如下：

（1）打开创建的PowerPoint演示文稿，单击"文件"选项卡，在列表中执行"另存为"命令，单击右侧的"浏览"选项。

（2）弹出"另存为"对话框后，在"保存类型"下拉列表中选择图片文件的类型（如JPG、PNG、BMP等格式），根据需要选择正确的文件类型选项，设置文件名称及保存位置，单击"保存"按钮。

（3）弹出"Microsoft PowerPoint"提示对话框，如图6-36所示。

图6-36

● 单击"所有幻灯片"按钮，会弹出"Microsoft PowerPoint"对话框，如图6-37所示，单击"确定"按钮，即可在保存位置新建与文件名相同名称的文件夹，并将所有幻灯片以图片文件的方式保存到此新建文件夹中。

图6-37

● 单击"仅当前幻灯片"按钮，只保存当前选中的一张幻灯片至保存位置文件夹中。

将幻灯片另存为图片后，可以使用能够打开图片的应用程序或设备共享它们，就像共享其他任何图片文件一样。

提示：将幻灯片转换为图片文件时，将删除演示文稿中的所有切换效果、动画、视频或音频。

# 练一练

## 练习1

### 【操作要求】

打开文档A7.docx，按如下要求进行操作。

#### 1. 在文档中插入声音文件

● 按【样文6-1A】所示，在文档的结尾处插入声音文件C:\KSML2\KSWJ7-1A.wma，显示为图标，并将图标替换为C:\KSML2\KSWJ7-1B.ico，设置对象格式的缩放比例为120%，环绕方式为四周型，对齐方式为居中对齐。

● 激活插入文档中的声音对象。

#### 2. 在页面中插入水印

按【样文6-1A】所示，为当前文档创建"黄果树瀑布"文字水印，并设置水印字体为隶书、96磅、标准色中的"浅绿"，版式为斜式。

#### 3. 使用外部数据

● 按【样文6-1B】所示，在当前文档的第2页处插入工作簿C:\KSML2\KSWJ6-1C.xlsx，并运用"前六车间产品统计"工作表中的相关数据生成三维簇状柱形图图表，并添加图表标题，再将该图表以"Microsoft Excel 图表对象"的形式粘贴至文档第3页处。

● 按【样文6-1C】所示，将第3页对象中的图表类型更改为三维簇状条形图，图表样式为"样式3"，并添加图表标题。

#### 4. 办公软件间格式的转换

保存当前文档后，再以纯文本文件类型保存。

### 【样文6-1A】

黄果树瀑布，即黄果树的核心景区，位于中国贵州省安顺市镇宁布依族苗族自治县，是珠江水系打邦河的支流白水河九级瀑布群中规模最大的一级瀑布，因当地一种常见的植物"黄果树"而得名。瀑布高度为 77.8 米，其中主瀑高 67 米；瀑布宽 101 米，其中主瀑顶宽 83.3 米。黄果树瀑布属喀斯特地貌中的侵蚀裂典型瀑布。黄果树瀑布不只一个瀑布的存在，以它为核心，在它的上游和下游 20 千米的河段上，共形成了雄、奇、险、秀风格各异的瀑布 18 个。1999 年被大世界吉尼斯总部评为世界上最大的瀑布群，列入世界吉尼斯纪录。

黄果树瀑布：黄果树景区核心景区，也是黄果树瀑布群核心瀑布，是国家首批 5A 级风景区，位于贵州省安顺市镇宁布依族苗族自治县境内的白水河上，瀑布以水势浩大著称，是世界著名大瀑布之一。瀑布对面建有观瀑亭，游人可在亭中观赏汹涌澎湃的河水奔腾直泻犀牛潭，腾起水珠高 90 多米，在附近形成水帘。瀑布后绝壁上回成一洞，称"水帘洞"，全长 134 米，洞口常年为瀑布所遮，可在洞内倚口窥见天然水帘之胜境。

黄果树大瀑布是世界上唯一可以从上、下、前、后、左、右六个方位观赏的瀑布，它以其雄奇壮阔的大瀑布、连环密布的瀑布群而闻名于海内外，十分壮丽，并享有"中华第一瀑"之盛誉，是除尼亚加拉瀑布和维多利亚瀑布之外的世界第三大瀑布。黄果树风景名胜区位于贵州西线旅游中心安顺市西南 37 公里处，镇宁布依族苗族自治县境内，东北距贵州省省会贵阳市 128 公里，有滇黔铁路、株六复线铁路、黄果树机场、沪昆高速（G60）、320 国道、贵黄高等级公路贯通全境。

黄果树瀑布属喀斯特地貌中的侵蚀裂典型瀑布，最早因河床突然出现了一个裂点，经河水长年累月不断地冲刷和溶蚀，裂点塌陷，形成了一个落差，也就形成了瀑布的基本面貌，后因风雨溶蚀和雨水不断冲刷，又使原先形成的瀑布不断向后撤。据地质学家考证，瀑布形成今天这种稳定的局面，曾有过三次大的变迁，它后撤距离长达 205 米，现今的三道滩、马蹄湖、油鱼井便是它后撤留下的遗迹。在地质学上，这一现象称为"向岩后撤"。

对于黄果树瀑布的成因问题，可谓是众说纷纭。有人认为它是喀斯特瀑布的典型，是由河床断陷而成的，有人则认为是喀斯特侵蚀断裂——落水洞式形成的。研究表明，黄果树瀑布前的箱形峡谷，原为一落水溶洞，后来随着洞穴的发育，水流的侵蚀，使洞顶坍落，而形成瀑布。因此是由落水洞坍塌形成了黄果树瀑布。由于一个瀑布的形成过程是与瀑布所在的河流的发育过程紧密相关的，故黄果树瀑布的形成过程须与白水河的演化发育历史结合起来考虑。这样，黄果树瀑布的发育过程大致可分成七个阶段：前者斗期、者斗期、老龙洞期、白水河期、黄果树伏流期、黄果树瀑布期和近代切割期。其形成时代大约从距今 2700 万年至 1000 万年的第三纪中新世开始，一直延续至今，经历了一个从地表到地下再回到地表的循环演变过程。

KSWJ7-1A.wma

【样文6-1B】

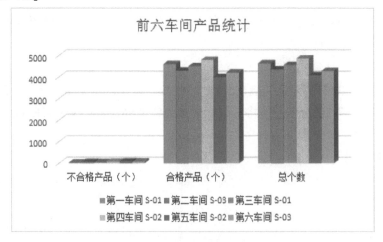

【样文6-1C】

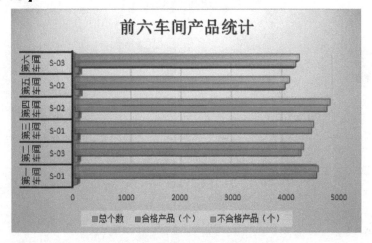

练习2

【操作要求】

打开文档A6.docx，按如下要求进行操作。

1. 利用文档大纲创建演示文稿

● 按【样文6-2A】所示，运用当前文档的大纲结构，在PowerPoint中创建一组幻灯片，为整个演示文稿应用"丝状"主题以及变体效果中的第2个效果样式，更改背景样式为"样式10"。

● 为所有幻灯片添加自顶部"推进"切换效果，指定切换的持续时间为3秒，完成以上操作后将演示文稿以A6a.pptx为文件名保存。

2. 在演示文稿中插入声音文件

按【样文6-2A】所示，在第2张幻灯片中插入声音文件C:\KSML2\KSWJ6-2A.wma，并将其图标替换为C:\KSML2\KSWJ6-2B.png，设置对象的高度与宽度均为2.5厘米。

3. 在演示文稿中插入数据表或图表

按【样文6-2A】所示，在第8张幻灯片中插入C:\KSML2\KSWJ6-2C.xlsx中的图表，并适当调整其大小与位置。

4. 在文档中插入演示文稿

按【样文6-2B】所示，在A6.docx文档的结尾处，以对象的形式插入演示文稿C:\KSML2\KSWJ7-2D.pptx，并将其图标替换为C:\KSML2\KSWJ6-2E.ico，设置对象的缩放比例为150%。

【样文6-2A】

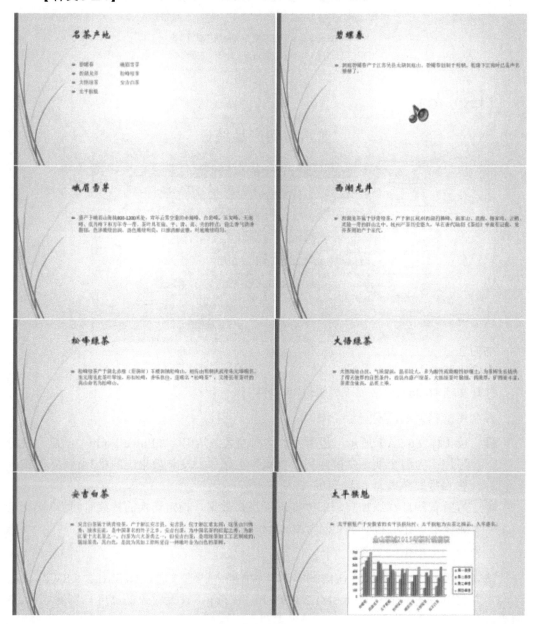

【样文6-2B】

# 名茶产地

| | |
|---|---|
| 碧螺春 | 峨眉雪芽 |
| 西湖龙井 | 松峰绿茶 |
| 大悟绿茶 | 安吉白茶 |
| 太平猴魁 | |

## 碧螺春

洞庭碧螺春产于江苏吴县太湖洞庭山。碧螺春创制于明朝。乾隆下江南时已是声名赫赫了。

## 峨眉雪芽

盛产于峨眉山海拔 800-1200 米处，常年云雾空蒙的赤城峰、白岩峰、玉女峰、天池峰、竟月峰下和万年寺一带。茶叶具有扁、平、滑、直、尖的特点，泡之香气清香馥郁，色泽嫩绿油润，汤色嫩绿明亮，口感清醇淡雅，叶底嫩绿均匀。

## 西湖龙井

西湖龙井属于炒青绿茶，产于浙江杭州西湖的狮峰、翁家山、虎跑、梅家坞、云栖、灵隐一带的群山之中。杭州产茶历史悠久，早在唐代陆羽《茶经》中就有记载，龙井茶则始产于宋代。

## 松峰绿茶

松峰绿茶产于湖北赤壁（原蒲圻）羊楼洞镇松峰山，相传由明朝洪武帝朱元璋赐名。朱元璋见此茶叶翠绿，形似松峰，香味俱佳，遂赐名"松峰茶"，又将长有茶叶的高山命名为松峰山。

## 大悟绿茶

大悟地处山区，气候湿润，温差较大，多为酸性或微酸性砂壤土，为茶树生长提供了得天独厚的自然条件，故县内盛产绿茶。大悟绿茶叶脉细，肉质厚，矿物质丰富，茶素含量高，品质上乘。

## 安吉白茶

安吉白茶属于烘青绿茶，产于浙江安吉县。安吉县，位于浙江省北部，这里山川隽秀，绿水长流，是中国著名的竹子之乡。安吉白茶，为中国名茶的后起之秀，为浙江省十大名茶之一。白茶为六大茶类之一，但安吉白茶，是用绿茶加工工艺制成的，属绿茶类，其白色，是因为其加工原料采自一种嫩叶全为白色的茶树。

## 太平猴魁

太平猴魁产于安徽省的太平县猴坑村。太平猴魁为尖茶之极品，久享盛名。

KSWJ7-2D.pptx

# 参考文献

[1] 孙明玉,何鸥,吴登峰等.计算机公共基础与MS Office 2016 高级应用 [M]. 北京: 科学出版社,2021.

[2] 石慧升,王思义. MS Office 2016高级应用[M]. 北京: 北京邮电大学出版社,2020.

[3] 吴爽,何鸥,刘光洁等. 计算机公共基础与MS Office2016高级应用习题及实验指导[M]. 北京:科学出版社,2021.

[4] 吴开诚. Office 2016高级应用教程[M]. 北京: 清华大学出版社,2023.

[5] 周凤石. MS Office 2016高级应用案例教程[M]. 南京:南京大学出版社,2021.